세계 무기시장

구조, 경향, 도전

원서는 러시아 전략기술분석연구소(Центр анализа стратегий и технологий)가 2018년 모스크바에서 러시아어로 출간하였습니다.

세계 무기시장
구조, 경향, 도전

2021년 06월 20일 초판 인쇄
2021년 06월 25일 초판 발행

편집 K. V. 마키엔코(K. V. Makienko) | 옮긴이 이종선
펴낸이 이찬규 | 펴낸곳 북코리아 | 교정교열 정난진
등록번호 제03-01240호 | 전화 02-704-7840 | 팩스 02-704-7848
이메일 sunhaksa@korea.com | 홈페이지 www.북코리아.kr
주소 13209 경기도 성남시 중원구 사기막골로 45번길 14 우림2차 A동 1007호
ISBN 978-89-6324-756-4(93390)

값 20,000원

세계 무기시장

구조, 경향, 도전

K. V. 마키엔코 편집 I 이종선 옮김

북코리아

역자 서문

역자 서문은 번역을 위한 기나긴 시간과 노력에 대한 작은 선물이라고 생각합니다. 제가 이 책을 만난지도 벌써 10년이 넘었습니다. 번역하는 내내 제 자신에 대한 부족함과 한계를 느껴야 했고, 일과 병행하다보니 종종 시간에 쫓기며 몇 번 중단될 고비를 넘기기도 했습니다. 하지만 그 모든 순간들이 담긴 완역된 페이지들을 뒤에 두고 이렇듯 역자 서문을 쓰고 있다는 것이 제게는 큰 설렘이자 보람입니다.

이 책은 지난 2008년 러시아 모스크바 국제관계대학원에서 방산협력과 관련된 논문을 쓰던 중 우연히 발견해 번역하였지만 출간은 하지 못했습니다. 당시 저는 방산수출 강국이었던 러시아의 눈으로 본 '세계 무기시장 분석'이라는 제목이 너무나 흥미로워 구입하게 되었고, 획득 관련 어휘를 공부하고자 학업 및 논문작성과 함께 틈틈이 번역했습니다. 당시 완역은 하였으나 전문 번역서를 내 놓는다는 것이 부담스러워 출간은 하지 못했고, 대신 한-러 번역자격증을 취득하는 계기가 되었습니다.

이 때 익혔던 방산 관련 전문용어들이 약 4년간 방산수출 업무를 하면서 특히 러시아 및 중앙아시아 국가들과 실무회의나 통역할 때 큰 도움이 되었습니다. 그러다가 2018년 이 책이 10년 만에 개정판이 나온 것을 알게 되었고, 이 책이 방위사업청을 비롯해 국방부, 합참, 각 군, 방산업체 등 방산수출 관계자들이 세계 방산시장에 대한 현황과 전망에 대해 이해하는 데 도움이 될 수 있다고 생각하여 번역작업을 다시 시작하게 되었습니다.

2019년 하반기부터 시작된 작업은 업무와 번역을 병행하기에는 다소 시간이 부족해 지지부진하던 중 방위사업청 유럽지역국제계약지원관으로 선발되어 2020년 3월 파리로 부임하게 되었습니다. 그러나 현지에 도착한 지 얼마 안 되어 코로나19로 인한 통행금지로 2개월간 재택근무를 하게 되었습니다. 그 기간 동안 업무 준비를 위해 유럽 방산시장에 대한 기초초사를 하던 중 이 책으로부터 큰 도움을 얻게 되었고, 다시 한 번 세계 방산시장에 대한 현황과 전망 등에 대해 좋은 자료가 될 수 있다는 확신이 들어 완역에 이르게 되었습니다.

한국의 방산수출과 방산협력은 날이 갈수록 발전하고 있습니다. 이를 반영하듯 2008년 판에서는 한국에 대한 언급조차 별로 없었던 반면, 2018년 판에서는 한국이 방산 수출국으로 당당하게 이름을 올렸고 향후 10년 안에 5대 방산수출 강국이 된다는 가슴 뛰는 예상이 담겨 있었습니다. 향후 2028년 판이 나온다면 한국에 대해 어떻게 평가할지 벌써부터 기대됩니다.

방산협력은 그 자체로 경제적 의미도 중요하지만, 대한민국 국력과 국격에 맞는 대외정책의 주요한 수단이 되어야 한다고 생각합니다. 따라서 방산수출 업무 관계자는 국제관계에 대한 이해 및 국제 방산시장과 무기체계에 대한 지식을 갖추어야 한다는 것이 개인적인 의견입니다.

그런 의미에서 미국 다음인 세계 2위 방산 수출국인 러시아의 관점으로 본 세계 방산시장 분석이 담긴 본서는 국제 방산협력 실무자 및 방산기업, 그리고 세계 방산시장에 관심 있는 일반 독자들에게도 국제 방산시장을 전체적으로 조망하는데 유용한 자료가 될 것입니다.

최대한 원문의 표현을 살리고 적합한 전문용어를 사용하고자 노력했지만, 번역과정에서의 오역에 대한 문제제기는 충분히 있을 수 있습니다. 언어적 감각, 경험, 지식의 부족에 따른 오역에 대한 비판은 오롯이 역자의 몫이 될 것입니다.

저자(편집자)가 2018년 출간 시 코로나19 대유행 같은 상황을 가정하지 않고 향후 10년을 예측했기 때문에 독자들께서는 이를 감안하여 읽어주시고, 본 원서는 해외가 아닌 러시아 독자를 대상으로 쓰여 졌기 때문에 일부 내용은 러시아 측 시각에서 서술된 측면이 있음을 이해해 주시기 바랍니다. 또한 러시아는 자국의 방산협력 관련 내용을 비공개로 하고 있어 본 책에 포함되어 있지 않은 점도 아쉬운 부분입니다. 그럼에도 불구하고 용기를 내어 출간을 결정한 것은 그동안 국내에서 소개되지 않은 러시아의 방위산업 전문 서적을 번역했다는 것에 큰 의미를 두고 싶었기 때문입니다.

참고로 한국 독자들의 편의를 위해 무기체계 시장에서 기타 국가에 포함되어 있던 한국 및 일부 국가 내용을 국가별로 묶어 편집했음을 알려드립니다.

이 책이 방산수출시장을 더욱 객관적이고 체계적으로 분석하기 위한 참고 자료가 되기를 바랍니다. 우리가 수출국(경쟁국), 수입국(시장) 및 무기 체계별로 더욱 면밀하게 분석하고 그 결과를 연구개발에 반영한다면 보다 경쟁력 있는 무기 체계를 내놓을 수 있을 것입니다.

저는 지난 2011년 해외 시장개척활동을 시작하며 우리나라 방위산업을 위해 국내외에서 뛰고 계시는 많은 분들을 만났습니다. 그분들과 함께 우리 방산 물자를 알리기 위해 투르크메니스탄, 우즈베키스탄 등 중앙아시아 사막과 발틱 지역을 누비던 경험은 아직도 생생히 제 기억 속에 살아 있습니다.

이 지면을 빌려 오늘도 대한민국의 국방과 방위산업, 방산협력의 최전선에 있는 정부, 군, 기업 등 모든 관계자분들께 감사와 존경의 마음을 표합니다.

마지막으로 번역을 흔쾌히 허락해주신 러시아 전략기술분석연구소 푸호프(Pukhov) R.N.님, 해외근무 중이라 직접 인사도 못하고 수차례에 걸쳐 수정본을 보내드림에도 불구하고 정성을 다해주신 이찬규 북코리아 대표님 및 출판 관계자분들께 진심으로 감사의 말씀을 전하고 싶습니다. 그리고 항상 힘이 되어주는 아내와 채윤, 준수, 늘 멀리서 기도해주시는 부모님들께도 진심으로 사랑하는 마음을 전합니다.

차례

들어가는 말

세계 무기시장은 수많은 정부와 비정부 주체들이 활발히 상호작용하며 역동적으로 변하고 있는 하나의 체계다. 이 체계는 수없이 많은 수요와 제안이라는 요소의 상호 작용 속에 있다.

세계 무기시장의 전체 규모를 무기 거래의 양과 판매금액으로만 평가하는 것은 상당히 어려운 문제다. 왜냐하면 무기거래라는 특수한 활동에 대한 정보 접근이 폐쇄적이고 무기거래에 대한 공개 또는 비공개 정보 모두 정치적인 의도를 가지고 인용하기 때문이다.

이로 인해 세계 무기거래의 정확한 규모를 파악하기란 쉽지 않은 일이다.

세계 무기시장의 전체 규모에 대한 평가를 어렵게 만드는 가장 중요한 요소들은 다음과 같다.

첫째, 세계 무기시장에서 계약 및 공급에 대한 정보의 제한성 또는 폐쇄성이다. 이러한 특성은 가장 민주적인 국가라도 마찬가지다. 실제로 어느 한 국가도 무기의 수입과 수출에 대한 완전한 정보를 공개하지 않는다. 대외군사판매(Foreign Military Sales: FMS)에 따라 무기 계약과 공급에 대한 정보를 정기적으로 공개하는 미국이 가장 대표적인 예이다. 그러나 상업판매(Direct Commercial Sales: DCS) 방식에 따른 무기 계약과 공급에 대한 정확한 정보는 부재하다. 미 국무부는 상업판매 방식으로 승인된 거래에 대해서만 공개한다. 이 정보에서 실제로 체결된 모든 계약과 이행된 공급액에 대한 자료를 추출하는 것은 불가능하다. 한편, 상업판매 방식으로 추진된 미국의 방산수출액은 어느 특정 해에는 FMS 방식을 넘어서기도 한다.

둘째, 중고 무기거래액을 산정하는 방법론에도 문제가 있다. 중고 무기거래액을 산정하는 방법은 정해져 있지 않다. 운용 또는 보관 중인 무기 체계의 수출은 잔존가치, 교환가치(이 가치는 무상 또는 완전히 상징적일 수 있음) 또는 다른 기준이 적용될 수 있다. 잔존가치 또는 교환가치를 적용하면 대다수의 경우 실제 가치보다 현저히 낮게 산정되는 것은 분명하다. 미국은 국방초과물자 프로그램에 따라 타국에 방산물자를 이전할 때 물자가격 대비 잔존가치에 따라 공급가치를 평가한다. 결론적으로 미국의 중고 무기거래액은 실제보다 적어 보이게 된다.

스톡홀름 국제평화문제연구소(Stockholm International Peace Research Institute: SIPRI)는 전투력을 기준으로 판매 및 이전되는 금액을 평가하는 독창적이고 독특한 접근법을 사용한다. 이러한 방식을 사용하면 구형 또는 운용 중인 무기 체계 가격이 대폭 상승하게 된다. 이렇게 되면 방산수출액이 몇 배나 증가하므로 무기 수출국 순위를 정하기 위한 무기이전 규모 평가 시 심각한 불균형이 초래된다. SIPRI의 방식으로 하면 독일군이 보유하던 레오파르트(Leopard) 1과 2 수백 대를 낮은 가격 또는 상징적인 가격으로 대규모로 이전했던 독일이 2000년 이후 무기이전 규모 평가에서 줄곧 주요 수출국이 되어야 한다. 결론적으로 SIPRI의 평가방식은 상대적으로 방산수출액이 적다고 발표하는 독일의 통계와 상당한 괴리를 보이게 된다.

셋째, 세계에는 무기 수출과 수입 관련 정보를 전혀 발표하지 않는 국가가 다수 있다는 점이다. 주요 무기거래국인 중국이 대표적이다. 또한 이란, 북한 같은 국가들도 있다. 무기수입국 다수도 정보를 공개하지 않는다. 부유한 아랍 국가들이 대표적이며, 사우디아라비아의 경우, 대부분의 무기계약을 발표하지 않고 비밀리에 진행한다. 세계 언론에 공개되는 것은 우연한 경우다. 현재의 제재 상황에 놓인 러시아 또한 외국 정부와의 방산협력에 대해 정보를 통제하고 있다는 점도 언급하지 않을 수 없다.

넷째, 방산수출액을 산정하는 방법이 국가마다 상이하므로 많은 혼선을 준다는 점이다. 다수의 국가가 항공우주 품목(다분히 민수용으로 볼 수 있는 품목까지 포함하여)을 군용 품목으로 간주하고 있다는 점을 예로 들 수 있다. 유로파이터 타이푼(Eurofighter Typhoon) 유럽전투기 국제 공동 개발 사업에서 국가별 참여 규모를 산정하는 것도 방법론적으로 어려운 문제다. 다만, 세계 시장에 공급되는 여러 국가의 군용 또는 항공우주 품목을 종합적으로 분석할 때는 동일한 품목을 이중 산정할 가능성을 줄여준다.

임대와 절충교역도 동일하다고 할 수 있다. 폭넓게 사용되는 임대 방식은 도입된 무기 체계의 가격을 낮게 보이는 효과가 있다. 반대로 절충교역은 민수 분야에서 진행되더라도 해당하는 무기수입으로 판단될 수 있다.

따라서 세계 무기거래량을 평가하는 것은 완전하고 정확한 국내 또는 국제적인 자료가 없으므로 쉽지 않다. 세계 무기거래량 및 추이에 대한 미국 및 유럽국가들의 모든 평가는 모순적이고 체계적이지 않다. 이러한 자료는 주로 정치적 또는 홍보를 위한 수단으로 활용되기 때문이다. 그러나 세계 무기거래량을 완벽히 정확하게 평가하는 것이 불가능하다는 점을 인정한다면, 세계 무기 수출국의 공급량에 대한 독자적인 평가를 바탕으로 어느 정도 현실에 가까운 무기거래시장을 그려낼 수 있을 것이다.

2006년 이후 세계 무기시장은 금액 기준으로 보면 지속적으로 성장하는 추세다. 2014~2017년 세계 무기시장의 수출액은 연간 약 1천억 달러로 추정되었다. 700억 달러를 약간 넘었던 2005년까지와 비교하면 대폭 증가한 액수다.

2005년부터 2011~2012년까지 세계 무기시장은 빠르게 성장했다. 세계 금융위기로 2008~2009년 단기간 위축되기도 했지만, 2010년부터 다시 성장세가 이어졌다. 2012년 일시적으로 무기 공급이 침체된 적도 있었으나, 2014~2017년 유럽에서 지정학적 상황이 악화되면서 2015~2016년 세계 무기시장이 다시 성장하는 계기가 되었다.

세계 무기시장을 변화시킨 주요 요인들은 다음과 같다.

1. 2000년 이후 세계 군사비와 무기시장 규모는 거의 지속적으로 성장하고

있다. 이는 각국의 경제성장 및 천연자원 수출국가의 확대에 기인한다.

2. 동시에 'BRIG'이라고 불리는, 세계 무기시장에 많은 영향을 주는 4개국 (브라질, 러시아, 인도, 중국)의 군사비가 증가했다. 한편, 인도는 무기 수입을 가장 많이 하는 국가이며 브라질도 무기 수입을 늘렸다. 중국의 무기 수입이 증가하기 시작했는데, 2009~2014년 중국에 대한 무기수출국에 러시아가 이름을 올렸다.

3. 2014년까지 서유럽 선진국들은 줄곧 군사비 지출을 축소하고 병력을 감축했으며, 무기 도입을 줄여왔다. 2008~2009년 세계 금융위기가 이러한 상황을 촉진한 요인이 되었다. 그러나 그 와중에도 유럽국가들은 기본 무기 체계 세대교체를 위해 대규모 구매를 시작했다. 장갑차량(수송장갑차 및 경장갑차)이 대표적이다. 유럽 군용 수송기인 A400M과 록히드마틴(Lockheed Martin) F-35 5세대 전투기 구매로 시작된 공군기의 현대화 또한 같은 맥락이다.

4. 동유럽 국가 또한 현대적인 무기 도입이라는 흐름에 편승하기 시작했다. 이 지역의 획득사업이 장기간 부진했던 이유는 1990년대와 2000년대 전반기에 시장 경제로 전환하는 과정에서 경제침체를 겪었기 때문이다. 이 국가들은 경제회복 이후에야 무기 도입사업을 시작할 수 있었다.

5. 화석연료가 높은 가격을 유지하고 지역정세는 여전히 불안했기 때문에 페르시아만 석유부국들은 적극적으로 무기를 구매했다.

6. 분쟁지역 국가들도 무기를 대량으로 구매했다. 미국과 서유럽 국가가 이라크 및 아프가니스탄을 점령한 이후 창설된 이라크군과 아프간 군에 대한 획득사업이 시작되었다.

7. 2014년까지는 미국의 군사비 지출이 감소하고 미군 병력도 감축되었다.

비록 이러한 요소가 세계 무기시장에 직접적인 영향을 주지는 않았지만(무기 수입국으로서 미국의 역할은 제한적이므로), 세계 정치·군사 전반에 영향을 주었다.

그러나 우크라이나 정권교체 시 촉발된 정세 악화가 2014년부터 세계 무기시장에 영향을 미친 새로운 주된 요인이 되었다. 결과적으로 서유럽 국가들은 군사비 지출 축소와 병력 감축을 중단하고 완만하게 군사비 지출을 늘렸다. 특히 유럽연합과 나토 회원국 중 여러 국가의 군사비는 2017년까지 계속 감소한 반면, 나토 신규 회원국인 동유럽 국가는 무기를 활발하게 구매하기 시작했다.

2017년 도널드 트럼프 행정부가 들어서면서 미국은 군사비를 증액하기 시작했다. 하지만 이에 따른 영향은 이후에 나타났다.

시리아와 이라크 내 분쟁 격화와 시리아 내전에 대한 외국의 간섭은 무기시장이 성장하는 또 다른 요인이 되었다. 또한 예멘에서도 내전과 외국의 개입이 시작되었다. 이 분쟁으로 이란과 페르시아만 수니파 국가 간 관계가 악화되었다. 위의 상황 때문에 중동지역에 대한 무기 공급(합법과 불법 모두)이 증가했다.

아시아태평양 지역에서도 정치·군사적 경쟁이 날로 심화되고 있다. 중국의 부상에 따라 아시아 지역 여러 국가의 우려가 커지고 있다. 한편, 거의 모든 아시아 국가 경제가 성장함에 따라 무기 구매를 포함한 장비 획득비 증액이 가능해졌다.

전반적으로 이러한 모든 요소가 세계 무기 판매량 증가에 실질적인 영향을 주었다.

가까운 미래에 새로운 지정학적 긴장요소는 없을 것이라고 확실히 예측할 수 있다. 반면, 러시아와 서방, 중국과 미국의 대립 양상은 심화될 것이다. 따라서 중기적으로 세계 정치·군사적 상황은 무기 구매를 촉진하는 요인이 될 것이다. 무엇보다 유럽, 중동, 남아시아, 동남아시아, 동아시아 국가들이 이에 해당한다. 위에 언급된 요소의 영향으로 인해 세계 무기시장은 성장을 지속할 것이며, 2020년까지 그 규모는 1,100억 달러를 상회할 것이다. 2030년까지 현재 기준으로 (러시아를 포함하여) 2천억 달러에 달할 것이다. 세계 무기 판매량이 감소한다면 그것은 세계 경제위기와 유가가 급락하는 경우일 것이다. 하지만 그럴 가능성은 높지 않다.

중기 전망에 따라 세계 무기시장이 성장하기 위해 다음과 같은 요소가 전제되어야 한다.

1. 적도아프리카 같은 새로운 지역을 포함한 세계 경제의 지속적인 성장. 다수 전망에 따르면 향후 10~15년간 미국, 서유럽, 중국의 경제가 지속적으로 성장한다(물론 성장 속도가 늦어질 수는 있지만). 동남아시아와 남아시아의 경제성장도 가속화하고, 아프리카 지역은 폭발적인 경제성장을 하며 새롭게 신흥시장으로 부상한다.

2. 지정학적 긴장이 커진다. 여기에 연관되는 국가가 늘어나면서 더 많은 무기를 구매하는 동기가 된다. 앞으로 10년간 러시아와 서방 간의 적대관계가 심해진다. 중국과 미국, 중국과 동아시아/동남아시아 국가들과의 관계가 악화된다. 중국과 인도의 분쟁 가능성도 커진다. 한반도에서 긴장은 높은 상태로 유지된다. 아프간 전쟁, 중동 분쟁, 아프리카 내 여러 분쟁이 계속된다.

3. 전 세계 거의 모든 국가가 군사비를 지속하여 증액한다. 최근 거의 모든 국가(특히 나토 회원국)의 군사비가 다시 늘기 시작했다. 중국과 인도의 군사비도 가파르게 상승하고 무기수입을 포함한 획득비가 증가한다.

최근 방위산업이 급속하게 발전한 국가들이 더 다양한 무기 체계를 제안하며 세계 무기시장에 등장함에 따라 제안되는 모델이 증가하면서 경쟁이 심화된다는 점이 특징적이다. 방위산업이 한층 발전 중인 한국, 터키, 중국 같은 국가들은 경쟁력 있는 무기 체계를 개발할 가능성이 있다. 일본도 세계 무기시장에 주요 수출국으로 등장할 수 있다. 이렇듯 세계 무기시장에는 기본 및 첨단 무기 체계 모두를 제안할 수 있는 공급자가 늘어날 것이다. 따라서 1990년대와 2000년대 같은 무기시장의 독점화 경향은 약해지고 공급자가 증가하는 새로운 현실을 맞이할 것이다.

결과적으로 수출시장 판도는 완전히 재편될 것이다. 가장 많은 무기를 수출하는 미국이 부동의 1위를 유지하는 가운데 중국이 비중을 늘려갈 것이다. 중국은 생산하는 첨단무기 종류를 늘리면서 2030~2035년경에는 세계 2위의 방산수출국이 될 수 있다.

플랫폼 생산자 및 공급자 역할이 점차 줄어드는 영국의 위상은 약해질 것이다. 그러나 미국 방산업계와 긴밀한 협력관계를 유지하고 있으므로 영국은 세계 5위권의 방산수출국 지위는 유지할 수 있을 것이다. 앞으로 10년 동안 프랑스는 다소(Dassault)의 라팔(Rafale) 전투기와 해군함정 수출에 힘입어 수출액이 늘어날 것이다.

신흥 수출국 가운데 한국은 별도로 구분해야 한다. 방산수출 성장 잠재력을 지니고 있는 한국은 전통적인 수출국인 독일, 이탈리아, 이스라엘과 치열하게 경쟁할 것이다. 한국은 첨단장비를 주로 수출하므로 앞으로 최고 수준의 방산수출국이 될 수 있을 것이다.

이스라엘은 2030년까지 세계 방산시장에서 지위를 유지하며 강화해나갈 것이다. 완전한 플랫폼이 없다는 이스라엘 방위산업의 특징으로 인해 수출량을 획기적으로 늘릴 수는 없을 것이다. 터키가 거대 수출국이 될 개연성도 있다. 사브(Saab)사의 그리펜 NG(Gripen NG) 전투기가 시장에 나오면서 스웨덴의 지위는 확고해질 것이다. 독일과 이탈리아 방산 업체들도 높은 수출 경쟁력을 유지할 것이다.

〈표 1〉 2005~2017년 실제로 공급된 세계 무기수출액

(단위: 1억 달러)

국가＼연도	2005	2006	2007	2008	2009	2010	2011	2012	2013	2014	2015	2016	2017
미국	220	215	207	250	330	230	260	230	250	230	290	305	330
영국	70	76	84	90	100	120	120	120	130	130	140	140	140
프랑스	42	50	55	46	51.8	50	52	60	62	70	83	98	100
독일	25	23	25	25	24	30	20	15	15	30	24	33	50
중국	15	18	20	20	20	20	25	25	30	32	36	40	40
이스라엘	30	34	35	35	40	40	45	45	48	50	56	55	55
한국	2	2	2	5	7.5	7.5	11	12	14	18	20	20	22
이탈리아	30	32	20	26	30.6	32	30	40	37	38	35	28	35
스페인	8	11	12	12	17	15	40	30	55	40	51	45	50
스웨덴	6	4	4	6	10	9	7	12	10	9	8	7	8
터키	1.8	2.5	4	6	5.5	7	7.5	8	7	8	10	12	13
남아공	8	9	8.5	6	7	4	3	5.5	7	3	2	4	3
무기수출 총액	**720**	**750**	**800**	**850**	**880**	**900**	**900**	**900**	**920**	**950**	**960**	**980**	**1,000**

출처: 러시아 전략기술분석연구소(ЦАСТ) 자료(평가)
주: 러시아 수출액은 표시하지 않음. 그러나 전체 무기 수출액에는 반영됨.

1

방산
수출국

1. 미국

일반적인 특징

세계 방산시장에서 미국은 논란의 여지 없이 최고의 국가다. 나아가 미국이 가까운 장래에도 그 지위를 유지할 것이라는 점도 의심할 수 없다. 시장에서 미국의 주도권은 강력한 방위산업의 잠재력, 압도적인 군사력 및 동맹국·우호국·의존국 수로 나타나는 정치·군사적 우위에 따른 결과다. 또한 미국은 페르시아만의 아랍국가 및 인도, 한국, 일본에 고가의 무기 체계를 판매하므로 방산수출이 확대될 잠재력도 유지한다.

미국의 방산수출은 상업적이 아닌 정치적 이익에 따라 추진된다는 특징이 있다. 이러한 결론을 내리게 된 근거는 다음과 같다.

- 미국 전체 생산량에 비하면 방산수출을 위한 물량은 일부에 불과하다. 생산량의 대부분은 미국 국방부에 납품한다.
- 미국은 군사기술적 우위를 헤게모니 유지의 핵심요건 중 하나로 보고 있으므로 타국에 대해 그 우위를 지키려고 노력한다. 미국은 정치적인 이유로 상업적 이익을 일부 희생시키면서까지 첨단 무기 체계 수출을 철저하게 관리하고 통제한다. 방산수출은 공식적으로 미국 대외정책의 수단으로 고려된다. 결과적으로 수출통제는 미국 방산수출의 기본이라고 볼 수 있다. 이것은 미국의 모든 국제 방산협력 체계에서 확인된다. 미국의 대규모 군사원조는 방산수출이 상업적 이익이 아닌 정치·군사적 이익을 우선시한다는 또 다른 근거가 된다.

방산수출 체계

1976년 「무기수출통제법(Arms Export Control Act, AECA)」에 근거한 미국 국제 방산협력은 2개의 기본적인 프로그램에 따라 이루어진다는 특징이 있다.

- 정부 대 정부(government-to-government) 협력으로 추진되는 미 국방부의 무기 판매: 대외군사판매(Foreign Military Sale: FMS)
- 미국 업체가 외국 정부에 방산물자를 직접 판매(contractor-to-government): 상업판매(Direct Commercial Sales: DCS)

위의 구분은 우선적으로 미국의 대외정책 수단으로서 방산수출에 접근한 결과다. FMS 판매는 (미국 측의 관점인) 평화와 안보를 위해 무기 구매국의 국방 정책에 직접적인 영향을 주는 수단이면서 다른 한편으로는 공급한 최첨단 무기를 통제하는 방법으로 간주된다. 미국 정부에 직접 요청한 무기 체계를 외국 정부에 판매하는 방식으로 이루어지며, 미 국방부가 관련 권한을 갖는다.

미 국방부 국방안보협력본부[Defense Security Cooperation Agency(DSCA)]가 FMS 업무를 담당하는 기관이다. 이 기관은 FMS 시 정부 중개자로서의 역할을 한다. 약 5억 달러 이상(전투장비는 1,400만 달러 이상)의 정부 간 거래 계약 체결 및 나토 회원국과 그에 상응하는 국가와 1천만 달러 이상 거래 시 국방안보협력본부는 미 의회에 특별히 공개적으로 통보(Major Arms Sales Notification)해야 한다. 미 의회는 통보일로부터 30일(나토 국가와 그에 상응하는 국가는 15일까지 기간이 단축됨) 이내에 모든 판매에 대해 거부할 권한이 있다.

그런데 DSCA에 구매요청을 했다는 것 자체가 계약은 아니며, 계약을 체결했다는 의미가 절대 아니다. 또한 미국 기업이 반드시 선정되지 않을 수있지만, 국제입찰 방식을 통해 미국 기종을 대상으로 공고(公告)한다. 그런데 DSCA는 연례 보고서에 직접 계약이 아닌 사전 합의서[Letters of Offer and Acceptance(LOA)]의 경우 FMS 계약으로 반영하지 않는다. 수많은 사전 합의서가 계약금으로 반영된다면 전체 계약금액은 대폭 상승하게 될 것이다. 그런데 DSCA는 보고서에 DCS 방식의 공급, 예를 들어 한국의 보잉(Boeing) F-15K 도입 같은 사례를 포함하기도 한다. 구매국의 영토에 구매국을 위한 군사시설을 같은 조건(정부 간 계약)으로 건설하는 것[Foreign Military Construction(FMCS)]은 별도의 사업으로 구분된다. FMCS는 보통 미 공병대가 수행한다.

미국 회사로부터의 직접 구매는 1976년 법에 근거하여 DCS 절차에 따라 미 국무부 허가를 받은 후 이루어진다.

수출통제 개선의 일환으로 오바마 미 행정부가 2015년 도입한 600 시리즈[Commercial Arms Sales(600 Series), CAS(600 Series)]라고 불리는 수출허가를 기본으로 한 특수물자 판매 제도는 미국 업체가 생산한 군용물자 수출의 새로운 프로그램이다. 이 프로그램은 미국 민간기업이 비전략 군용물자를 해외에 판매하는 절차의 간소화를 목적으로 한다. 2015 회계연도(간소화 절차 시행 첫해)에만 600시리즈 허가에 따른 액수가 45억 달러에 달한다. 일본, 캐나다, 한국, 대만이 가장 큰 고객이다.

위 허가에 따른 판매를 통제하기 위해 미 국토안보부가 주도하여 상무부 및 법무부 인원을 포함한 특별관리조정센터(Enforcement Coordination Center)를 신설했다.

방산수출 규모, 구조 및 대상국

2018년 8월 현재 DSCA는 2017년 회계연도(2017년 9월 30일 종료)에 FMS 방식으로 판매 및 공급 자료를 발표하지 않았다. FMS 방식으로 공급한 수치는 출처마다, 심지어 미국 공식 자료에서도 상이하다. 각 자료는 DSCA가 가장 최근에 발표한 자료로 종종 수정되기도 한다.

그러나 아래 수치들은 실제 미국 방산수출 전체를 의미하지 않는다. 왜냐하면 다양한 형태의 특별 프로그램은 반영되어 있지 않기 때문이다. 특별 프로그램의 구체적인 사례로는 이라크와 아프가니스탄에 대한 대규모 무기공급 및 기타 국가들에 대한 군사원조가 있다. 이 밖에 미 국방부가 보유 중인 물자의 무상이전[Excess Defense Article(EDA)]도 누락되어 있다.

EDA 프로그램의 경우, 공식자료에는 잔존가치를 기초로 기록되어 있다. 따라서 실질적인 가치는 잔존가치보다 몇 배 더 많은 금액으로 평가되어야 한다.

〈표 2〉 2008~2016 회계연도 간 미국 방산물자 공급액

(단위: 100만 달러)

프로그램	회계연도									2008~2016 총계
	2008	2009	2010	2011	2012	2013	2014	2015	2016	
FMS	11,718	16,227	12,989	13,225	13,765	15,176	14,866	16,497	16,840	131,313
FMCS	266	204	459	511	488	497	389	493	424	3,731
EDA	13,826	1,035	1,907	2,081	4,200	14,909	12,251	24,478	자료 없음	74,687
DCS	33,597	5,220	5,116	6,353	3,812	5,155	3,871	4,759	4,836	72,719
DCSS	자료 없음	자료 없음	자료 없음	자료 없음	자료 없음	자료 없음	자료 없음	자료 없음	자료 없음	자료 없음
CAS (600시리즈)	–	–	–	–	–	–	–	4,500	4,800	9,300
기타 방식	자료 없음	10,522	4,476	5,414	4,682	3,016	3,166	2,481	3,698	37,455
총계	59,407	33,208	24,947	27,594	26,947	38,753	34,543	53,208	30,598	329,205

출처: Historical Facts Book: Foreign Military Sales, Foreign Military Construction Sales And Other Security Cooperation Historical Facts As of September 30, 2016 — Financial Policy And Analysis Business Operation, DSCA; 미 국무부 자료

주: 회계연도는 전년도 10월 1일부터 시작해 당해 연도 9월 30일에 끝남. 자료는 100만 달러 단위까지만 표기함. 기타 방식은 기본적으로 아프가니스탄과 이라크에 대한 특별 공급 프로그램과 테러 및 마약과의 전쟁에 따른 기타 국가에 대한 공급(EDA 방식)이 해당함. 2008 회계연도 DCS 자료는 설명하기 어려움.

미국과 가까운 동맹국, 즉 서방 선진국, 일본, 나토 회원국, 사우디아라비아를 중심으로 한 페르시아만 아랍국가, 이스라엘과 이집트(양국 모두 미국 군사원조의 최대 수혜국임), 한국과 대만이 미국산 무기를 주로 도입하는 국가들이다.

그런데 근래에 파키스탄도 미국산 무기 도입이 활발하며, 아프가니스탄은 최근 미국산 무기를 많이 도입하는 국가에 추가되었다. 아프간에서는 미국 주도하에 정규군과 경찰이 재창설되고 있다. 이전에는 이라크가 대규모로 미국산 무기를 도입했다. 아프간에 공급된 무기는 미국 및 국제사회가 비용을 부담했다. 콜롬비아와 멕시코는 국내 치안을 위해 무기를 구매하는데, 콜롬비아는 상당 부분을 미국의 군사원조에 의존한다.

<표 3> 2008~2016 회계연도 간 다양한 프로그램에 의한
미국 방산물자 해외 공급 관련 허가, 구매수락, 계약액

(단위: 100만 달러)

프로그램	회계연도									2008~2016 총계
	2008	2009	2010	2011	2012	2013	2014	2015	2016	
FMS	29,898	28,972	21,237	25,884	62,782	23,547	31,439	44,949	27,532	296,240
FMCS	149	887	955	501	795	340	1,418	441	86	5,572
EDA	자료없음	자료없음	자료없음	자료없음	자료없음	자료없음	자료없음	자료없음	자료없음	자료없음
DCS	34,151	35,997	34,083	44,280	33,580	20,720	19,050	16,883	17,275	256,020
DCSS	71,947	87,291	111,583	149,101	128,820	91,704	45,883	57,048	32,570	775,945
CAS (600시리즈)	자료없음	자료없음	자료없음	자료없음	자료없음	자료없음	자료없음	자료없음	자료없음	자료없음
총계	136,145	153,147	167,858	219,766	225,977	136,311	97,790	119,321	77,463	1,333,777

출처: Historical Facts Book: Foreign Military Sales, Foreign Military Construction Sales And Other Security Cooperation Historical Facts As of September 30, 2016 — Financial Policy And Analysis Business Operation, DSCA; 미 국무부 자료

주: 회계연도는 전년도 10월 1일부터 시작해 현재 당해 9월 30일에 끝남. 자료는 100만 달러 단위까지만 표기함.

2012 회계연도에 639억 5백 달러라는 천문학적인 액수를 공급하면서 FMS 역사상 신기록을 경신했다. 사우디아라비아와 347억 3,400만 달러 규모의 항공기와 헬기를 공급하는 계약을 체결했기 때문이다. 공급액 중 294억 3,200만 달러는 보잉의 F-15A 전투기 계약이었다(계약은 2011년 12월 24일 체결되었는데, 미국은 10월 1일부터 시작되는 2012 회계연도로 계산함). 2015 회계연도 FMS 실적이 상승한 이유는 사우디아라비아와 또 다른 대형 계약과 함께 록히드마틴사의 5세대 F-35 전투기 공급 계약이 개발 후 처음으로 여러 국가와 체결되었기 때문이다.

전반적으로 FMS 통계는 미국 방산수출 지형도와 국가별 미국산 무기 도입액을 분명하게 보여준다. 2008~2016년 기간 동안 여러 프로그램[FMS, FMCS, EDA, DCS, DCSS, CAS(600Series)]으로 이루어진 실질적인 무기공급 총액은 2,186억 달러이며 도입국은 174개국이다.

〈표 4〉 2008~2016 회계연도 간 FMS 방식으로 미국 무기를 대규모로 도입한 국가

(단위: 1억 달러)

국가명	수락서	공급액
사우디아라비아	699.1	182.3
한국	192.2	56.4
아랍에미리트	184.1	55.2
호주	171.2	84.1
이라크	135.6	80.8
이스라엘	135.6	72.7
일본	134.3	62.4
영국	118.4	42.5
대만	106.1	83.1
이집트	96.4	80.8
카타르	91.3	3.7
인도	82.0	17.4
쿠웨이트	66.9	30.6
터키	43.6	44.8
싱가포르	43.2	19.5
모로코	39.7	18.1
네덜란드	30.9	17.5
요르단	30.8	21.4
캐나다	29.2	30.4
프랑스	27.4	12.3
오만	24.9	10.1
파키스탄	24.0	34.9
독일	20.8	15.3
국제기구	19.0	49.9
그리스	17.6	23.9
노르웨이	17.0	13.8
멕시코	16.5	4.5
인도네시아	16.1	4.6

국가명	수락서	공급액
덴마크	16.0	6.3
브라질	13.9	5.3
태국	12.7	6.4
필리핀	12.1	8.5
콜롬비아	12.0	13.1
폴란드	12.0	17.9
레바논	10.8	4.8
스페인	8.8	10.5

출처: Historical Facts Book: Foreign Military Sales, Foreign Military Construction Sales And Other Security Cooperation Historical Facts As of September 30, 2016 — Financial Policy And Analysis Business Operation, DSCA

주: 해당 기간에 구매수락서 금액과 실제 공급된 금액의 총합이 10억 달러가 넘는 수입국만 고려함. 표는 구매수락서 금액순으로 정리됨. 소수점 이하는 1천만 달러까지만 명시함. 구체적인 수입국이 명시되지 않은 다수의 구매수락서와 공급 사례는 기밀이므로 자료는 완전하지 않음.

대외군사차관(Foreign Military Financing, FMF)으로 미국산 무기를 도입하는 일부 국가들은 대부(貸付, 상환 조건)와 공여(供與, 비상환 조건) 방식으로 FMS, FMCS, EDA, DCS, DCSS, CAS(600Series)에 따른 미국산 무기를 도입할 수 있다. FMF로 할당된 자금은 전문인력 교육에 사용될 수 있다. 이를 위해 주로 외국군 군사교육 및 군 전문인력 교육 프로그램(International Education and Training)이 운영된다.

미 국무부 정치군사사무국(Bereau of Political-Military Affairs)이 FMF 자금 사용을 정하고, 미 국방부(DSCA)의 군사 및 방산 협력을 전적으로 통제한다.

2008~2016년 회계연도 기간 동안 FMF 프로그램 일환으로 502억 4천만 달러가 배정되었고, 117개국이 이 프로그램의 혜택을 받았다. 이 중 13개국은 1억 달러 이상, 그중에서도 5개국은 100억 달러 이상이 지원되었다.

<표 5> 2008~2016 회계연도 간 FMS 방식으로 미국 무기가 공급된 지역별 공급액 및 비중

(단위: 1억 달러, %)

(DSCA 구분에 따른) 지역	공급액	비중
중동 및 남아시아	325.93	24.8
동아시아 및 태평양 지역	603.75	45.9
유럽	280.70	21.4
서반구	21.86	1.7
아프리카	31.00	2.4
국제기구	49.89	3.8
총액	1,313.13	100.0

출처: Historical Facts Book: Foreign Military Sales, Foreign Military Construction Sales And Other Security Cooperation Historical Facts As of September 30, 2016 — Financial Policy And Analysis Business Operation, DSCA

<표 6> 2008~2016 회계연도 간 여러 프로그램을 통한 미국 방산물자 도입국

(단위: 1억 달러, %)

국가명	LOA	비중
사우디아라비아	214.23	10
일본	182.85	8
이라크	121.67	6
한국	111.61	5
영국	110.04	5
호주	109.62	5
아랍에미리트	106.07	5
이스라엘	104.28	5
대만	95.07	4
이집트	89.63	4
캐나다	76.18	3
터키	56.88	3
쿠웨이트	48.67	2
독일	47.77	2

국가명	LOA	비중
파키스탄	38.71	2
이탈리아	34.67	2
싱가포르	33.69	2
카타르	28.79	1
네덜란드	26.21	1
독일	25.99	1
인도	25.81	1
요르단	24.5	1
아프가니스탄	21.73	1
폴란드	21.52	1
콜롬비아	20.97	1
프랑스	20.33	1
멕시코	19.04	1
모로코	18.99	1
노르웨이	18.36	1
스페인	17.99	1
오만	14.43	1
바레인	13.65	1
핀란드	10.29	0.5
태국	10.21	0.5
덴마크	10.15	0.5
총(기타 포함)	**2,185.95**	**100.0**

출처: Historical Facts Book: Foreign Military Sales, Foreign Military Construction Sales And Other Security Cooperation Historical Facts As of September 30, 2016 — Financial Policy And Analysis Business Operation, DSCA; 미 국무부 자료.

앞으로도 오랫동안 미국이 세계 방산시장을 주도하겠지만, 시장 점유율은 서서히 감소할 것이다. 이것은 무엇보다 다른 국가들, 특히 동아시아 국가들의 경제성장으로 인해 세계 경제 및 교역에서 미국의 비중이 점차 줄어들고 있음을 반영한다. 방산시장에서 성장하는 국가를 직접적으로 언급하자면 한국

〈표 7〉 2008~2016 회계연도 간 FMF 프로그램을 통한 미국 방산물자 다수 도입국

(단위: 1억 달러, %)

국가명	공급된 자금 총액	비중
이스라엘	260.18	51.8
이집트	116.21	23.1
요르단	30.53	6.1
파키스탄	25.67	5.1
이라크	20.21	4.0
멕시코	4.61	0.9
콜롬비아	3.62	0.7
필리핀	2.99	0.6
튀니지	2.21	0.4
폴란드	2.1	0.4
우크라이나	1.85	0.4
조지아	1.53	0.3
인도네시아	1.34	0.3
총합(기타 포함)	**502.4**	**100.0**

출처: Historical Facts Book: Foreign Military Sales, Foreign Military Construction Sales And Other Security Cooperation Historical Facts As of September 30, 2016 — Financial Policy And Analysis Business Operation, DSCA; 미 국무부 자료

과 중국이다. 현재 세계 무기시장에서 미국의 비중이 약 30%라면 2030년까지 25~26%까지 감소할 수 있다.

그와 동시에 세계 방산시장이 성장한다고 가정하면 미국산 무기 수출액 자체는 계속 늘어날 것이다. 미국은 최첨단 무기 체계를 포함해 거의 모든 무기 체계를 생산할 유일한 국가로 남을 것이다.

미국 방산수출 증가를 이끄는 중요한 요인 중 하나는 록히드마틴사의 F-35 출시다. F-35는 세계 무기시장에서 대체할 기종이 없는 거의 유일한 5세대 전투기다(러시아가 Su-57 전투기를 공급하기 전까지). 2020년대 중반부터 말까지 미국산 4세대 전투기(F-15, F-16, F/A-18)의 수출 잠재력은 대폭 감소하고 F-35가

유일하게 수출되는 미국산 전투기가 될 것이다. 이 전투기는 세계 군용기 시장, 적어도 서방과 가까운 국가의 시장을 휩쓸 가능성이 상당히 높다. 수출액은 아마도 매년 수백억 달러에 이를 것이다.

또한 미국은 군용헬기, 유도탄, 모든 종류의 정밀무기, 해상무기, 전자장비, 네트워크 체계 및 기술에서 독보적인 지위를 유지할 것이다. 신형 JLTV 장갑차량과 차기 모델을 포함하여 미국산 경장갑차량 판매가 확대될 가능성도 있다.

동유럽의 비중이 늘더라도 미국 방산수출 지형도는 기본적으로 변함이 없을 것이다. 동유럽 국가들은 정치적인 이유로 미국 무기 체계를 우선적으로 고려하면서 대규모 획득사업을 진행할 것이다.

2. 영국

일반적인 특징

영국은 군사 분야에서 첨단 기술력을 보유하고 있어 전통적으로 세계 방산시장에서 중심 국가였다. 그런데 영국 방위산업은 독특하게도 종종 서유럽 방위산업의 다국적화를 주도한다. 이 밖에도 영국은 완제품 생산뿐만 아니라 국제 공동개발과 다국적기업의 동반 및 협력업체가 되기도 한다.

결과적으로 플랫폼이 아니라 다국적 항공우주 개발 프로그램 참여, 시스템(하부시스템) 통합, 외국산 항공기를 위한 구성품 및 부분품(엔진 포함) 생산이 현대 영국 방산수출의 주축이 되었다. 또한 영국은 항공기 수리, 정비 등 다양한 용역과 외국을 위한 연구개발, 외국군 및 기술인력의 교육에도 특화되어 있다. 따라서 영국 방산수출에서 완성품의 비중은 작으며 국제 연구개발·생산 협력이라는 틀에서 군용 항공우주 프로그램에 더 특화되어 있다고 할 수 있다. 2000년 이후 영국이 자체 개발한 무기 체계의 해외수출은 급격히 감소했다.

주기적으로 수주하는 항공기[유로파이터 타이푼 전투기, BAE 시스템즈의 호크

(Hawk) 훈련-전투기, 영국에서 조립되는 아구스타웨스트랜드(AgustaWestland), 현재는 레오나르도(Leonardo) 헬기]와 해상 플랫폼(전투함과 보조선박)은 영국 방산수출의 규모를 유지하는 든든한 버팀목이다. 영국 방산제품이 고가라는 점도 한몫을 한다.

영국 방위 및 항공우주 분야의 양대 산맥인 BAE 시스템즈와 롤스로이스(Rolls-Royce)는 대륙 간(역자주: 유럽과 미국) 연구개발·생산에 긴밀하게 참여하고 있다. 최근에는 이러한 관계가 거의 영-미 협력의 핵심이 되었다. 나아가 미국에서 이들 업체 활동이 더 활발해지는 경향이 눈에 띈다. 미국은 영국 방산 수주액의 대부분을 차지하고, 미국 내 영국 생산시설이 증가하고 있으며, 수익 창출의 중심 또한 미국으로 옮겨졌다.

방산수출 규모, 구조 및 대상국

2018년 8월 현재, 영국 방산수출에 대한 최신 통계는 2016년까지만 접근이 가능하다. 영국 국제무역부(Department for International Trade) 방위보안청(Defence and Security Organization, DSO)의 보고서에 따르면 2007년부터 2016년까지 영국은 총 731억 6천만 파운드(발표일 기준으로 953억 달러) 규모의 방산수출 계약을 체결했다. 이와 같은 실적은 DSO의 평가에 따르면 미국 다음으로 세계 제2위에 해당한다. 하지만 DSO가 발표한 내용에는 이 실적을 뒷받침하는 구체적인 사업 및 계약명이 명시되어 있지 않다.

하지만 DSO는 2015년 이미 세계 방산시장 규모를 상징적인 숫자인 1천억 달러로 평가하고 있음을 알 수 있다.

연도별 영국 방산물자의 실제 공급 규모와 관련된 자료는 최근까지 공개되어 있지 않다. 예전에 영국 국방부 방산수출청(Defence Export Service Organization, DESO)이 실제 공급액수를 공개했다. 이 수치는 영국 정부가 영국 회사와 외국 정부 간 방산수출을 중개한 액수였다. 그런데 2007년 영국 국내 정치적인 이유로 DESO가 폐지되고 위에 언급한 DSO로 교체되었다. 하지만 DSO의 통계자료는 이전보다 구체성이 부족하다. DESO가 마지막에 발표한 영국의 실제 공급액 관련 자료(영국 국방부 정보분석국 자료를 인용함)는 2005년 기준이다. 이미 체결한 계약에 대한 공개 자료를 근거로 연간 영국의 방산수출액은 60~80억 파운드로 추산할 수 있다.

DSO 자료에 따르면 영국 방산업계 방산수출액의 85%가 항공우주, 7%가 해군, 8%가 지상 장비다.

영국 방산수출의 주 대상지역은 중동이지만, 비중은 점차 감소 추세다. 중동에서는 사우디아라비아가 영국산 방산물자의 주요 수입국이다. 이것은 유로파이터(Eurofighter) 컨소시엄의 타이푼(Typhoon) 전투기, BAE 시스템즈의 호크 훈련-전투기 및 항공무장, 용역, 부대시설을 공급하는 장기계약 때문이다. 이 사업에 따른 항공무장, 항전장비, 수명주기 유지에 대한 신규 계약이 주기적으로 체결된다. 결과적으로 사우디아라비아에 유로파이터 타이푼 전투기 72대를 공급하는, 2005년 시작된 알살람(Al Salam) 사업 규모는 200억 파운드로 평가된다. 2015년에는 호크 AJT Mk 165 훈련-전투기 22대를 차례로 사우디아라비아에 공급하는 신규 계약이 체결되었다.

영국산 방산물자가 두 번째로 많이 수출되는 지역은 미국을 중심으로 한 북아메리카다. 이 지역은 연간 영국 방산수출의 16~23%를 차지한다. 이것은 무엇보다 영국이 방위산업 분야에서 미국과의 연구개발-생산 협력에 광범위하게 참여하고 있기 때문이다. 영국은 F-35 전투기 및 항공기 엔진 생산에 직접적으로 참여한다. 위에 언급된 지역별 비중은 변함없고, 금액만 상승할 것이다. 북아메리카, 중동과 마찬가지로 첨단 방산제품을 주로 구매하는, 자금력이 있는 유럽의 비중도 동일할 것이다.

영국 방산수출 지역을 국가별로 세분하면 다음과 같다.

- 미국: 30%
- 사우디아라비아: 30%
- 인도: 8%

- 인도네시아: 7%

- 오만: 5%

- 아랍에미리트: 5%

- 브라질: 2%

- 중국: 2%

- 한국: 2%

- 일본: 2%

- 알제리: 2%

앞으로 영국은 주로 미국과의 다자 및 양자 간 국방협력의 틀에서 무기 체계 및 하위 체계의 공급자로서 방산수출을 지속해나갈 것이다. 영국 방위산업은 향후 10년 동안 거의 미국 방위산업의 일부처럼 될 것이다. 이것은 영국이 정치적으로 미국의 영향력 아래 있으려는 것과 관련이 있다.

지금도 미국 시장에서 다수의 사업을 진행하는, 무늬만 영국인 방산업체들[BAE 시스템즈, 롤스로이스, 키네틱(QinetiQ)]이 공식적으로 미국 업체가 될 가능성도 배제할 수 없다. 최근 영국에서 생산되는 군용기인 유로파이터 타이푼 전투기, BAE 시스템즈의 호크 훈련-전투기와 레오나르도(Leonardo)사의 멀린(Merlin) 및 링스/와일드캣(Lynx/Wildcat) 헬기는 결국 시장에서 밀려날 것이라는 중기 전망을 할 수 있다. 이렇게 되면 영국은 완제기 시장에서 완전히 밀려날 것이다.

〈표 8〉 2007~2016년 영국 방산수출 계약액

(단위: 1억 파운드)

구분	2007	2008	2009	2010	2011	2012	2013	2014	2015	2016	2007~2016 계약총액
계약액	96.5	43.4	72.6	58.3	58.3	88.0	97.8	84.8	77.4	59.0	731.6

출처: UK Defense & Export Statistics for 2016, Released 25 July 2017 — DIT DSO

<표 9> 2005~2015년 영국산 무기의 지역별 공급 비중

(단위: %)

지역	10년간		1년간	
	2006~2015	2007~2016	2015	2016
중동	58	57	63	49
북아메리카	20	20	16	23
아시아-태평양	9	10	13	13
유럽	10	10	8	14
아프리카	2	2	0.5 미만	1
라틴아메리카	1	1	0.5 미만	0.5 미만

출처: UK Defense & Export Statistics for 2016. Released 25 July 2017 ─ DIT DSO

호주 해군이 2018년 선정한 영국의 신형 26형(Type 26) 호위함을 시장에 제안하고 있지만, 해군 무기 체계 수출국으로서 영국의 입지는 계속 약화되어 왔다. 영국은 조만간 장갑차 플랫폼 생산도 중단할 것 같다. 포병무기 체계도 마찬가지이며, 유도무기도 결국에는 일부만 생산될 것이다.

영국 방산수출은 인플레이션을 고려하여 급격하게 증가되지 않겠지만, 그럼에도 미국 방위산업으로 통합되는 과정에서 충분히 높은 실적을 유지할 것이다.

3. 프랑스

일반적인 특징

세계 무기 공급자로서 프랑스의 입지는 안정적이며, 최근에는 세계 방산시장에서 점유율을 늘려가고 있다. 2014~2017년 체결된 대형계약으로 인해 프랑스는 거의 러시아 수준으로 올라왔고, 아마도(특히 영국의 공식자료를 고려하면) 영국과 비슷해졌을 것이다. 169억 2,100만 유로 규모의 신규 계약을 체결한 2015년은 기록적인 한 해가 되었다. 뒤를 이어 2016년에도 2015년과 유사한

139억 4,200만 유로라는 수주액을 달성했다. 2017년에는 신규 수출계약이 69억 4천만 유로까지 급감했고, 공급액은 67억 3천만 유로였다.

지난 5년간 계약 액수를 고려하면 프랑스는 일정 기간 동안 실제 공급액에서 영국 및 러시아와 어깨를 나란히 할 수 있다.

세계 방산시장에서 프랑스의 입지가 공고한 이유는 강력하고 (조건부이지만) 다분히 독립적이며 자주적인 방위사업이 존재하기 때문이다. 프랑스 방위산업은 거의 모든 종류의 플랫폼과 장비를 제안할 수 있다. 방위산업의 기술적 독립성, 미국산 구성품이 포함되지 않는[ITAR(International Traffic in Arms Regulations: 미국 정부 규정으로 국방 관련 미 군수품 목록에 대한 수출입 통제-역자주) free] 무기 체계 생산 및 대규모 기술이전 능력으로 인해 프랑스는 매력적인 방산협력국이 되었다. 그런데 2018년 미국에 의해 다소사의 라팔 DM/EM 전투기용 SCALP-EG 미사일의 이집트 공급이 좌절된 사례 때문에 프랑스 방위산업의 독립성에는 다소 의문이 제기된다. 많은 경우 프랑스 무기는 러시아나 미국 무기를 선택해야 하는 국가에게 무기도입선의 다변화를 위한 대안으로 고려된다. 또한 프랑스와의 방산협력은 국제 방산협력의 균형과 기술이전의 수단으로 인식된다. 수출이 어렵지만 유망한 방산시장에서 장시간이 소요되는 수출사업을 위해 강력하게 정치적으로 뒷받침하는 것이 프랑스 방산수출의 특징이다. 장-이브 르 드리앙 프랑스 국방장관의 재임기간인 2012~2017년 이러한 특징이 분명하게 나타났는데, 이 시기에 프랑스 역사상 가장 큰 방산수출 계약이 체결되었다.

방산수출 규모, 구조 및 대상국

프랑스 방위수출이 큰 폭으로 증가한 해는 2015년으로서 이집트와 70억 유로 이상의 수출 계약을 체결했다. 또한 카타르와는 라팔 전투기 24대를 공급하는 169억 2,100만 유로 규모의 계약을 체결했다. 2016년 체결된 계약금은 139억 4,200만 유로에 달한다(2017년 실적으로 분류되는 호주와의 잠수함 건조 계약은 제외함). 인도에 라팔 전투기 36대를 공급하는 78억 7,800만 달러 규모의 계약이 2016년 계약실적의 기본이다. 2017년 15억 달러 규모의 넥스터사 장갑차 490대 수출과 관련하여 카타르와 상호 양해각서를 체결했다. 라팔 전투기 12대 옵션 계약이 확정계약(11억 유로로 평가됨)으로 변경된 것도 대형 계약에 포함된다. 이 밖에도 호주에 쇼트핀 바라쿠다(Shortfin Barracuda) 재래식 잠수함 12척을 340억 유로에 공급함으로써 프랑스 방산수출 역사상 가장 큰 계약이 체결되었다. 그런데 계약금액 중 많은 부분이 전자장비를 공급하는 미국 협력업체에게 돌아갈 것으로 보인다.

전통적으로 프랑스 방산수출은 항공우주장비가 주를 이루는데, 2005년부터 2014년까지 전체 계약금액의 49.2%를 차지한다. 해군 무기 체계가 31.4%, 지상 무기 체계가 19.4%로 그 뒤를 잇는다. 이러한 비율은 2015~2016년 3건의 라팔 전투기 수출로 인해 일부 수정되었다. 2년간 항공우주장비가 약 70%에 이르렀다. 앞으로 라팔 전투기 수출 시 항공 비중이 다시 증가할 수 있겠지만, 호주 잠수함 건조계약에 따라 2017년은 해군 무기 체계 쪽으로 비중이 증가했다.

프랑스 방산수출의 주요 시장은 중동(우선적으로 사우디아라비아와 카타르), 유럽, 남아시아(인도와 파키스탄)와 동남아시아다. 이 네 지역은 프랑스 방산수출의 약 80%를 차지한다. 2000년대 일정기간에는 브라질 잠수함 및 헬기 계약으로 인해 라틴아메리카의 의미가 중요해졌다. 현재는 위에 언급된 비중으로 되돌아갔다.

프랑스에 북아메리카 시장의 의미는 상대적으로 크지 않다. 왜냐하면 프랑스 방위산업은 영국처럼 미국 방위산업과 대규모 협력관계에 있지 않기 때문이다. 그러나 최근 미국과의 관계가 점차 긴밀해지고 있다. 그에 따라 북아메리카 지역의 비중도 커지기 시작할 것이다.

위에 언급한 대로 2015~2016년 인도에 라팔 전투기 36대를 78억 7,800만 유로에 계약함에 따라 아시아 시장에서 판매량이 급증했다. 이 거래는 2016년 계약금의 57%에 해당한다. 또한 중동지역의 비중도 대폭 증가했다. 라팔 전투기의 인도 시장 진출로 인해 앞으로 오랫동안 프랑스 방산수출에서 남아시아 시장의 중요성이 전반적으로 높아질 것이다.

프랑스의 공식 자료에 따르면 2007년부터 2016년까지 프랑스 방산물자를 대량으로 주문한 국가는 다음과 같다.

- 인도: 약 160억 유로
- 사우디아라비아: 총 90억 유로(사우디아라비아가 레바논을 위해 계약한 금액도 포함할 수 있음)
- 카타르: 약 80억 유로
- 이집트: 약 75억 유로
- 브라질: 약 60억 유로
- 아랍에미리트: 약 55억 유로
- 미국: 약 32억 유로
- 싱가포르: 약 30억 유로
- 영국: 약 23억 유로
- 모로코: 20억 유로

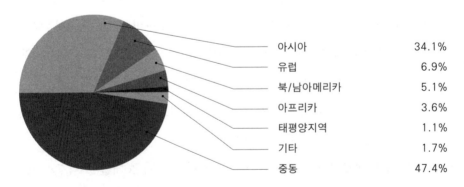

아시아	34.1%
유럽	6.9%
북/남아메리카	5.1%
아프리카	3.6%
태평양지역	1.1%
기타	1.7%
중동	47.4%

〈그림 1〉 2012~2016년 프랑스 방산수출 지역별 비중

출처: Rapport au Parlement sur les exportations d'armement de la France 2017

〈표 10〉 2007~2017년 프랑스 방산물자 수출액

(단위: 100만 유로)

구분	2007	2008	2009	2010	2011	2012	2013	2014	2015	2016	2017
신규 계약액	5,660	6,584	8,164	5,118	6,517	4,817	6,874	8,218	16,921	13,942	6,900
실제 공급액	4,540	3,173	3,726	3,783	3,778	3,379	3,881	4,046	6,202	8,295	8,298

출처: Rapport au Parlement sur les exportations d'armement de la France, 2010, 2016, 2017; 프랑스 세관 자료
주: 공급 관련 자료는 완전하지 않을 수 있음.

인도, 카타르, 이집트의 상승은 2015~2016년 계약 때문이다. 그 결과 2012 ~2016년 인도는 프랑스 방산수출에서 가장 큰 고객이 되었다. 2011~2016년 프랑스 무기를 대규모로 도입한 국가는 사우디아라비아, 인도, 이집트, 아랍에 미리트와 브라질이다.

프랑스가 2005~2017년 공급한 방산물자의 국가별 비중은 다음과 같다.

- 사우디아라비아: 17%

- 인도: 14%

- 이집트: 13%

- 아랍에미리트: 6%

- 브라질: 5%

- 미국: 4%

- 호주: 3%

- 모로코: 3%

- 인도네시아: 3%

- 중국: 3%

위의 자료에 따르면 공급량의 55%가 상위 5개국에 집중되어 있다. 하지만

〈표 11〉 2011~2017년 지역별 프랑스 방산수출 계약액 및 실제 공급액

(단위: 100만 유로)

지역명	2012~2017년 계약액	2011~2017년 실제 공급액
중동	29,263.2	12,250.2
남아시아	12,733	4,201
동남아시아	4,804.1	2,390.6
유럽연합	3,523	3,613.4
동북아시아	2,828.8	1,237.8
북아메리카	2,302.8	942.6
유럽(유럽연합 이외)	2,148.1	989.8
남아메리카	1,817	1,882.1
북아프리카	1,242	985.2
사하라 이남 아프리카	1,106.2	333
호주 및 태평양지역	618.4	891.5
중앙아시아	503.2	432.5
중앙아메리카와 카리브해 제도	225.6	507.5
기타(국제기구, 비공개 공급, 비정부조직에 공급)	1,115.5	701.4
총계	**64,230.9**	**31,358.6**

출처: Rapport au Parlement sur les exportations d'armement de la France 2018
주: 지역별 계약액 순으로 정리함.

어느 한 국가로 편중(공급량의 20% 이상)된 모습은 보이지 않는다.

중·단기적으로 프랑스 방산수출은 의심할 여지 없이 증가할 것이다. 이것은 무엇보다 라팔 전투기가 방산시장에 진출한 것과 관련이 있다. 2015~2017년 카타르, 이집트, 인도와 대형 계약을 체결했고, 이 계약의 이행에 따라 2017년 이후 프랑스 방산물자의 실제 공급량은 대폭 상승하게 될 것이다. 현재 라팔 전투기는 F-35를 대체할 수 있는 유일한 서방 기종이다.

동시에 다른 분야에서도 프랑스 방산수출이 성장할 수 있는 긍정적인 면이 보인다. 이것은 최근 수주액이 증가하는 것으로 확인된다. 무엇보다 전투함정

〈표 12〉 2012~2017년 계약체결액에 따른 프랑스 방산물자 구매국

(단위: 100만 유로)

국가	2012	2013	2014	2015	2016	2017	기간 중 총계
인도	1,205.7	180	224.7	412.8	7,998.9	388.2	10,410.3
카타르	134.6	124.9	220.3	6,797.7	91.3	1,089.2	8,458
사우디아라비아	636.1	1,928	3,633	193.5	764.4	626.3	7,781.3
이집트	49.7	64.4	838.4	5,377.7	623.9	217.2	7,171.3
아랍에미리트	84.3	335.2	937.2	194.7	323.9	701.5	2,576.8
싱가포르	101.5	651.3	116.4	109.4	646.6	44.1	1,669.3
쿠웨이트	49.8	5.1	2.7	196.8	107.9	1,102	1,464.3
한국	81.5	78.3	67.8	804.9	72.3	211	1,315.8
인도네시아	151.7	480.1	258.9	84.5	47.6	117.1	1,139.9
말레이시아	461	108.9	80.3	209.9	115.2	55.2	1,030.5
브라질	5.8	339	143.8	95.8	27.7	329.9	942
미국	208.4	125.2	114.2	128.8	138.1	164.1	878.8
영국	130	87	72.7	298	115.8	112.8	816.3
모로코	5.9	584.9	47.6	72.5	89.9	2.3	803.1
중국	114.3	107.8	70.1	239.3	153.8	81.1	766.4
독일	44.7	115.3	65.5	320.4	58.9	56.8	661.6
호주	96.6	38.7	32.5	40.2	351.9	29.5	589.4
일본	26.4	28	13	206.2	138.9	120.7	533.2
파키스탄	68.4	71.7	76.1	83.3	133.8	83.1	516.4
러시아	185.4	89.1	101.7	1.2	46.1	9.9	433.4
이탈리아	71.3	46.2	61.3	59	113.2	81.4	432.4
태국	140.2	2.3	61.5	64.4	85.8	2.6	356.8
오만	13.9	104.1	78.2	9.1	5.5	109.6	320.4
스페인	23.7	59.7	35.2	65.5	81.4	29	294.5
페루	72.2	3.6	153.8	1.2	0.5	0.9	232.2
우즈베키스탄	–	208	0.05	0.05	0.1	–	208.2

출처: Rapport au Parlement sur les exportations d'armement de la France 2017
주: 주: 이 표에는 2억 유로 이상 공급된 국가만 포함됨. 표에서 국가 순서는 계약액 순임.

〈표 13〉 2012~2017년 실제 공급액에 따른 프랑스 무기 체계 도입국

(단위: 100만 유로)

국가	2012	2013	2014	2015	2016	2017	총계
사우디아라비아	418.9	418.6	643.7	899.8	1,085.8	1,382	**4,848.4**
이집트	27.5	63.6	103	1,240.2	1,329.6	1,478.2	**4,242.1**
인도	233.9	346	369.5	1,050	954.3	689.5	**3,643.2**
아랍에미리트	185.8	274	126.8	293.6	399.9	226.8	**1,506.9**
브라질	168.5	440	64.7	121.5	295.2	360.9	**1,450.8**
미국	104.7	161.8	167.7	141.9	157.1	156.6	**889.8**
인도네시아	51.8	123	67.2	189.2	210.3	224.5	**866**
영국	88.5	68.6	79.7	97.2	256.8	148.8	**739.6**
호주	150.6	79.9	117.8	132.6	183.3	65.4	**729.6**
싱가포르	180.3	112.6	95.2	115.5	86.6	109.8	**700**
모로코	13.6	40.4	461.5	12.7	127	30.7	**685.9**
중국	104.8	163.2	114.8	105.2	105.6	84.1	**677.7**
오만	222.9	110.1	85.6	32	90.1	105.4	**646.1**
카타르	122.7	20.3	46.5	134.7	116.1	137.2	**577.5**
파키스탄	49.4	103.3	139.2	85.5	90.1	74.7	**542.2**
말레이시아	102.2	215.3	77.9	32.5	40.3	41.7	**509.9**
멕시코	206.4	58.6	112.2	3	33.5	93.6	**507.3**
독일	74.2	58.4	83.2	76.9	80.8	76.7	**450.2**
한국	45.9	41.8	54.4	68.1	105.5	105.7	**421.4**
이탈리아	39.4	44.4	48.8	56.2	121.7	80.2	**390.7**
러시아	53.9	57.3	81.7	58.9	48.9	36	**336.7**
그리스	25.8	94.6	62.3	32.9	13.5	104.8	**333.9**
핀란드	42.6	86.9	26	57	71.7	19.4	**303.6**
터키	38.8	36	10.2	131.1	50.8	50.5	**317.4**
스페인	52.1	22.9	93.7	32.3	35.7	65.9	**302.6**

출처: Rapport au Parlement sur les exportations d'armement de la France 2018
주: 이 표에는 3억 유로 이상 공급된 국가만 포함됨. 표에서 국가 순서는 공급액 순임.

이 여기에 해당하는데, 구체적으로 보면 스코르펜(Scorpene)급 재래식 잠수함, 미스트랄(Mistral)급 범용 상륙함, FREMM 및 차기 FTI급 호위함, 고윈(Gowind)급 초계함 및 보조함정이 있다. 향후 프랑스산 경장갑차, 우선적으로 스콜피온(Scorpion) 사업 장갑차량에 대한 수요 증가가 예견된다. 결론적으로 프랑스는 미국에 이어 서방 제2의 무기 체계 플랫폼 공급국이라는 명성을 유지할 것이다. 헬기(Airbus Helicopter), 다양한 유도무기와 전자장비[MBDA, 탈레스(Thales)와 사프란(Safran)], 항공엔진(Safran) 생산에서 프랑스 방산업체의 입지는 탄탄할 것이다.

4. 독일

독일연방공화국은 방산수출 강국이다. 그렇지만 독일은 유럽 국가 중에서도 가장 엄격하고 까다로운 수출통제 제도를 운영하고 있다. 국가 지도부가 국가 경제와 정부기관이 군사화될 가능성을 차단하기 위해 도입한 이 제도는 종종 군과 방위산업 발전을 스스로 제한하는 체제의 일부다. 이렇듯 의도적으로 방산수출을 강하게 통제하는 이유는 각종 분쟁, 무엇보다 민족 관련 분쟁에 휘말릴 가능성을 최소화하기 위함이다.

그래서 독일은 방산수출 시 나토 회원국과 그 외 국가에 대한 수출을 분명하게 구분한다. 나토의 방어능력을 강화하는 나토 회원국에 대한 수출은 다양한 방법으로 지원한다.

독일의 방산수출 통제체제는 자기억제적이며 상당히 엄격하다고 평가할 수 있다. 이러한 점은 방산수출 확대에 큰 걸림돌이 된다. 다양한 허가절차가 필요한 2개의 목록, 법률에 기초한 수출 허가, 최종사용자 증명이 독일 통제제도의 특징이다.

독일 정부는 매년 방산물자 수출 허가와 소위 전투수행무기(Kriegswaffenliste) 수출 현황을 공개한다. 수출 허가 금액과 실제 공급액은 맞지 않는 경우가 많다. 하지만 독일 방산수출의 성격과 특징은 가늠할 수 있다.

〈그림 2〉는 2007~2017년 독일 정부가 허가한 방산물자 수출 총액에 대한 연도별 변동 현황을 나타낸다. 냉전 이후인 1990년대에는 방산수출액이 급감했으나, 1999~2007년 독일 방위산업의 고객인 유럽 국가 다수가 무기 체계를 세대교체하면서 눈에 띄게 증가했다. 이러한 증가세는 2007~2010년 유럽또한 겪은 경제위기로 인해 잠시 주춤했는데, 이는 공급액수와 연동되어 있는 허가액수 감소에서도 확인된다. 그러나 2011년 몇몇 대형 계약이 성사되면서 허가 금액은 급증했다. 이후 다시 침체기가 이어지다가 2015년 연간 허가 실적이 다시 대폭 상승했다. 이때의 상승은 유럽 동부에서 정치·군사적 환경이 악화된 것이 요인이었다. 반러시아 정서가 팽배한 가운데 독일 방위산업의 단골인 유럽 국가들은 독일 무기와 장비를 대량 구매하기 위한 계약을 체결했다.

(단위: 100만 유로)

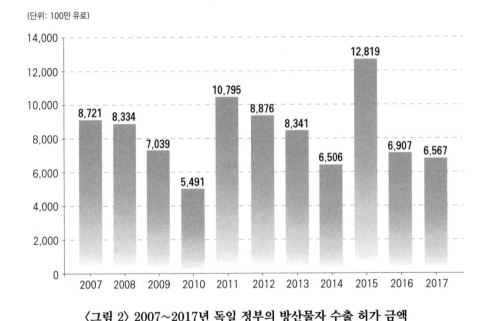

〈그림 2〉 2007~2017년 독일 정부의 방산물자 수출 허가 금액

출처: Bericht der Bundesregierung über ihre Exportpolitik für konventionelle Rüstungsgüter, 2007~2017

실제 공급량에 대한 독일 측 통계를 보면 2014년부터 독일 방산수출액 증가가 확인된다. 2012~2013년 공급량은 21세기 이후 가장 낮게 기록됐는데, 10억 유로 미만이 독일 전체 수출량의 0.1%에 해당하는 수치였다면, 2014년부터 공급액이 26억 유로까지 증가했고, 2017년에는 독일 전체 수출의 0.21%를 차지하게 되었다.

실제 공급량에 대한 독일의 통계는 (독일 방산업체가 생산한) 민간 공급분과 독일 국방부가 독일연방군 자산 중에 공급한 부분으로 나뉜다. 금액으로 보면 독일연방군 자산 중 공급한 액수는 의미 있는 수치가 아니다(2015년 1억 5,630만 유로, 2016년 2,056만 유로). 그러나 이 금액은 잔존가치임을 알아야 한다.

유럽 국가에 대한 2015년 수출 허가 실적은 2014년에 비해 3배가 증가했다. 지난 10년간 독일 정부는 903억 유로어치의 방산수출을 허가했다. 이 중 312억 유로는 유럽연합, 북대서양조약기구와 그와 유사한 조직에 포함되지 않는 제3국에 일회성으로 공급한 금액이었다.

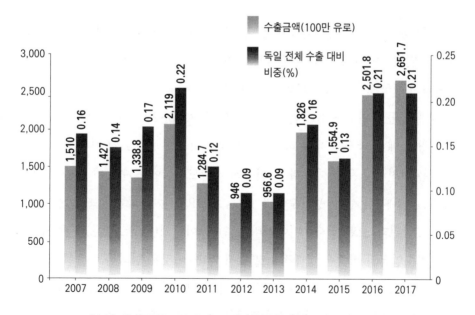

〈그림 3〉 2007~2017년 독일 정부의 전쟁수행무기 공급액

출처: Bericht der Bundesregierung über ihre Exportpolitik für konventionelle Rüstungsgüter, 2007~2017

<表 14> 2007~2017년 독일 정부의 방산수출 허가 액수

(단위: 100만 유로)

연도	EU 국가	EU 미가입 나토 국가	기타 국가	일회성 허가총액	다회성 허가총액	전체 허가액
2007	1,297	1,141	1,230	3,668	5,053	8,721
2008	1,839	809	3,141	5,788	2,546	8,334
2009	1,445	1,106	2,492	5,043	1,996	7,039
2010	2,315	1,056	1,383	4,754	737	5,491
2011	1,954	1,162	2,298	5,414	5,381	10,795
2012	971	1,129	2,604	4,704	4,172	8,876
2013	1,068	1,071	3,606	5,846	2,495	8,341
2014	817	753	2,404	3,961	2,545	6,506
2015	2,475	763	4,621	7,859	4,960	12,819
2016	1,353	1,827	3,668	6,848	59	6,907
2017	1,483	965	3,795	6,242	325	6,567
총계	17,017	11,782	31,242	60,127	30,269	90,396

출처: Bericht der Bundesregierung über ihre Exportpolitik für konventionelle Rüstungsgüter, 2007~2017

독일 정부의 수출 허가 대상국은 대부분 선진국(OECD 기준)이었다. 이 부분에서 독일의 수출구조는 타 수출국과 차이가 난다. 그러나 최근에는 독일산 방산물자 구매국 중 개발도상국의 비중이 점차 늘어나고 있다.

실제 공급액 자료도 유사한 모습을 보인다. 2008~2017년 독일산 방산물자를 대량 구매한 국가는 유럽 국가(그리스, 미국, 터키, 스페인, 오스트리아)와 이스라엘 같은 선진국이 주를 이룬다. 이전부터 개발도상국에도 수출이 많이 되지만(러시아 학계에서 보기에), 생활수준과 1인당 GDP가 높은 국가(한국, 칠레, 싱가포르)도 포함된다. 그런데 사우디아라비아, 인도, 아랍에미리트 같은 전통적인 대형 무기수입국의 비중은 상대적으로 크지 않다. 이것은 엄격한 수출통제의 결과다. 최근까지도 독일 정부는 민주주의 위협, 인권탄압(사우디아라비아, 아랍에미리트, 카타르) 또는 국경 및 민족분쟁 국가(인도)에 대한 수출 허가를 줄곧 거부해 왔다.

〈표 15〉 2007~2017년 독일 전쟁수행무기 도입 국가

(단위: 100만 유로)

순위	국가	실제 공급금액(2018년 기준)
1	알제리	901.8
2	이집트	637.6
3	카타르	350.9
4	한국	212.3
5	사우디아라비아	110.3
6	싱가포르	82.0
7	터키	62.3
8	루마니아	39.9
9	인도네시아	35.9
10	체코	24.5
	상위 10개국	2,457.5
	기타	194.2
	총계	**2,651.7**

출처: Bericht der Bundesregierung über ihre Exportpolitik für konventionelle Rüstungsgüter, 2017

독일의 수출 대상국은 여타 국가와 확연히 다르게 대부분 경제적으로 발전한 국가다. 이는 인권침해나 내전 중인 국가에 무기 공급을 제한하는 독일의 정책과 연관이 있다. 그러나 근래에 연방정부의 입장이 재검토되고 있다. 2012년 초부터 독일 안보위원회는 이전에 독일 무기를 극히 제한한 국가에 대해 허가를 내주기 시작했다. 인도네시아와 카타르에 레오파르트 2와 기타 장갑차량, 아랍에미리트에 다양한 화기와 탄약 공급을 허가했다.

독일이 무기를 공급하는 대상국이 변하고 있다는 것은 독일 방산수출 정책이 점차 완화되고 있다는 증거다. 최근 유럽 선진국의 비중이 감소하고 아프리카와 페르시아만 국가 및 인도에 대한 공급이 증가할 것으로 예상된다. 근래 실제 무기공급 자료를 분석해보면 이러한 경향이 확인된다. 2017년 독일 전쟁수행무기 수입을 많이 한 국가 목록에 알제리(MEKO A200AN 호위함을 개장하여

〈표 16〉 2017년 독일 무기 종류별 수출 허가 실적

(단위: 100만 유로, %)

항목번호	수출 목록	허가 금액	비중
1	총기	215.5	3.5
2	화포	98.3	1.6
3	탄약	193.9	3.1
4	대구경 탄약(폭탄, 어뢰, 유도탄)	502.1	8
5	화력통제장비	318.5	5.1
6	지상차량	1,820.2	29.2
7	대량살상무기 방호 체계	16.8	0.3
8	폭발물 및 로켓추진제	49.5	0.8
9	해군 무기체계	1,257.2	20.1
10	군용기	471.1	7.5
11	군용 전자장비	377.9	6.1
13	개인보호장구	127.5	2
14	군사훈련 장비 및 시뮬레이터	91.9	1.5
15	적외선 및 열영상 장비	122	2
16	군용물자 생산설비	183.5	2.9
17	보조장비	128.8	2.1
18	군용물자 생산장비	88.8	1.4
19	정밀 및 레이저 무기	1.3	0
21	소프트웨어	34.6	0.6
22	군용물자 생산기술	142.9	2.3
	총계	**6,242.3**	**100**

출처: Bericht der Bundesregierung über ihre Exportpolitik für konventionelle Rüstungsgüter, 2017

이전), 이집트(209/1400Mod 잠수함을 개장하여 이전), 카타르(레오파르트 2A7+와 장갑차량 공급)가 포함된다.

그러나 방산물자 수출 허가와 전쟁수행무기 공급의 지역별 분포는 분명한 차이가 있음을 강조할 필요가 있다. 문제는 '전쟁수행무기'의 정의에 해당하지 않는, 예를 들어 엔진, 전자 및 전자광학 장비, 기타 군용장비는 실제 공급 통계에 포함되지 않는다는 점이다. 따라서 통계 전반에 어느 정도 오차가 있다. 지금까지는 수출 허가가 주로 나토 회원국이나 관련 국가를 대상으로 했다면 완성장비는 주로 제3세계 개발도상국이 주 대상이다. 이것은 세계 무기시장 중 유럽에서는 구성품 공급자, 개발도상국에서는 완성품 공급자라는 독일만의 특징이라고 할 수 있다.

수출 품목에서도 독일은 여타 수출국과 다른 면을 보인다. 독일 수출품 중 상당 부분이 전투함정 및 재래식 잠수함 같은 해군 무기 체계다.

전차와 자주포 위주의 지상 무기 체계 비중도 크다. 지상 무기 체계용 디젤엔진도 독일 방위산업의 특화된 부문이다. 군용기와 방공무기 체계 비중은 12%와 4%로 높지 않다. 이것은 주로 전투함정 및 잠수함, 지상군 전투차량, 총기 및 탄약에 집중하는 독일 방위산업의 전략으로 볼 수 있다. 그래서 현대 무기시장 중 가장 규모가 큰 항공과 미사일 분야에서는 다분히 약한 모습을 보인다. 그렇지만 독일 방산수출은 일부 분야에 편중되지 않고 고르게 이루어진다.

저자의 자체 중기 전망에 따르면, 독일 방산수출의 절대금액은 증가할 수 있겠으나 세계 방산시장에서 독일의 입지는 점차 약화될 것이다. 유럽 공동 프로그램에 독일의 참여가 확대되고 잠수함과 수상함 건조 및 장갑차 분야에서 우월한 지위를 유지하고 있어 방산수출액 자체는 증가할 수 있다. 독일은 프랑스와 함께 유럽 전투함정 수출국으로서의 지위를 계속 유지할 것이다.

독일산 방산수출품의 종류는 줄어들 것이다. 독일은 2020년 이후 레오파르트 2 전차 생산을 완전히 중단할 것이다. 독일은 ['복서(Boxer)'라는 좋은 모델이 있지만] 경장갑차, 포병무기 체계, 전자장비, 유도무기 수출국의 지위를 잃을 것이다. 독일은 항공기 수출도 완전히 중단했다[단, 독일 에어버스 헬리콥터스(Airbus Helicopters) 조립라인에서 생산되는 경헬기는 제외]. 이러한 상황은 되돌릴 수 없을 것이다. 독일의 방산수출을 제한하는 정치 및 법률적 압박이 유지되거나 오히려 더 강화될 수 있는데, 이는 독일 방위산업에 대한 추가적인 장애가 될 것이다.

5. 이스라엘

일반적인 특징

1970년대부터 방산수출 강국이 된 이스라엘은 지난 10년간 큰 성공을 거두었다. 이스라엘은 플랫폼 수출보다 유도무기, 전자장비 및 시스템, 설계, 성능개량 분야에 집중하는 특징이 있다. 국방기술을 수출하거나 타국의 체계와 플랫폼에 이스라엘의 장비를 통합하는 방식의 협력이 활발하다. 이런 측면 때문에 이스라엘은 틈새시장에 머물러 있지만, 다른 한편으로는 세계 방산시장에서 주목을 받게 되었다. 사업분야와 협력지역의 다양성이 이스라엘 방산수출의 두드러진 특징이다. 이스라엘의 가장 경쟁력 있는 분야는 화기 및 보병용 무기, 무인기, 장갑 및 방호 체계, 전자-광학 체계이며 최근에는 방공무기 및 미사일 방어 체계까지 확장되었다.

정치적 편향성이 없다는 점, 사용자의 요구를 최대한 반영하는 능력, 최첨단 무기 체계를 판매하고 다양한 분야에서 국방기술 및 연구개발 협력이 가능하다는 점이 세계 방산시장에서 이스라엘만의 장점이다. 기술협력을 제한하는 것은 이스라엘 최첨단 무기 체계 수출을 통제하는 미국의 입장을 고려할 때뿐이다. 이스라엘 방산업체는 주문자의 요구를 최대한 반영할 수 있어 서방뿐만 아니라 러시아 · 소련 계열 무기 체계에 자신의 장비를 통합할 수 있다.

이스라엘은 방위산업의 유연성과 첨단기술 경쟁력으로 인해 방위력 개선 분야에서 최적의 파트너가 되고 있다. 이스라엘 방산업체는 종종 러시아나 서방의 무기 체계 구매 시 대안이 되기도 한다.

방산수출 규모, 구조 및 대상국

이스라엘 방산수출은 거의 쉼 없이 성장했고, 2010년과 2012년에는 정점에 달했다. 이스라엘 국방부 방산수출조직인 SIBAT 자료에 따르면, 이 시기에 방산수출액은 74~75억 달러였다. 뒤이은 해에는 계약액이 감소했는데. 이는 이전에 체결된 대형계약 때문이다(예로 2012년 아제르바이잔과 다수의 계약 체결). 2017년 자료에는 계약액이 다시 92억 달러까지 상승했다(전년 대비 40% 상승).

지난 몇 년 동안 이스라엘 방공 및 미사일 방어 체계가 세계시장에 활발하게 진출하기 시작하고 미국 방산업체와 협력이 심화되면서 계약액이 증가했다. 이스라엘 방산업체는 F-35 전투기 사업과 같이 고부가가치 대형사업에 협력업체로 참여한다.

SIBAT는 매년 관례적으로 신규 방산수출 계약액만 공개한다. 실질적인 공급 규모는 공개되지 않는다고 봐야 한다. 그럼에도 2005~2017년간 실제 공급액은 줄곧 증가했다고 할 수 있다.

SIBAT의 자료에 계약액이 92억 달러로 기록된 2017년 수출지역은 다음과 같다.

- 아시아태평양지역: 58%
- 유럽: 21%
- 북아메리카(미국): 14%
- 아프리카: 5%
- 라틴아메리카: 2%

아시아태평양지역에서 이스라엘 방산물자를 가장 많이 구매한 국가는 인도다. 지난 10년간 계약액은 안정적으로 매년 10~20억 달러를 기록했다. 인도는 아마도 이스라엘 방산물자 실제 공급액에서도 선두를 유지하고 있을 것이다.

2017년 공식자료에 따른 수출 분야는 다음과 같다.

- 미사일 및 방공무기 체계: 31%
- 레이더 및 전자장비: 17%
- 항공기 및 항전장비 개량: 14%

- 화력 체계 및 탄약: 9%

- 통신장비: 9%

- 전자광학 및 관측 체계: 8%

- 정보 및 정찰 체계: 5%

- 무인기: 2%

- 해군 체계: 1%

- 우주 체계: 1%

- 기타: 2%

위의 자료는 이스라엘 방산수출이 분야별로 고르게 이루어지고 있음을 보여준다.

2005~2017년 이스라엘 방산물자 전체 공급액 대비 국가별 비중은 다음과 같다.

- 인도: 25%

- 미국: 20%

- 아제르바이잔: 7%

- 영국: 5%

- 싱가포르: 5%

- 한국: 5%

- 베트남: 4%

- 독일: 4%

- 브라질: 3%

- 이탈리아: 3%

- 콜롬비아: 2%

- 멕시코: 2%

• 터키: 2%

이스라엘은 세계 방산시장에서 확고한 입지를 유지하며 그 위치가 더 강화될 가능성도 있다. 높은 수준의 과학기술 잠재력, 전통적인 상업적 유연성, 정치적 다원성으로 인해 이스라엘 방산수출액은 고공행진을 지속하고 더 늘어날 것이다.

네트워크, 개량 체계 및 전자장비의 중요성이 증가함에 따라 플랫폼 공급은 줄어드는 경향이 나타날 것이다(소형 전투함정 분야는 예외임). 무인기 분야는 경쟁이 심화됨에 따라 이스라엘 무인기 생산업체들이 편안하지는 않겠지만, 이스라엘은 주요 무인기 공급국으로 남을 것이다.

유도무기와 정밀무기 분야에서도 이스라엘의 지위는 강화될 것이다. 이는 시장에 이스라엘[바락(Barak) 8 및 SPYDER 같은] 차세대 대공미사일 체계가 나왔고, 전술미사일 방어 체계 수출이 시작될 가능성이 있기 때문이다. 또한 이스라엘은 현재 개발 중인 대함미사일 체계와 공대공미사일도 시장에 내놓을 것이며, 대전차미사일 수출도 계속 이어질 것으로 보인다.

〈표 17〉 2005~2017년 이스라엘 방산수출 계약액 및 실제 공급 평가액

(단위: 1억 달러)

구분	2005	2006	2007	2008	2009	2010	2011	2012	2013	2014	2015	2016	2017
신규 계약액	35	45	50	63	67	74	58	75	65.4	56	57	65	92
실제 공급 (평가)액	30	34	35	35	40	40	45	45	48	50	56	55	60

출처: 신규 계약액은 SIBAT 자료를 참고했으며, 공급액은 러시아 전략기술분석연구소(ЦACT)가 평가한 액수임.

6. 중국

중국에서 방산수출은 정보가 가장 폐쇄된 영역이다. 중국이 유엔 재래식무기 등록국에 제출하는 형식적이며 신뢰도가 낮은 보고서를 제외하고 중국 방산수출 통계는 공개되지 않는다. 따라서 중국 방산수출 규모와 수출대상 지역에 대해 대략적인 판단만이 가능하다.

중국 방산수출 발전과 현황을 분석해보면, 소련 붕괴 이후 수출국으로서 중국의 세계시장 진입은 몇 단계로 구분할 수 있다.

1단계는 1992년부터 2000년까지로, 1980년대와 비교하여 중국 방산수출이 급격히 감소하고 일부 국가에 집중되는 특징이 나타난다. 연평균 수출액은 약 8억 달러였다. 1990년대는 세계시장에 중국 방산물자 공급이 확대되는 시기가 아니라 반대로 러시아로부터 첨단 무기 및 기술을 도입하는 시기였으며, 중국 방위산업이 현대화되고 육성되는 기간이었다. 그리고 중국은 1950년대와 1960년대처럼 다시 무기를 주로 수입하는 국가로 돌아갔다.

1단계인 1990년대 중국 무기를 주로 도입한 국가는 파키스탄과 이란이었다. 또한 이들 국가는 중국으로부터 무기 개발 및 연구를 위해 자금을 지원받기도 했다. 1980년대 말부터 미얀마(버마)와 태국 또한 중국 방산물자 수입국에 포함되었다. 위에 언급된 국가에 중국이 공급한 방산물자는 단순 무기였다. 중국은 (중거리 · 장거리)미사일 기술 분야에서 수출을 확대했는데, 세계 주요 수출국이 정치적인 이유로 타국에 미사일을 제안하지 않았기 때문이다.

1992~2000년 중국의 전체 방산수출액은 약 70억 달러로 평가할 수 있다. 이것은 제2의 방산수출국인 중국에 어울리지 않는 낮은 수치였다. 그런데 1990년대에 이미 중국 무기 체계(또는 시제품)와 유사한 소련 및 러시아제 무기 체계 사이에는 일정한 경쟁이 시작되었다. 주로 화기나 보병무기 체계, 다수의 포병무기 체계 등에서 경쟁했는데, 중국은 기본적으로 가격 경쟁력을 이용했다.

2단계인 2001~2005년 중국은 쿠웨이트 시장에 진출하고 라틴아메리카와 아프리카 시장에 적극적으로 진입한다. 중국 방산수출액은 연간 10억 달러까지 증가했다.

2000~2010년 10년간은 러시아와 독립국가연합으로부터 (합법적·불법적으로) 수입된 기술이 대규모로 적용되고 정착되는 기간이었다. 중국은 러시아의 면허와 기술을 직접 받아 무기를 대량 생산했고, 외국 무기 체계를 복제하거나 외국 체계를 통합하는 방법으로 독자적인 무기 체계를 개발했다. 그러나 이러한 과정은 오랜 시간이 소요되며 아직도 끝나지 않고 있다. 중국은 예전처럼 핵심 분야(엔진, 항법장치, 레이더 기술 등)에서 기술적 어려움을 겪고 있다.

2001~2005년에도 중국은 1950~1960년대에 생산된 소련제 구형 무기시장에서 여전히 수출국이었다. 중국 방위산업은 점진적인 발전과 현대화를 통해 이름을 알리게 되었다. 이것은 파키스탄에 C-801과 C-802 계열의 대함미사일, 대전차미사일, K-8 연습-훈련기, PLZ45 자주포, 알 할리드(Al Khalid, 90식) 전차 판매를 통해 나타났다. 중국산 무기의 대량 도입국으로 파키스탄의 비중은 2000년대 초반에 갑작스럽게 커졌다. 그 이유는 파키스탄이 핵 개발을 하면서 미국의 제재를 받았기 때문이다. 중국 무기를 도입하는 또 다른 주요 국가로는 이란이 있다. 2000년 이후 경제 발전과 함께 국제사회에서 중국의 역할이 확대되면서 그에 따른 수혜를 입게 되었다. 쿠웨이트에서 중국 포병무기 체계의 공급 계약을 수주하고, 라틴아메리카와 인도네시아 시장에 진출했으며, 아프리카 국가에는 중국 무기에 대한 관심을 높였다.

2001~2005년 중국산 무기 판매는 증가하게 된다. 이 시기에 중국은 50억 달러를 공급한 것으로 평가되는데, 대다수는 파키스탄이 차지한다. 그럼에도 중국은 매년 10억 달러대 중반을 수출하면서 공급국 중 2부 리그(?) 정도의 지위를 유지했다.

2006~2010년 기간은 중국 방산업체가 시장을 확대하는 중요한 시기다. 숭국은 지난 10년간 폭발적인 기술성장에 힘입어 다양한 무기 체계를 제안할 수

있게 되었다. 먼저 중국 항공산업 성공의 상징인 4세대 FC-1 전투기(파키스탄과 공동개발) 및 J-10이 언급되어야 한다. 2010년대 말까지 양산된 이 두 기종은 기술 성숙도가 높아졌으며, 해외시장에 진출할 준비가 되어 있다(특히 FC-1). 파키스탄은 J-10의 수출형이라고 할 수 있는 FC-1의 첫 번째 구매국으로서 다시 한번 중국의 핵심 방산협력국임을 입증했다. 중국 호위함(F-22P급)과 함정탑재 헬기(Z-9C)가 파키스탄 시장에 진출했다. 신형 미사일 체계(대함, 대전차, 휴대용 대공), 레이더, 수송기(MA60), 헬기(Z-9과 Z-11), 90식 계열 수출형 전차, 차세대 경장갑차(아프리카 국가에서 수요가 있음), 자주포 및 견인포, 군용차량, 함정이 활발하게 수출되었다.

3단계인 2006~2010년 중국산 무기는 사우디아라비아, 모로코, 베네수엘라, 에콰도르, 페루, 인도네시아 시장에 진출했다. 공급액은 연간 20억 달러에 달했다. 2006~2010년 기간 동안 중국산 방산물자 공급 총액은 100억 달러 미만으로 평가되는데, 이 수치는 이후 폭발적으로 증가했다. 파키스탄이 여전히 중국산 무기의 최대 도입국이었지만, 중국산 방산물자가 공급되는 종류와 지역은 대폭 늘어났다.

2011~2012년부터 시작하여 현재까지 중국 방위산업은 새로운 발전 단계에 와 있다. 이 단계에 중국은 방산수출 규모나 품목 및 기술적인 면에서 세계 최고 수준으로 변모했다고 할 수 있다.

최근 중국은 세계 시장에 제안하는 무기의 종류를 점차 늘리고 있다. 또한 최첨단에 가까운, 경쟁력 있는 거의 모든 무기를 공급할 수 있다. 하지만 아직까지 항공 분야만 예외인데, 파키스탄 조립라인에서 생산되는 가장 단순한 FC-1 경전투기 수출이 시작된 것이 전부다. 그러나 더 복잡하고 무거운 기체를 수출할 날도 머지않은 것 같다. 수출 확대에는 세금 면제를 포함한 중국 국영은행의 광범위한 금융지원이 뒷받침되었는데, 이런 점이 중국에 대한 여러 개발도상국의 관심이 높아지는 요인이 되었다. 중국은 종종 개발도상국에 경제, 통상 및 과학기술 협력 패키지의 일부로 방산협력을 제안한다.

이러한 이유로 중국 방산수출 규모는 폭발적으로 성장할 수 있었고, 상승세는 계속될 것이다. 집필진의 자체 평가에 따르면 2017년 중국의 방산수출은 공급액 기준 최소 45억 달러에 달한다. 그런데 중국 해군이 운용하던 잠수함 2척의 방글라데시 이전, C28A 초계함 2척과 경비함정을 알제리와 파키스탄에 각각 공급하는 등 2016~2017년 공급액 중 적지 않은 부분이 해군 무기 체계다.

중국 무기가 공급된 국가와 지역을 정확하게 평가하는 것은 불가능하다. 하지만 최근 몇 년 동안 중국 무기를 많이 사들인 국가가 파키스탄과 알제리라는 것은 어느 정도 예상할 수 있다. 전반적으로 중동(특히, 사우디아라비아), 동남아시아(태국 중심으로) 비중이 늘어나고 있다. 다른 방산 수출국에 비해 중국이 실적을 많이 내는 라틴아메리카와 아프리카의 비중이 확연히 크다.

집필진의 자체 평가에 따르면 2005~2017년 중국 무기 체계가 공급된 국가와 비중은 다음과 같다.

- 파키스탄: 35%
- 방글라데시: 15%
- 미얀마: 8%
- 베네수엘라: 7%
- 이집트: 5%
- 인도네시아: 3%
- 태국: 3%
- 투르크메니스탄: 2%
- 터키: 2%
- 나이지리아: 2%
- 이라크: 2%
- 탄자니아: 2%
- 에티오피아: 2%

중국 방위산업의 성공은 세계무대에서 중국의 경제적 및 정치적 영향력이 배경으로 작용했다. 최근 중국은 전통적으로 러시아 무기를 구매한 국가들의 경제에 중요한 역할을 한다. 중국의 정치적 영향력 확대는 중국 경제성장에 못지않다. 조만간 정치·경제적으로 중국에 편향된 개발도상국이 다수 나타날 것이다. 이런 상황은 비서방 무기 수출국에 좋지 않은 수출환경이 될 것이다.

중국은 중기적으로 세계 방산시장 성장에 따른 확실한 수혜자가 될 것이다. 이미 중국 방산품의 기술 수준이 확연하게 높아짐에 따라 방산수출액 증가 같은 일련의 성과로 나타나고 있다. 향후 10년간 이러한 양상은 계속될 것이다. 결론적으로 중국은 앞으로 주요 방산 수출국이 될 것으로 예상할 수 있다. 이것은 중국이 거의 모든 무기를 공급하게 되면서 가능할 것이다. 어느덧 중국은 미국을 제외하고(그리고 러시아보다는 못하겠지만) 거의 모든 무기를 독자적으로 생산하는 유일한 국가가 될 것이다. 중국 무기 체계의 기술 및 품질 수준이 점차 높아지고 있어 중국은 세계 방산시장에서 확고한 지위를 유지할 것이다.

앞으로 개발도상국은 주로 중국 무기를 도입할 것이다. 아시아와 아프리카 국가들이 빠른 경제성장을 하면서 중국 방산시장도 동반 성장할 것이다. 계속되는 중국의 금융지원과 경제성장도 중국산 방산물자 진출을 촉진하는 요인이 될 것이다. 앞으로 10년 동안 중국 잠수함 8척을 건조하는 계약이 이행되면서 파키스탄은 여전히 중국의 가장 중요한 방산협력 국가로 남을 것이다. 구소련 국가들도 중국산 무기 구매를 늘릴 것으로 예상된다. 또한 부차적이기는 하겠지만, 중국 완성품을 수입하는 국가에 러시아가 포함될 가능성도 있다.

〈표 18〉 2005~2017년 실제 공급액 기준 중국 방산수출 평가금액

(단위: 1억 달러)

구분	2005	2006	2007	2008	2009	2010	2011	2012	2013	2014	2015	2016	2017
실제 공급액	15	18	20	20	20	20	25	25	30	32	36	40	45

출처: 러시아 전략기술분석연구소(ЦACT) 자료(평가)

7. 한국

한국은 지난 15~20년간 가장 빠르게 성장한 방산 수출국이다. 이는 경제 및 산업의 눈부신 발전에 의한 것이다. 한국 정부는 민간조선 및 자동차산업의 수출 성공을 방위산업에서도 이어가기 위해 항공우주 및 방위산업을 적극적으로 육성했다.

높은 기술 수준이 한국 방산수출의 첫 번째 특징이다. 이런 이유로 한국은 몇몇 분야(K-9 자주포, KAI T-50 훈련-전투기)에서 선진국 시장까지 진출할 수 있었다. 한국이 플랫폼을 공급하는 주요 국가가 변모하고 있다는 또 다른 특징도 있다. 이러한 과정은 차기 한국형 전투기인 KFX가 시장에서 성과를 내게 되는 2030년 끝날 것이다. 한국은 헬기, 전차, 경장갑차, 포병무기 체계, 다양한 함정을 수출할 가능성이 있다.

외국(서방) 기업과 함께 합작기업을 설립하고 외국 방산품의 면허를 받아 생산하는 방법으로 첨단기술을 도입하는 것이 최근까지 한국 방위산업 발전의 특징이었다. 한동안은 러시아 기업과도 이러한 경험이 있었다. 이렇게 습득한 경험과 기술은 독자개발을 위해 사용되었다. 그렇지만 아직까지는 외국의 참여로 개발된 부기 체계가 한국 방산수출품(특히 항공 분야)의 주력이다. 그러나 한국 과학기술의 빠른 발전 속도로 인해 가까운 장래에 독자 개발품을 주로 수출하게 될 것이며, 이후에는 방산 기술과 면허도 수출할 수 있을 것이다. 지상무기 체계 및 함정의 경우 이미 그러한 단계에 와 있다.

현재 한국은 방산수출 대상 지역을 다변화하고 수출 품목을 늘리려고 한다. 앞으로 10년 내에 완전한 전투기(KF-X 전투기 개발 성공 시), 헬기, 전차, 유도무기 등의 시장에 진입할 가능성이 있다.

2006년 개청되어 수출통제 업무도 수행하는 획득기관인 한국 방위사업청 (Defense Acquisition Program, DAPA)이 방산수출 통계를 공개한다. 그러나 방위사업청이 공개하는 자료는 신규 수주액뿐이며, 실제 공급액은 반영되어 있지 않다. 공개된 실제 공급액은 일부이며, 자체 평가에 의지할 수밖에 없다.

수주액은 한국 방위산업이 지난 15년간 전례 없이 성장했고, 한국이 완전하게 수출국으로 탈바꿈했다는 것을 말해준다. 2002년 방산 수주액이 1억 4,400만 달러였고, 2005~2006년 2억 5천~6천만 달러, 2008년 10억 달러에 도달했다. 2011년 24억 달러, 2013~2015년 연간 34~36.1억 달러 수준이었다. 2016년 수주액은 다시 25억 5천만 달러로 감소했지만, 2017년 다시 31억 9천만 달러까지 회복했다. 이미 2007년에 한국 정부는 2020년까지 방산수출 목표를 20억 달러로 설정한 것으로 보인다.

한국 방산수출이 특히 2011년부터 가파르게 성장한 이유는 항공과 함정을 중심으로 시장에 내놓을 수 있는 방산제품이 다양해졌기 때문이라고 할 수 있다. 항공 분야의 성과는 KAI T-50 계열의 훈련-전투기에 있다. 함정 건조 분야에서는 인도네시아 잠수함 공급 사업을 포함해 대형 계약 여러 건이 체결되었다. 2013년 이라크와 체결한 T-50IQ 24대 규모는 11억 달러였다. 이 계약은 2013년 실적(34억 달러)의 거의 3분의 1을 차지했다. 한편, 2016~2017년 수주 실적이 일부 낮았던 이유는 T-50 계열 항공기에 대한 대형계약이 없었기 때문이다(2017년 태국에만 8대 판매함).

현재까지 동남아시아가 한국의 주요 방산수출 시장이었다. 그러나 최근 동남아시아(주로 인도), 중동(주로 이라크), 유럽, 터키의 비중이 빠르게 증가하고 있다. 영국 및 노르웨이 해군을 위한 군수지원함 건조 및 핀란드, 에스토니아, 노르웨이에 155mm K-9 자주포 공급, 폴란드에 K-9 차체 공급과 같이 서유럽 국가들과도 계약을 체결했다.

집필진의 자체 평가에 따르면 2005~2017년 한국 방산물자 공급 국가와 비중은 다음과 같다.

- 인도네시아: 20%
- 이라크: 20%

- 터키: 15%

- 콜롬비아: 5%

- 미국: 5%

- 핀란드: 5%

- 독일: 3%

- 싱가포르: 2%

- 태국: 2%

- 인도: 2%

한국 방위산업은 계속 발전할 것이며, 방산수출을 역동적으로 늘려나갈 것
이라고 중기 전망할 수 있다.

거의 모든 분야에서 한국 방위산업 잠재력이 비약적으로 성장하고, 광범위
한 외국 기술의 흡수를 포함한 국방 연구개발 규모도 점차 확대될 것이다. 세
계 5대 방산 수출국이라는 미래는 다분히 현실성이 있어 보인다.

〈표 19〉 2005~2017년 한국 방산수출 계약액 및 실제 공급 평가액

(단위: 1억 달러)

구분	2005	2006	2007	2008	2009	2010	2011	2012	2013	2014	2015	2016	2017
신규 계약액	2.6	2.5	8.5	10	12	11	24	23.5	34	36.1	35.9	25.5	31.9
실제 공급액	2	2	2	5	7.5	7.5	11	12	14	18	20	20	25

출처: 신규 계약액은 방위사업청 자료를 참고했으며, 공급액은 러시아 전략기술분석연구소(ЦАСТ)가
평가한 액수임.

8. 이탈리아

방위산업 선진국인 이탈리아의 입지는 군건하지만, 방산 수출국 중에서는 상
대적으로 2선 국가에 속한다. 이탈리아는 방산 수출국 중 5~7위 수준일 것이

다. 지난 20년간 이탈리아 방산수출은 공급액 기준으로 연간 20~40억 유로를 오르내리지만 편차가 큰 편이다. 근래에 이탈리아 방산수출은 단기적으로 수주액이 증가한 2011년을 제외하고 성장세를 보이지 못했다. 쿠웨이트와 73억 800만 유로 규모의 유로파이터 타이푼 전투기 28대를 공급하는, 유례없이 기록적인 계약을 체결한 2016년 사정은 일부 바뀌었다.

방산수출액이 증가하지 않고 편차가 큰 것은 방산 수출국으로서 이탈리아의 특별한 위치로 설명된다. 이탈리아 방산업체는 몇몇 분야에서는 강한 면모를 보이지만, 기타 분야에서는 제안할 장비조차 없다. 이런 점 때문에 이탈리아 방산수출 영역은 좁으며, 수출 품목도 다양하지 못하다. 1990년대와 2000년대 초반에 이탈리아는 예전에 활발했던 경장갑차 및 함정 건조 같은 분야에서 지위를 완전히 상실했다.

방산수출 관련 이탈리아의 공식 통계는 구체적이지만, 오직 수출 허가 실적만 기초로 하고 있고 실제 해외로 공급된 정보는 포함하고 있지 않다. 수출 허가액은 조건부 수주액으로 간주할 수 있다.

중동지역 계약 덕분에 2015~2017년 수출 허가 규모와 액수는 증가했다. 무엇보다 2016년 체결된 쿠웨이트에 유로파이터 타이푼 전투기 28대를 공급하는 73억 800만 유로 규모의 계약이 직접적인 관계가 있다. 이 계약은 수출 허가 기록을 경신한 2016년 허가액(146억 3,700만 유로)의 절반을 차지했다. 2017년 이탈리아 방산업체는 카타르를 위해 강습상륙함, 대형 초계함 4척, 소형 유도탄함 2척을 건조하고 탑재 무장을 공급하는 50억 유로 이상의 대형계약을 체결했다.

2015~2017년 중동 계약은 예외적인 사례다. 전체적으로 이탈리아 방산수출은 유럽연합과 나토 회원국을 기본으로(절반 이상) 이루어진다. 위에 언급한 쿠웨이트에 유로파이터 타이푼 전투기 28대를 공급하는 초대형 계약으로 인해 2016년부터 이런 경향이 바뀌었다. 2016년 비유럽연합 및 나토 국가에 대한 수출 허가 비중이 63.1%에 달했다.

유럽연합과 나토 국가에 대한 공급 비중이 높은 이유는 이탈리아 방위산업이 유럽 차원에서 추진 중인 국제공동개발 및 생산[유로파이터 타이푼 및 토네이도(Tornado) 전투기, AW101과 NH90 헬기, 유로샘(Eurosam) 컨소시엄의 대공미사일, MBDA 미사일 체계]과 미국과의 협력(F-35 전투기, MEADS 미사일 방어 체계, 미사일 체계, 엔진 등)에 광범위하게 참여하기 때문이다. 따라서 2011~2015년 국제공동개발 및 협력사업 참여에 따른 수출 허가 비중은 금액 기준으로 40%에 달한다. 허가 액수를 기준으로 상위권에 있는 국가는 유로파이터 컨소시엄 협력 국가인 영국, 독일, 스페인과 프랑스(유로샘, MBDA사 협력국)다.

국제공동사업에 따른 2016년 이탈리아 수출 허가 실적은 25억 9,200만 유로이며, 세부 내용은 다음과 같다.

- 유로파이터 타이푼 사업 관련 허가: 13억 1천만 유로
- 토네이도 사업 관련 허가(BAE 시스템즈가 토네이도 전투기를 사우디아라비아에 공급한 사업 관련 8억 9,300만 유로 포함): 9억 3,600만 유로
- AW101 헬기 사업 관련 허가: 1억 5,700만 유로
- JSD(F-35) 전투기 사업 관련 허가: 8,560만 유로
- NH90 헬기 사업 관련 허가: 3,750만 유로
- 이탈리아-브라질 AMX 전투기 사업 관련 허가: 3,390만 유로

2016년 이탈리아 방산수출 허가액(146억 3,700만 유로) 중 대부분은 항공무기 체계로 88억 4,400만 유로에 달한다. 이것은 쿠웨이트에 유로파이터 타이푼 전투기 28대를 공급하는 계약(73억 800만 유로) 때문이라고 설명된다. 또한 레오나르도 헬리콥터스(Leonardo Helicopters; AW149 18대, AW139 15대, AW109 8대)사가 생산한 군용헬기 41대도 허가되었다.

두 번째로 중요한 분야는 미사일 및 폭탄으로 12억 1천만 유로를 차지한다. 유로샘 아스터(Aster) 대공미사일 86기, 신형 유럽 공대공미사일 미티어(Meteor)

를 위한 능동유도장치 487개, Mk82와 Mk84 항공폭탄 2만 1,822기가 주 대상이다.

추가로 레이더 및 사격통제 체계 4억 9,500만 유로, 전자장비 2억 300만 유로, 군용장비 1억 9,950만 유로가 허가되었다.

2016년 금액 기준으로 79.33%(또는 115억 6,500만 유로)가 레오나르도사[예전의 핀메카니카(Finmeccanica)]가 받은 허가다. 이것은 이 회사가 이탈리아 방위산업의 중추적인 역할을 하고 있음을 한눈에 보여준다. 엔진제작사인 GE 아비오 (Avio)가 9억 8,500만 유로, RWM 이탈리아(Italia)가 4억 9천만 유로, 라인메탈 이탈리아(Rheinmetall Italia)가 4억 1,800만 유로, MBDA 이탈리아가 3억 1,500만 유로, 이베코(Iveco)그룹이 1억 8,900만 유로를 허가받았다(기타 이탈리아 업체가 각각 6천만 유로 미만의 허가를 받음).

2005~2017년 이탈리아 방산수출 대상 국가와 비중은 다음과 같다.

- 터키: 15%
- 아랍에미리트: 10%
- 미국: 8%
- 이스라엘: 7%
- 알제리: 6%
- 사우디아라비아: 6%
- 호주: 4%
- 브라질: 4%
- 네덜란드: 4%
- 싱가포르: 4%
- 파키스탄: 3%
- 태국: 2%
- 이집트: 2%

〈표 20〉 2005~2017년 이탈리아 방산수출 허가액 및 실제 공급 평가액

(단위: 1억 달러)

구분	2005	2006	2007	2008	2009	2010	2011	2012	2013	2014	2015	2016	2017
신규 수출 허가액	14.1	22.3	23.7	58.7	68.4	32.5	52.6	41.6	21.5	26.5	78.8	146.3	100
실제 공급액	25	28	16	23	26	30	27	35	32	33	30	26	30

출처: 신규 수출 허가액은 Relazione Sulle Operazioni Autorizzate e Svolte Per il Controllo Dell' Espotazione Importazione e Transito Dei Materiali Di Armamento(Anno 2016). — Presentata dalla Sottosegretaria di Stato alla Prezidenza del Consiglio dei ministri(Boschi). — Transmessa alla Prezidenza il 18 aprile 2017을 참고했으며, 공급액은 러시아 전략기술분석연구소(ЦACT)가 평가한 액수임.

〈표 21〉 2011~2016년 이탈리아 방산수출 지역별 비중

구분	2016	2015	2014	2013	2012	2011
허가액(단위: 1억 유로)	146.37	78.82	26.5	21.49	41.6	52.61
유럽연합/나토 비중(%)	36.9	62.6	55.7	48.5	52.4	61.1
기타 비중(%)	63.1	37.4	44.3	51.5	47.6	38.9
국제공동사업 비중(%)	17.7	40.4	12.7	29.2	34.5	41.8
허가 건수	2,599	2,775	1,879	1,396	1,532	1,615
도입국 수	82	90	78	76	70	74

출처: Relazione Sulle Operazioni Autorizzate e Svolte Per il Controllo Dell'Espotazione Importazione e Transito Dei Materiali Di Armamento(Anno 2016). — Presentata dalla Sottosegretaria di Stato alla Prezidenza del Consiglio dei ministri(Bocshi). — Transmessa alla Prezidenza il 18 aprile 2017

중기 전망으로 볼 때 이탈리아는 절대적인 수치로 보면 세계 무기시장에서 확고한 지위를 유지하겠지만, 상대적으로 비중은 감소할 것이다. 지난 몇 년 동안 이탈리아 방산수출은 이탈리아 생산라인에서 조립되어 쿠웨이트에 공급되는 유로파이터 타이푼 전투기 28대와 해군 무기 체계 공급계약(주로 카타르) 이행에 의지했다.

아구스타웨스트랜드(현재의 레오나르도)사의 헬기 제작을 포함한 항공산업과 비교적 고가의 플랫폼을 공급하는 전투함 건조산업, 이 두 분야가 향후 10년간 이탈리아 방산수출의 근간이 될 것이다. 다만, 이 두 분야는 수출액을 유지하

〈표 22〉 2011~2016년 이탈리아 방산물자 주요 수입국

(단위: 100만 유로)

구분	2016	2015	2014	2013	2012	2011
쿠웨이트	77,060	8.9	3.8	0.7	476	63
영국	23,670	13,000	3,060	1,630	6,080	6,120
독일	10,720	12,000	1,950	2,860	1,980	9,140
프랑스	5,745	4,090	610	2,180	2,720	2,530
스페인	4,439	1,910	500	660	1,070	6,360
사우디아라비아	4,275	2,570	1,630	2,960	2,450	1,660
미국	3,802	4,720	1,910	960	4,350	1,480
카타르	3,410	350	16.5	46.6	–	4
노르웨이	2,264	3,890	1,290	320	40	290
터키	1,334	1,290	520	110	430	1,710
파키스탄	972	1,200	160	290	240	180
태국	943	292	194	17	138	29
앙골라	887	0.7	–	–	–	–
아랍에미리트	593	3,040	3,040	950	1,490	360
브라질	502	830	280	560	540	390
페루	442	1,060	870	–	–	70
말레이시아	399	195.6	23	211	1,670	8.7
투르크메니스탄	386	58.6	553	172	2,158	1,270
호주	363	1,820	140	710	620	210
루마니아	310	1,630	0.1	1.6	6.7	3.3
폴란드	289	244.7	2,980	90	271	330
알제리	252	297.3	616	2,346.6	2,682	4,775
인도	202	850	570	120	1,090	2,590
인도네시아	200	560	50	280	130	20
멕시코	196	18.3	222	144	76	1,358

출처: Relazione Sulle Operazioni Autorizzate e Svolte Per il Controllo Dell'Espotazione Importazione e Transito Dei Materiali Di Armamento(Anno 2016). — Presentata dalla Sottosegretaria di Stato alla Prezidenza del Consiglio dei ministri(Boschi). — Transmessa alla Prezidenza il 18 aprile 2017
주: 2016년 수출 허가 액수에 따른 상위 25개국에 대한 자료임. 표의 순서는 2016년 수출 허가액에 따름.

는 것일 뿐 성장한다는 의미는 아니다. 한편, 한국이 이탈리아의 지위를 위협하는 가장 강력한 경쟁국이 될 것이다. 위에서 언급한 분야 외에 이탈리아 유도무기(해상 포함), 어뢰와 수중무기, 레이더, 전자장비 같은 분야는 명성을 이어갈 것이다. 수익을 내는 시장은 중동일 것이다. 국제공동사업이 증가하면서 레오나르도사는 비중이 커지는 유럽연합 국가, 특히 미국에서 판매가 증가할 것으로 예상할 수 있다.

9. 스페인

최근까지 스페인은 세계 무기시장에서 2선 정도의 위치에 있었지만, 스페인 방위산업의 성과와 범유럽 방위산업 통합으로 인해 2000년 이후, 특히 2011년 이후 괄목할 만하게 성장했다.

　스페인 나반티아(Navantia) 조선소가 호주, 노르웨이, 베네수엘라를 중심으로 함정 및 보조선박을 수출한 것이 스페인 방산수출액 증가의 주요인 중 하나다. 하지만 새로운 유럽형 군 수송기인 에어버스(Airbus) A400M 조립과 에어버스 A330 MRTT 공급급유기 개조가 스페인 생산라인(세비야의 에어버스 공장)에서 이루어지는 것이 스페인 방산수출 성장의 중심이다. 이 두 기종이 범유럽 협력의 산물이지만, 최종작업은 스페인에서 이루어지므로 스페인 방산수출에 포함된다. 수출을 위해 생산되는 고가의 두 기종은 2011년부터 시작된 스페인 방산수출의 지표상 성장을 이끌었다.

　2004년부터 세비야에 소재한 에어버스사가 생산한 C295 수송기(예전에는 CN-235도 포함)의 성공적인 판매로 수익이 많이 발생했다. 이 밖에도 스페인 방산업체는 여러 유럽 공동개발, 주로 유로파이터 컨소시엄에 참여한다.

　결론적으로 스페인 방산수출(이중 용도품 제외)은 2005년 실제 공급액이 4억 2천만 유로였다. 2011년 공식 통계상 실제 공급액은 연간 20억 유로, 2013년

〈표 23〉 2005~2017년 스페인 방산수출 허가액 및 실제 공급 평가액

(단위: 1억 달러)

구분	2005	2006	2007	2008	2009	2010	2011	2012	2013	2014	2015	2016	2017
신규 수출 허가액	27.0	13.0	19.6	25.2	31.9	22.4	28.7	77.0	43.0	36.7	107.0	70.0	210.85
실제 공급액	4.2	8.5	9.3	9.3	13.5	11.3	24.3	19.5	39.1	32.0	37.2	40.5	43.467

출처: Estadisticas Espanolas de Exportacion de Material de Defensa, de Otro Material y de Productos y Technologias de Doble Uso. Ano 2005 — Ano 2017

은 30억 유로를 뛰어넘었다. 2016년에는 40억 유로까지 증가했고, 2017년에는 43억 4,670만 유로라는 기록을 달성했다. 2005년부터 신규 계약액은 꾸준히 증가하고 있다. 2015년 106억 7,700만 유로, 2017년에는 210억 8,500만 유로라는 놀라운 기록을 달성했다. 이 모든 성공은 주로 A400M과 A330 MRTT 판매와 공급, 일부 C295에 기인한다. 2015~2017년 증가는 싱가포르, 독일, 프랑스, 영국을 포함한 몇몇 국가에 A400M과 A330 MRTT 공급 관련 신규 허가 덕분이다.

위에 언급한 스페인 방산수출의 특징 때문에 유럽국가–공동사업 참가국에 대한 A400M과 A330 MRTT 공급과 유로파이터 공급이 방산수출의 주가 된다. 이런 이유로 방산수출의 주요 대상은 유럽연합 및 나토 회원국이다. 공식 통계에 따르면 2017년 유럽연합 및 나토에 대한 실제 공급액은 31억 5,470만 유로였다(연간 공급액 43억 4,670만 유로의 72.6%). 2015~2016년 유럽연합 및 나토에 대한 비중은 50~55%다. 이렇게 유럽연합과 나토 비중이 증가한 것은 사우디아라비아와 아랍에미리트에 대한 계약이행이 종료(주로 A330 MRTT 급유기)되고 나토 국가에 대한 A400M 공급이 증가했기 때문이다.

최근 A400M과 A330 MRTT 개발사업 및 유로파이터 컨소시엄의 협력국이 스페인 방산수출의 주요 대상국이며, 세부 내용은 다음과 같다.

- 독일: 2017년 스페인으로부터 A400M 8대를 포함한 12억 1,300만 유로 상당의 물자와 유로파이터 컨소시엄 생산을 위한 4천만 유로 상당의 물자를 도입함.
- 영국: 2017년 A400M과 A330 MRTT를 도입함. 스페인의 공급액은 A400M 2대를 포함한 9억 4,990만 유로와 컨소시엄의 유로파이터 공급액 6,370만 유로임.
- 프랑스: A400M 3대를 포함한 4억 2,210만 유로 상당을 공급함.
- 이탈리아: 유로파이터 컨소시엄 차원의 협력 1억 7천만 유로를 포함한 총 9,030만 유로 상당을 공급함.

이 밖에도 이러한 범주에서 터키(A400M 2대, 3,015만 유로)와 미국(8,080만 유로)도 주요 대상국에 포함된다.

2017년 스페인 방산물자를 수입한 국가는 다음과 같다.

- 사우디아라비아: 2억 7천만 유로(C295 1대 포함)
- 말레이시아: 1억 7,060만 유로(A400M 1대 포함)
- 호주: 1억 5,930만 유로(A330 MRTT 1대 포함)
- 페루: 7,840만 유로(수로측량선 1척 포함)
- 오만: 7,280만 유로(초계정 4척 포함)

2017년 C295 계열 항공기를 구매한 국가는 카자흐스탄(2대), 방글라데시(1대), 태국(1대)이다.

스페인 방산물자 수출 허가 대상 국가는 매년 유사하다. 2017년 스페인 방산수출 허가액은 210억 8,500만 유로라는 기록적인 수치였다. 수출 허가 대상국은 금액(1억 유로 이상) 순으로 보면 다음과 같다.

- 독일: 79억 5천만 유로

- 프랑스: 50억 2,200만 유로

- 영국: 32억 5,800만 유로

- 터키: 9억 6,590만 유로

- 벨기에: 8억 4,290만 유로

- 사우디아라비아: 4억 9,630만 유로

- 이탈리아: 4억 6,090만 유로

- 브라질: 2억 7,640만 유로

- 멕시코: 2억 1,780만 유로

- 미국: 2억 500만 유로

- 오만: 1억 4,850만 유로

- 룩셈부르크: 1억 2,440만 유로

- 그리스: 1억 2,440만 유로

- 방글라데시: 1억 40만 유로

허가 금액에는 앞으로 진행될 A400M, A330 MRTT, C295 항공기 공급과 항공기 공동사업[유로파이터, 타이거(Tiger), NH90]이 반영되어 있다. 따라서 항공기가 스페인 방산수출의 거의 대부분이라고 봐도 된다. 2017년 스페인 방산수출 허가액 210억 8,500만 유로 중에 항공기 허가실적은 178억 7,400만 유로(약 85%)다. 스페인의 2017년 방산물자 실제 공급액 43억 4,670만 유로 중 항공기 비중은 34억 3,400만 유로(약 80%)다.

중기 전망으로 보면 스페인 방산수출은 늘어날 가능성이 높다. 이러한 성장은 스페인의 베스트셀러 기종인 A400M 수송기와 A330 MRTT 공중급유기가 이끌 것이다. 또한 에어버스 C295가 세계 방산시장에서 성공을 이어갈 것이다. 나반티아사의 전투함정도 시장에서 공고한 지위를 유지할 것이다. 경장갑차와 전자장비 같은 다른 분야에서도 수출이 늘어날 것으로 예상할 수 있다.

A400M 수송기와 A330 MRTT 공중급유기가 판매되는 국가가 늘어남에 따라 방산수출의 지역적 편중은 없어지겠지만, 여전히 공동개발사업의 협력국인 선진국이 주요 고객이 될 것이다.

10. 스웨덴

스웨덴은 세계 무기시장에서 비중이 낮아서 주요 방산 수출국에 포함되지 않았다. 세계시장에서 이렇게 약한 입지는 크지 않은(하지만 고도로 발전된) 경제 규모(세계 GDP 23위)와 1천만 명에 불과한 인구 때문이다. 물론 이스라엘처럼 더 적은 인구와 작은 경제 규모를 가진 국가가 시장에서 더 큰 성공을 거둔 경우가 있기는 하다. 스웨덴은 완전한 4세대 전투기은 같이 대표적인 방산제품을 제안하는, 시장의 몇 안 되는 공급 국가다.

전반적으로 높은 스웨덴의 산업 및 과학기술 수준은 스웨덴 방산수출 수준을 유지하는 버팀목이 되었다. 지속적으로 군이 감축되고 국방예산도 감소하는 중에도 스웨덴 방산수출은 2000년부터 2005년까지 2배 가량 증가해 약 10억 달러 수준까지 도달했다. 사브(Saab)사의 JAS-39 그리펜(Gripen) 전투기 공급에 힘입어 2008년(14억 달러)과 2009년(19억 달러)에 기록적인 공급액을 달성했다. 최근 스웨덴의 연간 방산수출은 공급액 기준으로 약 10억 달러 수준을 유지하고 있다.

세계시장에서 스웨덴이 제안하는 틈새시장을 겨냥한 첨단 플랫폼과 장비에 대한 수요가 꾸준하다. 사브사의 JAS-39 그리펜 경전투기, 사브 에리아이(Erieye) 조기경보레이더, BAE 시스템즈의 해글런드(Hagglunds) 장갑차량(CV90 전투보병장갑차와 궤도형 차량), 미사일 및 전자장비, 레이더, 함포를 예로 들 수 있다. 스웨덴은 재래식 잠수함과 전투정 분야에서도 명성이 높다.

사브사의 JAS-39 그리펜 전투기는 스웨덴의 대표적 방산제품이다. 시장에 나온 JAS-39E/F 그리펜 NG가 경전투기라는 틈새시장에서 독주하게 될 것이다. 2016년 브라질과 사브사의 JAS-39E/F 그리펜 NG 36대를 공동 생산하고 공급하는 계약을 체결한 것이 수요가 있다는 분명한 근거다. 이 계약으로 인해 스웨덴 연간 방산수출 계약실적이 지금까지도 기록이 깨지지 않는 금액인 618억 7,900만 크론(미화 약 73억 달러)까지 증가했다. 이 중에서 브라질의 비중은 430억 크론이다.

스웨덴 공식 자료에서 방산수출 품목은 두 종류로 구분된다. 전투용 군용물자(Krigsmateriel för strid, KS)는 무장, 탄약 등이 포함되며 기타 군용물자는 레이더, 대부분의 군용 통신장비를 포함한 비전투 물자(Övrig krigsmateriel, ÖK)가 해당한다.

스웨덴의 연간 방산수출 계약액은 기복이 심하다는 특징이 있다. 이런 점은 스웨덴 방산수출이 대형계약(주로 그리펜 전투기, 에리아이 조기경보레이더 또는 CV90 전투보병장갑차)에 의지하고 있음을 의미한다. 실제 공급액은 계약이행의 지연에 따른 영향 때문에 더 균등하게 나타난다. 2005년부터 공급액은 연간 80~120억 크론(10~15억 달러)이었고, 2008~2010년 연간 16~17억 달러로 정점에 달했다. 이 시기에 그리펜 전투기가 남아프리카공화국, 에리아이 조기경보레이더가 그리스와 파키스탄, CV90 전투보병장갑차가 덴마크와 네덜란드에 공급되었다. 2014~2015년 공급이 하락한 것은 이 기간에 그리펜 전투기와 CV90 전투보병장갑차 납품이 없었기 때문이다. 그러나 2016~2017년 들어 다시 연간 약 110억 스웨덴 크론까지 증가했다.

스웨덴 방산수출의 특징은 수출대상국과 제품이 다양하다는 점이다. 이런 이유로 스웨덴은 세계 방산시장에서 안정적인 위치를 유지할 수 있었다.

2017년 스웨덴 방산물자의 실제 공급액은 총 112억 5,100만 스웨덴 크론(12억 5천만 달러)이었다. 주요 수입국은 다음과 같다.

〈표 24〉 2005~2017년 실제 공급액 기준 스웨덴 방산수출 실적

(단위: 100만 스웨덴 크론)

연도	총액	전투물자	비전투물자
2005	8,628	3,533	5,095
2006	10,372	2,877	7,495
2007	9,604	3,609	5,995
2008	12,698	6,326	6,372
2009	13,561	7,288	6,273
2010	13,228	9,501	3,727
2011	10,898	2,960	7,937
2012	9,760	3,746	6,014
2013	11,942	5,554	6,338
2014	7,958	3,258	4,700
2015	7,603	3,560	4,043
2016	10,990	4,411	6,579
2017	11,251	6,697	4,554

출처: Strategisk exportkontroll 2016 — Krigsmateriel och produkter med dubbla användnings-områden

- 브라질: 34억 7,640만 크론(Gripen NG 사업에 따른 공급, RBS-70 휴대용대공미사일 공급)

- 인도: 13억 6,590만 크론

- 미국: 8억 1,270만 크론(주로 함포 및 레이더)

- 노르웨이: 6억 2,060만 크론(주로 CV9030 도입)

- 네덜란드: 4억 9,860만 크론

- 캐나다: 3억 2,170만 크론

- 프랑스: 2억 9,340만 크론

- 영국: 2억 8,540만 크론

- 남아프리카공화국: 2억 7,640만 크론

- 호주: 2억 5,850만 크론

- 핀란드: 2억 3,990만 크론
- 싱가포르: 2억 1,490만 크론
- 덴마크: 2억 1,360만 크론
- 스위스: 1억 7,800만 크론
- 한국: 1억 5,240만 크론
- 아랍에미리트: 1억 4,930만 크론
- 폴란드: 1억 3,990만 크론
- 오스트리아: 1억 3,280만 크론
- 룩셈부르크: 1억 1,950만 크론
- 파키스탄: 1억 1,040만 크론

위 목록에는 1억 크론 이상 물자를 도입한 국가가 나열되어 있다.

2017년 총수출액 112억 5,100만 크론 중 지역별 공급 액수는 다음과 같다.

- 유럽연합 국가: 29억 3천만 크론
- 기타 유럽 국가: 8억 6,360만 크론
- 북아메리카: 11억 3,400만 크론
- 남아메리카: 34억 7,600만 크론
- 동북아시아: 1억 7,790만 크론
- 남아시아: 1억 4,970만 크론
- 동남아시아: 3억 3,590만 크론
- 중동: 1억 7,150만 크론
- 사하라 이남 아프리카: 3억 1,510만 크론
- 호주 및 태평양: 2억 7,070만 크론

2017년 스웨덴 방산수출 허가액은 81억 3,800만 크론(약 9억 900만 달러)이었고, 허가 대상국 중 금액 기준 상위 국가는 다음과 같다.

- 미국: 12억 3,690만 크론
- 독일: 5억 4,650만 크론
- 덴마크: 4억 4,200만 크론
- 인도: 4억 1,680만 크론
- 싱가포르: 3억 1,020만 크론
- 일본: 3억 200만 크론
- 이탈리아: 1억 9,820만 크론
- 브라질: 1억 9,630만 크론
- 노르웨이: 1억 8,420만 크론
- 한국: 1억 4,850만 크론
- 스위스: 1억 3,030만 크론
- 프랑스: 1억 700만 크론
- 아랍에미리트: 1억 660만 크론
- 리투아니아: 1억 580만 크론

위 목록에는 1억 크론 이상 물자를 도입한 국가가 나열되어 있다.

2017년 방산수출 허가액인 81억 3,800만 크론 중 지역별 금액은 다음과 같다.

- 유럽연합 국가: 33억 9,700만 크론
- 기타 유럽국가: 3억 7,300만 크론
- 북아메리카: 13억 3천만 크론
- 남아시아: 17억 8,800만 크론
- 동북아시아: 4억 5,100만 크론

- 동남아시아: 3억 6,400만 크론

- 라틴아메리카: 2억 1,200만 크론

- 중동: 1억 7,900만 크론

- 호주 및 태평양: 9,500만 크론

기타 지역은 거의 수치가 없다고 할 정도로 낮다.

〈표 25〉 수출 허가 자료에 근거한 2005~2017년 스웨덴 방산수출 계약액

(단위: 100만 스웨덴 크론)

연도	방산수출 허가실적		
	총액	전투물자	비전투물자
2005	15,147	10,214	4,933
2006	15,034	2,132	12,902
2007	6,832	3,679	3,153
2008	9,604	6,095	3,508
2009	11,103	4,252	6,851
2010	13,745	6,747	6,998
2011	13,914	5,840	8,074
2012	7,936	5,147	2,789
2013	9,829	6,339	3,490
2014	4,481	1,349	3,132
2015	4,949	2,790	2,159
2016	61,879	47,790	14,089
2017	8,138	4,122	4,016

출처: Strategisk exportkontroll 2016 — Krigsmateriel och produkter med dubbla användnings-områden

사브사의 JAS-39 그리펜 전투기를 전면 개량한 JAS-39E/F 그리펜 NG가 시장에 출시되어 앞으로 10년은 스웨덴 방산수출 르네상스 시대가 열릴 것이다. 이미 브라질이 이 항공기를 주문했고, 세계적으로도 많은 수요가 있다. 스위스가 다시 구매 문의를 하고 있는 것이 확실하다. 2020년 초부터 공급이 시작되는 그리펜 NG는 상대적으로 가격이 높지 않고 운영유지비가 적어 향후 10년간 군용기 시장에서 가장 경쟁력 있고 매력적인 기종 중 하나가 될 것이다. 또한 사브사는 2023~2025년까지 이전 모델인 JAS-39C/D를 계속 생산할 것이다. 또한 스웨덴 공군이 운용하는 항공기를 대상으로 개량모델을 제안할 수도 있다.

브라질과 체결한 그리펜 전투기 계열과 2020년부터 체결되는 신규 계약으로 인해 스웨덴 방산수출은 공급액 기준으로 연간 40억 달러까지 성장할 것이다. 경전투기 분야의 성공뿐만 아니라 궤도형 장갑 플랫폼(주로 CV90 보병전투장갑차 및 궤도형 차량)에서도 강한 면모를 보인다. CV90은 가장 우수한 궤도형 장갑 플랫폼으로 평가되며, 더 오랫동안 경쟁력 있는 기종으로 남을 것이다. 중기 전망에 따르면 스웨덴은 레이더(조기경보용 레이더 포함), 포병무기 체계 전자장비, 대전차무기 체계, 해상무기 체계(미사일 포함), 소형 함정 건조 분야에서도 시장을 확대할 것이다. 2020년대에는 시장에 신형 A6 재래식 잠수함이 나오면 잠수함 수주액도 증가할 것이다.

11. 터키

오랫동안 터키의 방산수출액 규모는 크지 않았다. 그러나 2000년 이후 터키가 세계 방산시장에 활발히 진출하면서 성과가 나타났다. 지난 10년간, 특히 2012년부터 큰 폭으로 상승했다. 이것은 터키가 제안하는 방산 제품이 늘어났고, 터키 방산업체가 페르시아만 국가, 구소련의 터키어권 국가들(아제르바이잔, 카자흐스탄, 투르크메니스탄)로 진출한 것과 관련이 있다.

터키 방산업체는 세계 방산시장의 몇몇 분야에서 두각을 나타낸다. 이 분야에서 상당한 수출 성과가 있었다. 경장갑차, 소형함정, 전자 및 조준 체계, 통신

<표 26> 2005~2017년 터키의 방산 및 항공우주 부문 계약액 및 실제 공급 평가액

(단위: 100만 달러)

구분	2005	2006	2007	2008	2009	2010	2011	2012	2013	2014	2015	2016	2017
신규 계약액	337	352	500	576	732	844	883	1,290	1,570	1,600	1,650	1,900	1,800
공급 (평가)액	180	250	400	600	550	700	750	800	700	800	1,000	1,200	1,300

출처: 신규 계약액은 터키 방위산업청(SSM)이 터키 언론을 통해 공개한 내용임. 공급액은 러시아 전략 기술분석연구소(ЦACT)가 평가한 액수임.

장비, 비유도미사일, 화포, 탄약이 대표적이다.

터키 방산수출을 분석해보면 수출 대상국은 정치적 성향이 분명하다. 터키산 무기를 구매하는 국가가 터키와 방산협력 관계를 유지하는 동기는 구매하는 무기 체계의 품질보다 터키와 정치적 · 역사-언어적 · 종교적 협력관계가 더 크다. '무기를 공급하는 이슬람 국가'라는 터키의 이미지는 이슬람 인구와 (또는) 이와 유사한 성향을 가지는 국민이 다수인 국가들에 큰 영향을 준다. 페르시아만의 보수적인 국가들이 터키산 무기를 구매하는 것은 이슬람 성향의 현 에르도안 대통령을 지지하는 하나의 방법이다.

미국 및 나토 국가들과의 방산협력 관계도 터키 방위산업에는 중요한 의미를 가진다. F-35 사업과 같이 핵심사업을 포함한 사업에서 터키 회사는 협력업체로서 활동한다.

터키는 방산수출 통계 중 일부인 신규 계약체결 액수만 발표한다. 그런데 공개하는 통계는 방산 및 우주항공(민간분야 포함) 분야를 아우른다. 따라서 방산물자만 구분하기가 어렵다.

2017년 초 터키 공식 자료에 따르면 터키의 방산 및 항공우주(민간부문 포함) 수출은 계약체결액 기준으로 2010년 6억 3,400만 달러로 시작해서 2014년 16억 달러, 2015년 16억 5천만 달러, 2016년 16억 8천만 달러로 증가했다. 2015~2016년의 낮은 성장은 달러 대비 터키 리라의 가치하락으로 인해 수출액을 달러로 산정 시 영향을 받은 탓이다.

2016년 터키산 방산물자를 도입한 주요 국가는 다음과 같다.

- 미국: 5억 8,700만 달러(F-35 사업과 같이 핵심사업을 포함한 사업에서 터키가 협력업체로서 참여가 늘어났기 때문임)
- 독일: 1억 8,500만 달러
- 말레이시아: 9,900만 달러
- 파키스탄: 9천만 달러
- 아제르바이잔: 8,300만 달러

2016년 주요 수입국에는 사우디아라비아, 영국, 카타르, 아랍에미리트, 튀니지도 포함된다.

터키 정부는 방산 및 항공우주 부문 수출액을 2016년까지 연간 20억 달러, 2019년까지 연간 30억 달러까지 늘리려는 야심 찬 목표를 설정한 바 있지만, 달성은 어려워 보인다. 연간 30억 달러 수출은 앞으로 5~7년 안에도 도달하기 어려울 것이다. 왜냐하면 터키는 대형계약을 체결할 수 있는 최고 수준의 고가 방산 제품이 없기 때문이다. 터키가 제안하는 방산 제품 수가 현재 수준을 넘어설 수 없으므로 2013년부터 터키 방산수출은 일정 수준에서 확실히 정체되어 있는 것으로 보인다. 하지만 2018~2019년부터 터키 방산수출이 늘어날 가능성도 있다. 2018년 파키스탄과 체결한 T129 ATAK 공격헬기와 MILGEM급 초계함 공급계약 이행 시작과 함께 중동지역에 경장갑차 판매가 확대되었기 때문이다.

집필진의 평가에 따른, 2005~2017년 터키 방산수출 대상국과 비중은 다음과 같다.

- 미국: 25%
- 투르크메니스탄: 15%

- 사우디아라비아: 15%

- 아랍에미리트: 11%

- 아제르바이잔: 10%

- 파키스탄: 8%

- 말레이시아: 7%

- 바레인: 6%

- 카타르: 5%

- 요르단: 3%

- 방글라데시: 2%

- 이집트: 2%

- 튀니지: 2%

중기 전망으로 보면 터키 방산수출액은 계속 증가할 것이라고 예상할 수 있다. 이를 바탕으로 터키 방위산업 역량 강화, 방산 제품 종류의 꾸준한 증가, 기술력 상승이 가능할 것이다. 전체적으로 이러한 요소로 인해 터키는 세계에서 가장 빠르게 성장하는 수출국 중 하나가 될 것이다. 2020년 이후 터키가 생산하는 고가의 플랫폼이 시장에 나오면 터키 방산수출액은 급증할 수 있다.

경장갑차, 전투모듈(역자주: 포탑), 미사일-포 체계와 전자장비, 통신장비 및 소형함정을 중심으로 한 지상형 체계가 2025년까지 터키 방산수출의 주력이 될 것이다. 유도탄, 더 복잡한 전자장비, 레이더, 무인기 판매도 증가할 것이다. 2020년 이후 터키가 자체 개발한 알타이(Altay) 전차, 항공기[T129 공격헬기를 중심으로 다양한 헬기, 휴르쿠스(Hurkus) 터보프롭 연습-전투기] 및 잠수함(독일형)까지 수출될 것이라고 예상된다. 중동, 북아프리카와 구소련 이슬람 국가도 터키의 주요 고객이 될 것이다. 또한 아시아와 아프리카에도 수출이 증가하고, 특정 분야에서 선진국과의 협력도 확대될 것이다.

2

방산
수입국

1. 사우디아라비아

무기 구매액 기준에서 보면 2000년 이후 사우디 왕국은 세계에서 가장 큰 시장이라는 것이 공통적인 평가다. 사우디가 대량으로 무기를 구매할 수 있는 조건과 구매하는 이유는 다음과 같다.

- 석유수출로 인한 천문학적 재원. 사우디는 세계에서 석유를 가장 많이 생산하고 수출하는 국가다.
- 사우디아라비아의 미성숙한 경제 · 사회 · 문화적 환경. 이런 이유로 구매한 복잡한 무기 체계에 익숙해지기가 어렵고, 무기 체계 구매 시 인프라 구축, 인원 교육 및 다수의 외국 기술자 투입에 상당한 재원을 투입해야 한다. 따라서 사우디는 구매계약 시 계약금액이 대폭 상승하게 된다.
- 분쟁 가능성이 높아진 중동지역, 구체적으로 아라비아반도. 공격적인 대외정책의 결과, 사우디는 현재 이란 및 카타르와 정치-군사적으로 극심한 대립각을 세우고 있다. 또한 사우디의 예멘 내전에 대한 군사적인 개입이 아직도 효과를 못 보고 있다. 시리아 반군을 위해 경화기, 휴대용대전차미사일, 휴대용대공미사일을 다수 구매했다. 이러한 긴장 요인이 지난 5년간 대량 무기구매의 방아쇠를 당기는 것 같은 역할을 했다.
- 사우디는 스스로 군사적 안전을 보장할 수 없었으므로 사우디 지도층은 앵글로색슨을 중심으로 한 외세에 의존할 수밖에 없게 되었다. 지원에 대한 대가로 미국과 영국으로부터 터무니없이 많은 양의 무기를 구매하게 되었다.

사우디아라비아 방위산업 발전 정도는 상당히 낮다. 사우디에서 생산되는 무기들(예: 경장갑차량)은 수입된 구성품을 주립하는 정도다. 그래서 사우디군과 준군사조직의 소요는 거의 수입으로 충당한다. 지난 10년간 대형구매 실적은 다음과 같다.

- 영국으로부터 유로파이터 타이푼 전투기 72대 구매. 이 사업으로 사우디의 방산협력 중 영국의 비중이 상승하게 되었다.
- 신형 미국 보잉 F-15SA 전투기 구매 및 성능개량
- LAV 계열 및 M-ATV급 신형 장갑차 다수 구매 및 도입

사우디아라비아는 2005~2017년간 총 1,080억 달러를 수입한 것으로 평가된다. 이 기간 중 미국(60% 미만), 영국(19%), 프랑스(6%), 스페인(4%), 독일(3%)이 주요 공급 국가였다.

사우디아라비아가 2011년 미국과 체결한 290억 달러 이상 규모의 정부 간 계약은 근래에 이루어진 가장 큰 방산물자 도입 계약이다. 이 계약은 신형 F-15SA 다목적전투기 84대와 이미 사우디에 공급되어 있던 F-15S 전투기 69대를 F-15SA로 성능을 개량하는 내용이다. 정치적인 이유로 공급은 2016년이 되어서야 시작되었다. 다수의 첨단 항공유도무기도 공급되었다. 도입된 다른 항공기로는 보잉 RE-3A 신호정보기 1대, 비치크래프트(Beechcraft) 킹에어(King Air) 350 정찰기 14대, 록히드마틴 KC-130J 급유기 2대가 있다.

지상군 장비에서는 2012년부터 미군이 운용하던 M1A1/A2 에이브람스

〈표 27〉 2005~2017년 사우디아라비아가 주요 공급국으로부터 도입한 방산물자 평가액

(단위: 1억 달러)

구분	2005	2006	2007	2008	2009	2010	2011	2012	2013	2014	2015	2016	2017
방산물자 수입 총액	59	58	60	66	70	68	75	82	84	85	100	120	135
미국	28	30	29	28	35	31	41	41	45	40	42	69	75
영국	8	6	8	12	15	20	20	20	20	20	20	20	10
프랑스	4	5	5	4	6	8	8	6	5	6	8	7	8

출처: 러시아 전략기술분석연구소(ЦACT) 자료(평가)

(Abrams) 128대를 M1A2로 개량하여 도입한 사업과 사우디군이 운용하던 M1A2 전차 314대를 M1A2S로 개량한 사업이 가장 크다. 제너럴다이내믹스 (General Dynamics)사가 생산한 다수의 LAV 장갑차 납품이 계속되었다(캐나다 생산라인에서 생산되었고, 약 1천 대 이상으로 평가됨. 미국이 FMS 방식으로 공급함). 여기에는 신형 LAV6.0 계열의 공급이 시작된 것도 포함된다.

대공방어무기 체계로는 사우디의 패트리어트(Patriot) 지대공미사일을 PAC-3로 개량하는 사업이 진행된다.

헬기 부문에서는 보잉 AH-64D 아파치(Apache) 공격헬기 13대(추가로 사우디의 AH-64A 11대가 AH-64D로 개량됨)와 다양한 모델의 시코르스키(Sikorsky) 블랙호크(Blackhawk) 다목적 헬기 30대 미만이 도입되었다. 또한, AH-64SA 경공격 헬기 도입도 시작되었다.

영국은 2005년부터 사업금액 150억 달러로 평가되는 유로파이터 타이푼 전투기 72대를 공급하는 알 살람 사업을 진행했다. 2018년에는 사우디에 유로파이터 타이푼 전투기 48대를 공급하는 정부 간 협정에 서명했다. 또한 영국은 이미 사우디에 공급되어 있는 토네이도 전폭기를 개량하는 사업도 수행했고, BAE 시스템즈의 호크 Mk165 AJT 훈련-전투기 44대도 공급했다. 항공기와 함께 항공유도무기도 다수 도입되었다. 영국은 항공기뿐만 아니라 택티카(Tactica) 경장갑차량 261대도 공급했다.

테일스사가 개발하는 국경 감시 체계는 최근 사우디아라비아에서 프랑스가 수행하는 가장 큰 사업이다. 넥스터사는 155mm/52구경 CAESAR 차륜형 자주포 132대와 아라비스(Aravis) 장갑차 264대를 납품했다. 프랑스 레이더, 휴대용 및 이동식 MBDA 미스트랄 2 대공미사일, 기타 미사일 체계, 전자광학장비 등도 도입되었다. 경비정 39척을 공급하는 계약도 체결되었다.

독일은 IRIS-T 공대공미사일 1,400기, 군용차량, 엔진, 장비, 에어버스 헬리콥터스사의 H145M 23대를 공급했다. 경비정도 공급되기 시작한다.

스페인은 에어버스사가 제작한 항공기 10대(A330 MRTT 6대, C295W 4대)를 사우디에 공급하면서 공급 국가에 이름을 올렸다. 2018년 4월 스페인 조선업체인 나반티아사는 사우디 해군을 위해 아반티(Avanti) 2200급 초계함 5척을 20억 유로에 공급하는 계약을 체결했다.

기타 주요 방산 수출국이 사우디와 체결한 대형계약은 다음과 같다.

- 2005년 이후 중국으로부터 155mm PLZ45 자주포 54문 도입
- 스위스로부터 필라투스(Pilatus) PC-21 터보프롭 훈련기 55대 도입
- 스웨덴으로부터 사브 340AEW&C 조기경보기 1대 도입
- 남아프리카공화국으로부터 MRAP급 장갑차량
- 터키 FNSS사는 사우디 육군의 M113 수송장갑차 1,400대 이상을 개량하는 사업을 수행함.

사우디아라비아는 시리아 반군과 예멘의 친사우디 세력을 지원하기 위해 지난 몇 년 간 동유럽으로부터 다수의 화기, 포병용 무기 및 탄약을 수입했다 (연간 약 10억 달러 이상으로 평가됨).

2030년까지 사우디아라비아가 세계에서 방산물자를 가장 많이 수입하는 국가 또는 그런 국가에 포함될 것임은 의심할 여지가 없다. 사우디아라비아를 수십 년간 세계 최대 무기수입국이 되도록 한 요인은 계속 유효하며, 사우디의 거대한 방산물자 수요를 유지하게 할 것이다. 이미 언급되었던 것처럼 자금력은 엄청난 반면, 자국의 군수산업 기반은 없다고 봐도 된다. 또한 이란 및 카타르와의 긴장 상태, 예멘 내전 중 일방과의 전면적인 군사적 분쟁 상황으로 인해 사우디는 군사적으로 매우 취약하다. 이런 점 때문에 외부적인 지원이 필요했고, 이에 대한 대가가 비정상적인 대규모 무기구매로 이어진 것이다.

1980~1990년대에 획득했던 육군 및 해군 장비를 중심으로 장비 노후화 및 진부화에 따라 2020년 이후 장비교체 주기가 다가오고 있다. 이 분야(전차, 전투보병장갑차, 포병무기 체계, 방공무기 체계, 대전차무기, 호위함, 초계함 및 전투정, 수송기)에

서 대규모 소요가 존재한다. 사우디아라비아의 군사력을 강화하기 위해 새로운 분야(잠수함, 대형 수송기, 장거리미사일)에서 야심 찬 대형사업이 시작될 가능성이 있다. 또한 대형 무인기 구매도 진행될 것이다. 따라서 2030년까지 사우디아라비아의 방산물자 구매는 증가할 것이다.

2030년까지 방산물자 도입액은 배로 늘어난 연간 약 240억 달러까지 예상할 수 있다.

위에 언급된 기간 동안에는 미국이 사우디아라비아에 가장 많이 공급하는 국가일 것이다. 유로파이터 타이푼 전투기 48대 공급 계약이 이행되면서 영국도 일정 비중을 유지할 것이다. 프랑스의 비중은 감소할 수 있다. 중국(무인기 관련 대형계약이 체결됨), 한국, 터키로부터 구매가 상당히 증가할 수 있다. 이들 국가는 서유럽 국가들을 압박하면서 사우디아라비아 핵심 시장에서 주요 공급국이 될 것이다.

〈표 28〉 2018~2030년 사우디아라비아 방산물자 수입 예상액

(단위: 1억 달러)

구분	2018	2019	2020	2021	2022	2023	2024	2025	2026	2027	2028~2030
방산물자 수입 총액	140	140	150	160	170	180	190	200	210	220	230~240 (연간)

출처: 러시아 전략기술분석연구소(ЦACT) 자료(평가)

2. 인도

경제, 산업, 기술적 발전과 자국 방위산업 발전을 도모하여 무기를 자급하려는 끈질긴 노력에도 인도는 아직도 세계적인 무기 수입국이다. 세계적인 수준인 인도군의 소요로 인해 대규모 무기 구매가 불가피했다. 인도 방위산업 역량은 아직도 첨단 플랫폼과 체계를 개발하기에는 충분하지 못하여 무기의 상당수를

수입에 의존할 수밖에 없다.

인도 정부는 방위산업 발전을 위해 상당한 재원을 투입한다. 하지만 인도 방위산업은 예전처럼 면허생산과 조립 수준에 머물러 있으며, 종종 외국 구성품 및 하위 체계를 수입한다. 최근 대규모 획득사업(스코르펜급 잠수함, Su-30MKI 전투기, 라팔 전투기, T-90S) 시 현지화를 추진한다는 이유로 해외에서 구성품 및 하위 체계 구매가 증가했다. 2005년 이후 인도 획득사업 60% 이상이 국외 도입을 통해 이루어졌고, 이 수준은 큰 변동 없이 유지되고 있다.

2005~2017년 기간 중 전체 도입금액이 835억 달러였던 인도는 사우디아라비아에 무기 수입국 1위 자리를 넘겨주었다.

위에 언급된 기간 동안 인도에 가장 많이 무기를 공급한 국가는 러시아로서, 집필진 자체 평가에 따르면, 실제 공급액은 약 387억 달러이며 45%를 차지한다. 2위는 이스라엘(16%, 137억 달러로 평가), 3위는 미국(15%, 132억 달러로 평가)이다. 영국(6%)과 프랑스(6%)도 인도에 대한 주요 공급국에 포함된다.

특히 2012~2013년 러시아 무기가 대량으로 공급되었다. 이 시기에 러시아에서 건조된 고가의 함정이 인도되었다. 이 중 프로젝트 11430 비크라마디티아(Vikramaditya) 항공모함[구 항공기 탑재 순양함인 프로젝트 11434 '소련해군 고르슈코프(Gorshkov) 제독함'을 개장한 것임], 특수한 추진기관을 사용하는 프로젝트 971I 차크라(Chakra) 잠수함, 프로젝트 11356 배치 2 호위함 3척이 있다. 총 사업금액은 50억 달러다.

이와 함께 2015~2017년 기간 중 Su-30MKI 전투기 면허생산을 위한 설비가 계속 도입되었다. 함정 탑재용 MiG-29K 45대, K-31 함정탑재 조기경보/통제 헬기 14대, Mi-17V-5 다목적 헬기 151대 등 다수의 항공무장이 공급되었다. 인도 공군의 MiG-29를 MiG-29UPG로, Il-38을 Il-38SD로 성능을 개량하는 사업도 진행되었다.

지상군 장비 분야는 T-90S(조립을 위한 구성품 포함) 공급 및 T-90S 인도 면허생산에 대한 2001년과 2007년 계약 이행분이 러시아의 주요 공급 현황이다.

〈표 29〉 2005~2017년 인도가 주요 공급국으로부터 수입한 방산물자 평가액

(단위: 1억 달러)

구분	2005	2006	2007	2008	2009	2010	2011	2012	2013	2014	2015	2016	2017
방산물자 수입 총액	40	44	45	47	45	50	58	85	100	65	71	72	70
러시아	20	21	25	25	25	25	24	60	60	30	25	25	22
미국	2	3	3	4	4	5	12	5	27	27	15	15	10
이스라엘	7	8	8	8	8	10	13	10	10	10	15	15	15

출처: 러시아 전략기술분석연구소(ЦАСТ) 자료(평가)

또한 300mm 스메르치(Smerch) 다연장 체계와 로켓, 9M119M 인바(Invar) 전차용 미사일, 코르넷(Kornet)-E와 콘쿠르스(Konkurs)-M1 대전차미사일이 인도에 공급되었다.

2005년 인도는 우란(Uran)-E 대함미사일 및 클럽(Club)-S/N 순항미사일을 포함한 해상무기 체계 다수를 도입했다. 브라모스(Brahmos) 초음속미사일의 공동생산으로 공급된 러시아 물량도 상당하다.

2005년 이후에는 인도와 미국의 관계가 급속도로 진전되었다. 2005년 6월 28일 체결된 유효기간 10년인 미-인도 신 국방관계 체계[New Framework for the US-India Defense Relationship(NFDR)]가 미국과 인도 간 방산협력의 시발점이 되었다. 이 협정으로 인도에게 미국 최첨단 무기를 살 기회가 열렸다. 미국 수송기와 초계기 공급 계약이 체결되어 현재 인도 방산물자 공급 2~3위인 이스라엘에 근접한 정도가 되었다. 이 밖에도 미국 항공기와 관련된 다수의 계약[보잉 AH-64E 아파치와 CH-47F 치누크(Chinook), P-8I 및 C-130J-30 신규 물량, 미국 무인기 공급]으로 인해 앞으로도 미국의 입지는 강화될 것이다. 미국 무기 구매 시 종종 혼합방식(FMS와 DCS)으로 대형계약이 추진되는 특징이 있다. 항공무기 체계가 구매 품목의 다수를 차지한다. 2005~2017년 기간 중 인도는 미국으로부터 신형 보잉 P-8I 포세이돈(Poseidon) 초계기 8대(계약금액 21억 달러), 보잉 C-17A 글로벌마스터(Globalmaster) Ⅲ 대형수송기(41억 달러) 10대, 록히드마틴

C-130J-30 슈퍼 헤라클레스(Super Hercules) 중형 수송기(10억 1천만 달러) 6대를 도입했다. P-8I 4대(10억 달러), C-17A 1대(3억 5천만 달러), C-130J 7대(13억 달러)가 추가로 주문되었다.

항공 및 잠수함 발사 보잉 하푼 블록(Harpoon Block) 2 대함미사일, 항공유도무기, 항공기 엔진, 항공 훈련장비, 대포병레이더 또한 도입되었다.

2005~2017년 인도가 미국으로부터 구매한 액수는 계약금액 기준으로 약 170억 달러, 실제 공급액 기준으로 132억 달러다.

이스라엘은 인도의 주요 공급국으로서 인도에 대한 이스라엘의 연간 방산 수출액은 15억 달러로 평가된다. 인도는 이스라엘의 가장 큰 고객이다. 미국과 달리 이스라엘은 크고 작은 수많은 계약에 따라 다양한 방산물자를 공급한다. 이스라엘 플랫폼뿐만 아니라 개별 및 하위 체계, 장비, 개량장비, 중소형 무장 등 다양한 수요가 있기 때문이다.

무인기는 이스라엘이 인도에 공급하는 주요 품목이다. 2005~2017년 기간 인도에 대한 이스라엘 무인기 수출액은 20억 달러 이상이다. 해당 기간에 인도는 이스라엘 IAI 서치(Search) Mk Ⅱ, 헤론(Heron: 자료에 따르면 헤론은 57대 이상 10억 달러 미만이 공급됨), IAI 하롭(Harop) 공격용 무인기 및 비행선 형태의 탐색레이더를 도입했다.

이스라엘 MRSAM(바락 8) 지대공미사일 체계, SPYDER, 바락 1 함대공미사일 체계, 항공유도무기가 인도에 공급되었다. 인도는 IAI 팰콘(Phalcon) 레이더를 탑재한 A-50EI 조기경보레이더 3대를 도입했고, 동일 기종 2대를 추가 주문했다.

2005~2017년 기간 중 인도에 대한 영국의 무기 공급은 BAE 시스템즈 호크 Mk 312 AJT 훈련-전투기 공급 및 면허생산 관련 2004년 계약이 기본이다(완제기 24대, 면허생산 99대로 총금액 29억 파운드).

인도는 2005년 프랑스와 스코르펜급 재래식 잠수함 6척 면허생산(초도함은 2017년 인도되었고 총 사업금액은 33억 유로 이상임)과 인도 공군의 다소 미라주

(Dassault Mirage) 2000H를 성능 개량하는 계약을 체결했다. 프랑스로부터 항공 유도무장도 공급되었다.

다소 라팔 전투기 36대를 인도에 공급하는 78억 7,800만 유로 규모의 계약이 이행되기 시작하면서 인도-프랑스 간 방산협력 관계가 급격하게 발전했다. 2013년 중형 다목적전투기 18대는 직구매, 108대는 면허생산하는 MMRCA 사업 입찰에서 라팔 전투기가 선정되었다. 길고도 고단한 협상 후에 구매 대수가 36대까지 축소되었다. 면허생산을 제외한 직구매 방식으로만 진행될 것으로 예상된다.

인도는 스위스로부터 필라투스 PC-7 Mk Ⅱ 터보프롭 연습-훈련기 75대를 약 6억 달러에 도입했다.

앞으로도 인도는 강대국의 지위를 위해 적극적으로 노력할 것이며, 이를 위해 군사력을 증강할 것으로 예상된다. 따라서 첨단무기 수입이 증가하게 되고, 인도는 최대 무기 수입국의 지위를 유지할 것이다. 동시에 인도는 자국 방위산업을 육성하기 위해 최선을 다하겠지만, 인도 방위산업은 2030년까지 인도군의 수요를 충족하지 못할 것이다. 현재와 비교해 인도의 방산물자 생산 규모나 현지화 수준은 크게 변동이 없을 것으로 예상할 수 있다. 결과적으로 인도는 예전처럼 대규모 수입에 의존할 수밖에 없을 것이다. 'Make in India' 정책을 적극적으로 추진하더라도 군사력 증강을 추진함에 따라 방산물자 수입규모가 계속 증가할 것이다. 2030년까지 인도는 예전처럼 전체 획득 소요의 50~60%를 국외 도입으로 해결할 것이다.

인도는 사우디아라비아 다음으로 세계 제2의 무기 수입국의 지위를 계속 유지할 것으로 보인다. 인도 경제가 성장함에 따라 수입액은 물론 국방예산도 대폭 상승할 것이다. 2030년까지 인도의 전체 방산물자 도입 규모는 실제 공급액 기준으로 2배가 되어 2030년 무렵에는 연간 160억 달러에 이를 것이다.

인도는 무기 도입선의 다변화를 추진할 것이며, 러시아는 2020년 이후에도 주요 무기 공급국으로 남아 있을 것이다. 러시아는 기술이전과 면허생산 측면

뿐만 아니라 정치적으로 미국에 대한 균형자로서도 중요하다. 인도-러시아 방산협력은 직도입에서 공동 또는 면허생산으로 발전해나갈 것이다. 2020년 이후 S-400 지대공미사일, 공동 함정 건조, 미사일 체계 사업은 인도-러시아 간 방산협력의 강력한 원동력이 될 것이다.

인도와 미국의 방산협력 관계가 강화되고 최첨단 플랫폼을 포함한 미국산 무기 구매가 증가할 것으로 예측된다. 정치적 요소와 함께 미국 장비의 높은 가격이 구매액 증가에 영향을 줄 것이다.

라팔 전투기 공급과 스코르펜급 재래식 잠수함 면허생산 추진 시 장기간(그리고 연기 가능성도 있음)이 소요될 수밖에 없어 프랑스는 인도 방산시장에서 주요 국가로 남을 것이다. 다른 유럽 국가와 마찬가지로 영국의 비중은 감소할 것이다. 인도 시장에서 지위가 더 확고해질 국가는 바로 이스라엘이다. 한국도 2018년부터 인도에 대한 주요 방산 수출국에 이름을 올리고 있다.

〈표 30〉 2018~2030년 인도의 방산물자 수입 예상액

(단위: 1억 달러)

구분	2018	2019	2020	2021	2022	2023	2024	2025	2026	2027	2028~2030
방산물자 수입 총액	80	85	90	95	100	110	120	130	140	140	150~160 (연간)

출처: 러시아 전략기술분석연구소(ЦАСТ) 자료(평가)

3. 카타르

카타르는 석유가스 자원을 다수 보유하고 있지만, 국토 면적은 그리 크지 않은 중동의 왕국이다. 이 국가는 중동뿐 아니라 동북 아프리카에서 적극적인 대외 정책을 펴고 있다. 카타르는 리비아 정권 붕괴와 시리아 내전에 개입했다. 카타르 대외기관 및 특수기관의 움직임이 아프리카, 특히 카타르 동부와 아프리카 뿔 지역에서 목격된다. 그러나 이런 활발한 움직임 때문에 사우디아라비아 및 다른 페르시아만 국가와의 관계가 극단적으로 악화되는 이유가 되었다.

카타르 지도부는 강력한 군을 공격적인 대외정책 및 국방정책 수단의 하나로 인식한다. 카타르는 인구가 적고 방위산업 기반이 없어 강력한 군사력은 기본적으로 첨단 무기 체계의 국외 도입을 통해 건설된다. 카타르 방산물자 도입액은 2005년 11억 달러에서 2017년 60억 달러까지 증가했다. 2020년까지 100억 달러 수준에 도달할 것으로 예상된다. 상대적으로 병력이 적어 (2016년 1만 3천 명) 카타르 국방비의 대부분(80%)은 획득예산이다. 이 예산은 2014~2017년 공급액 기준으로 연간 30~40억 달러에 달한다.

그런데 카타르 군사력은 군사적 야심을 펼치기에는 아직 부족하다. 근래에 (2010년부터 2017년까지) 카타르는 총 750억 달러 규모의 무기구매 계약을 체결했다. 결과적으로 세계 방산시장에서 제3위의 수입국이 되었다. 2018년까지 이 계약의 일부만이 이행되었는데, 그것은 계약 대부분(600억 달러 미만)이 앞으로 10년 동안 이행될 것이기 때문이다.

2005~2016년 카타르는 약 160억 달러의 방산물자를 도입했다. 이것은 카타르의 군사적 야심이 커졌음을 단적으로 보여준다. 카타르에 대한 방산물자의 핵심 공급 및 국방협력 국가는 2006~2017년 카타르에 대한 실제 공급량 기준으로 보면 미국이며, 비중은 55%(85억 달러) 미만이다. 카타르가 최근 체결한 초대형 계약 중 실제 이행된 사업을 금액 기준으로 보면 미국 비중은 38% 미만(750억 달러 중 280억 달러 이상)이다.

보잉 C-17A 글로브마스터(Globemaster) Ⅲ 대형수송기 8대(30억 달러 미만), 록히드마틴의 C-130J-30 슈퍼 헤라클레스 중형수송기 4대(3억 9,400만 달러 미만)가 2017년까지 미국이 카타르에 공급한 가장 큰 사업이었다. 2015~2017년 카타르는 미국에서 주문한 패트리어트 PAC-3 11개 중 초도분 5개 포대를 인수했다(계약액은 85억 달러이며, 2916년까지 40억 달러 정도가 공급되었음). 미국으로부터 유도탄도 구매했다.

약 26억 달러 상당의 지상무기 체계를 공급하는 2013년 계약을 이행하면서 독일은 카타르에 대한 방산 수출국 2위 자리에 올랐다. 레오파르트 2A7+ 전차 62대, 비젠트(Wisent) 정비구난 장갑차 6대, 155mm PzH 2000 자주포 24문, 페넥(Fennec) 및 딩고(Dingo) 2 장갑차 45대가 카타르에 공급되었다. 이로써 카타르에 실제 공급한 액수를 기준으로 18%를 독일이 점유하게 되었다.

카타르 방산물자 수입액의 약 10%는 프랑스가 차지하며(약 16억 달러), 경장갑차, 유도탄, 레이더를 공급했다.

스위스 필라투스 PC-21 터보프롭 연습-훈련기 24대(6억 800만 달러), 이탈리아 아구스타웨스트랜드 AW139 헬기 18대(4억 달러 미만), 다수의 터키 초계정(4억 달러 미만), 경장갑차를 2005~2017년 기간 중 카타르의 도입사업으로 언급할 수 있다. 중국으로부터는 BP-12A 미사일을 사용하는 작전-전술 미사일 체계를 도입했다.

최근 체결되어 실제 이행되는 계약 중 FMS 방식으로 추진되는 122억 달러 규모의 F-15QA 다목적전투기 36대 구매사업은 별도로 구분해야 한다(처음에 카타르는 211억 달러에 72대를 구매하려고 했음). 보잉 737 AEW&C 조기경보기 3대(약 18억 달러로 예상), 무장을 포함한 보잉 AH-64E 아파치 공격헬기 24대(27억 달러), 위에 언급된 패트리어트 PAC-3 11개 포대(3개는 이미 도입, 사업규모 총 85억 달러), 레이시온(Raytheon)사의 AN/FPS-132 블록 5 EWR 미사일 경보 레이더 1대(15억 달러), 재블린(Javelin) 대전차미사일을 포함한 다양한 지상군 장비(20억 달러 미만)가 미국으로부터 도입될 것이다. 또한 다양한 교육훈련이 진행될 것이다(총 20억 달러 미만).

2015~2017년 프랑스와 약 100억 유로에 달하는 다소 라팔 전투기 36대와 무장, 32억 유로 규모의 넥스터사의 VBCI 수송장갑차 490대를 도입하는 대형 계약이 체결되었다. 레이더가 5억 달러, 무인기가 2억 달러에 계약되었다. 이 밖에도 에어버스사는 A330MRTT 공중급유기 2대(8억 달러)를 수주했다.

영국과는 유로파이터 타이푼 24대, 호크 AJT 훈련-전투기 9대 획득을 위한 60억 파운드 이상의 계약을 체결했다.

이탈리아와 유럽 미사일 제작사인 MBDA는 2016년과 2017년 헬기 탑재 상륙강습함과 초계함 2종 6척을 건조하는 50억 유로 규모 및 지대함미사일을 공급하는 6억 유로 규모의 대형계약을 마무리했다. 레오나르도사는 사업금액 30억 유로 이상의 NH90 다목적 함정탑재헬기 28대를 공급하는 계약을 체결했다.

네덜란드의 다멘(Damen)사는 다멘 스탠 패트롤(Damen Stan Patrol) 5009 경비함 6척 건조 및 수영자 이송정 1척을 건조하는 계약을 체결했다(총 8억 2,300만 달러).

터키 회사인 BMC, 뉴롤 마키나(Nurol Makina)사와 카타르 육군, 보안군, 경찰 무장을 포함하여 다양한 MRAP급 장갑차 2천 대 미만을 공급하는 20억 유로 미만의 계약이 체결되었다.

결론적으로 카타르는 페르시아만의 다른 아랍 국가들과의 긴장관계 때문에 군사력을 지속적으로 늘리면서 2030년까지 방산물자 수입 대국의 지위를 유지할 것이다. 최근 카타르가 체결한 750억 달러 미만으로 평가되는 계약으로 인해 신규 계약 없이도 카타르의 연간 도입액은 60~70억 달러를 오르내릴 것이다. 또한 계약 건수도 높은 수준에서 유지될 것이다. 이럴 경우, 2030년까지 카타르 방산물자 수입액은 공급기준으로 연간 70~90억 달러까지 증가할 수 있다.

미국은 여전히 핵심 공급국과 주요 국방협력국으로 남을 것이다. 프랑스는 라팔 전투기 공급 덕분에 공급액 기준으로 카타르에 대한 제2의 공급국이라는 지위를 공고히 할 것이다. 3위는 영국(유로파이터 타이푼 및 호크 AJT 항공기 덕분에)과 이탈리아(함정 건조 및 NH90 헬기 공급 관련 대형계약 덕분에)다. 카타르와 특별한 정치-군사적 관계를 유지하는 터키도 카타르에 대한 주요 공급국이 될 것이다.

4. 아랍에미리트

1990년대와 2000년대 초반 아랍에미리트(UAE)는 세계 방산 수입국 2위이며, 특정 기간에는 1위를 차지하기도 했다. 프랑스로부터 다소 미라주 2000-9, 르클레르(Leclerc) 전차, 미국으로부터 록히드마틴 F-16E/F 블록 60 도입을 중심으로 대규모 획득사업이 진행되었기 때문이다. 2010년 이후 아랍에미리트의 구매 횟수와 규모가 일부 감소했다. 그러나 최근에 미국과 첨단 대공무기 체계 구매를 위한 계약 여러 건이 체결되었다. 그럼에도 대공무기 체계 분야를 제외하고 육군·해군·공군 분야 구매는 공백기가 나타난다. 다른 국가와 달리 아랍에미리트는 최근 계약뿐만 아니라 공급액도 증가하지 않는다. 지난 10년간 아랍에미리트 획득정책은 자국 방위사업을 발전시키려는 특징을 보인다. 아랍에미리트 방위산업은 완전한 조립생산 등 어느 정도 성과도 있었다.

아랍에미리트의 2005~2017년 국방예산은 130억 달러에서 190억 달러로 증가했지만, 방산물자 수입액은 급증하지 않았다. 연간 40억 달러부터 시작해 약 50억 달러까지 완만하게 증가한 것으로 평가된다. 동기간에 수입 총액은 500억 달러다.

2005~2017년 기간 중 아랍에미리트에 방산물자를 압도적으로 많이 공급한 국가는 미국이다. 공급액 기준으로 미국 비중은 58%(290억 달러 이상)로 평가된다. 구체적으로 보면, 아랍에미리트를 위해 특별히 개량된 록히드마틴의 F-16E/F 블록 60 81대와 무장을 공급하는 68억 달러 규모의 2000년 계약이 이 기간에 큰 비중을 차지한다(2004~2008년에 공급됨). 패트리어트 PAC-3 9개 포대(총 90억 달러, 2016년까지 공급됨)와 THAAD 미사일방어 체계 2개 포대(25억 달러, 2015~2016년 공급됨)가 포함된 미국 대공방어 체계 도입사업이 2008년부터 진행되었다. 2017년에는 22억 달러 규모의 PAC-3와 THAAD용 미사일이 추가로 주문되었다.

또한 보잉 C-17A 글로브마스터 III 대형수송기 8대(30억 달러 미만), 에어 트랙터(Air Tractor)사의 AT-802U와 IOMAX 아크앤젤(Archangel) BPA 터보프롭 공격기 62대, 시코르스키(Sikorsky) UH-60L/M 블랙호크 다목적 헬기 60대(12억 달러 미만), 보잉 CH-47F 치누크(12억 달러 미만), 벨(Bell) 408MRH 경헬기 30대, 제너럴아토믹스(General Atomics)의 프레데터(Predator) XP 무인기 2대, 항공 유도무기 다수가 해당 기간에 미국으로부터 도입되었다. 보잉 AH-64A 아파치 공격헬기 30대를 AH-64D로 개량하는 사업(15억 달러)도 수행되었다. 2016년에는 신형 보잉 AH-64E 헬기 공급과 기존의 AH-64D를 AH-64E로 개량하는 계약이 체결되었다.

지상장비로는 M142 HIMARS 다연장로켓 체계 32문, GMLRS 및 ATACMS 로켓(총 10억 달러), M-ATV 장갑차량 844대를 미국으로부터 이미 도입했거나 주문한 상태다. 미군이 운용하던 MRAP급 장갑차량 5천 대 미만에 대한 공급도 시작되었다.

아랍에미리트에 대한 제2의 방산 수출국은 프랑스로 16%(공급액 기준 총 80억 달러 미만)로 평가된다. 해당 기간에 미라주(Mirage) 2000-9 전투기 30대 공급 및 기존에 공급되어 있던 미라주 2000-8을 미라주 2000-9로 개량 및 항공무장을 공급하는 총 40억 달러 규모의 1998년 계약이행이 포함된다(2003~2008년 공급이 이루어짐). 르클레르 전차 388대, 이를 기본으로 한 장갑차 48대(총 34억 달러로, 2010년까지 공급됨) 공급 사업도 해당한다. 프랑스와 아랍에미리트는 바이누나(Baynunah)급 초계함 6척을 공동 건조했고(2003~2015년 20억 달러 미만), 다양한 레이더와 전자장비도 공급되었다.

2005~2017년 아랍에미리트에 수출한 국가 중 6%(실제 공급액 기준 25억 달러 이상)의 비중을 갖는 이탈리아가 두드러진다. 초계함 3척, 레오나르도 AW139 헬기 20대 이상, 대함미사일, 전자장비를 공급했다. 피아지오(Piaggio)사의 P.180MPA 초계기 2대와 이를 기반으로 한 P.1HH 해머헤드(Hammerhead) 장거리 무인기 10대에 대한 공급 계약도 체결되었다.

러시아는 아랍에미리트에 약 15억 달러 정도를 수출했다. 판치르(Pantsir)

-S1 대공미사일-대공포 복합 체계, 이글라(Igla)-S 휴대용대공미사일, 코넷(Kornet)-E 대전차미사일 공급과 BMP-3 성능 개량이 포함된다.

다음과 같은 공급도 언급할 필요가 있다.

- 스페인: 에어버스 A330MRTT 급유기 3대(총 10억 달러)
- 남아프리카공화국: 항공유도무장 및 MRAP급 장갑차(총 10억 달러 미만)
- 스웨덴: 사브 340AEW&C 조기경보기 2대를 포함해 SRSS(Swing Role Surveillance System)를 탑재한 봄바디어 글로벌(Bombardier Global) 6000 조기경보기 3대가 추가로 계약됨(총 10억 달러 미만)
- 터키: 다연장로켓 체계, 유도무기 및 경장갑차
- 스위스: 필라투스 PC-21 터보프롭 연습-훈련기 25대(7억 달러 미만)

2020년 이후 아랍에미리트는 이전 세대 장비를 교체할 소요가 있어 육·해·공군을 위한 일련의 대형 구매사업을 시작할 것이다. 다소 미라주 2000-9 전투기 교체가 시작될 것이며, 이후에는 록히드마틴 F-16E/F 블록 60을 교체하거나 전면 개량할 것이다. 이는 거의 공군을 완전히 바꾸는 수준의 초대형 사업이 될 것이다. 아랍에미리트는 2020년 이후 분명히 육군 및 해군의 현대화에 착수할 것이다.

미국과 프랑스는 아랍에미리트에 대한 주요 무기 공급국으로 남을 것이다. 이탈리아(함정 건조 관련 계약 등으로 인해), 터키, 한국이 공급을 늘릴 것으로 예상된다.

5. 이집트(러시아와의 방산협력 제외)

이집트아랍공화국(APE)은 아랍국가 중 인구가 가장 많으며, 강력한 군을 보유한 강국이다. 그러나 상대적으로 발전하지 못한 방위산업 때문에 대군을 무장하기 위해 이집트는 많은 무기를 수입해야 했다. 이집트는 재원 부족에 시달렸고, 결과적으로 군사원조에 의지하게 되는 획득정책의 특징을 보인다. 미국은 이집트에 매년 13억 달러의 군사원조를 한다. 이 자금은 주로 미국산 무기를 구매하는 데 사용되며, 이집트 획득비의 기본이 된다. 또한 이집트는 사우디아라비아, 아랍에미리트 및 기타 아랍국가로부터도 획득예산을 지원받는다. 아랍 부국으로부터 지원받는 총금액은 연간 10~15억 달러로 평가된다.

2005~2017년 기간 동안 이집트 방산물자 수입액은 계약액 기준으로 약 630억 달러, 실제 공급액 기준으로 약 430억 달러로 평가할 수 있다. 미국과 아랍 부국의 원조는 이집트의 실제 무기 도입액의 약 3분의 2를 차지한다. 당연하게도 원조는 이집트군 전력을 유지하고 향상시키는 핵심적인 역할을 한다.

2005~2017년 실제 공급액 기준으로 이집트에 대해 가장 많은 방산물자를 수출한 국가는 미국이며, 실제 공급액의 약 50%를 차지한다(210억 달러 미만). 해당 기간에 추진된 미국 무기 체계 도입 관련 주요 사업은 다음과 같다.

- 록히드마틴의 F-16C/D 블록 52 전투기 24대(2013~2015년, 32억 달러)
- 보잉 AH-64D 아파치 공격헬기 10대(2014년), 이미 공급된 AH-64A를 AH-64D로 성능개량
- 제너럴다이내믹스사가 공급한 구성품으로 M1A1 전차 500대를 이집트에서 조립
- 앰배서더(Ambassador)급 소형 유도탄 고속정 4척 건조
- 유도무기 공급

이집트는 M109A2/A3/A5 155mm 자주포, M113 수송장갑차, MRAP급 장갑차량, MLRS 다연장 및 기타 장비가 포함된, 운용 중이던 무기를 대량으로 도입했다.

2016년 록히드마틴이 C-130J-30 슈퍼 헤라클레스 중형수송기 2대를 이집트에 공급한다고 알려졌다.

전통적으로 이집트에 대한 방산수출 2위 국가는 프랑스다. 2015~2016년 초대형계약이 체결되고 이행되면서 프랑스 비중은 급격히 상승했다. 지난 3년간 프랑스는 이집트에 가장 많이 방산물자를 공급한 국가였다. 2005~2017년 실제 공급액 기준으로 프랑스의 비중은 30%에 달했다(약 140억 달러).

2015~2016년 이집트와 프랑스의 계약은 다음과 같다.

- 처음에 러시아를 위해 건조했던, 미스트랄급 강습상륙함 2척 도입(2척 모두 2016년 인도, 약 9억 8천만 달러)
- 프랑스 해군을 위해 건조한 FREMM급 호위함 1척 도입(2016년 인도)
- 고윈 2500급 초계함 4척 건조(3척은 이집트에서 건조, 약 10억 유로 미만)
- 다소 라팔 전투기 24대와 무장(1차분 14대는 2016~2017년 인도, 계약액은 60억 유로 미만으로 평가)
- 정찰위성 공급(6억 유로 미만)

2005~2017년 프랑스는 이집트에 셰르파(Sherpa) 장갑차와 레이더, 무인기, 정밀무기를 공급했다.

전반적으로 이집트의 획득정책은 무기 도입선의 다변화라는 특징을 보인다. 결과적으로 이집트에 수출하는 국가는 다양해졌다. 위에 언급한 국가 외에 주요 공급 국가는 다음과 같다.

- 독일: 2011~2014년 209/1400Mod 디젤잠수함 4척을 20억 유로 미만에

건조하는 계약 체결(1차분 2척은 2016년 인도)

- 중국: K-8 훈련-전투기와 무인기를 이집트에서 조립함
- 스페인: 에어버스 C295 수송기 24대 구매
- 네덜란드: YPR-765를 중심으로 네덜란드 육군이 보유하던 무기 체계 다수 구매
- 터키: 경비정 및 경장갑차 구매
- 아랍에미리트: 아랍에미리트에서 조립한 경장갑차량 도입

이집트는 앞으로도 방산물자를 많이 수입하는 국가로 남을 것이라고 전망할 수 있다. 그리고 미국의 비중은 점차 감소할 것이다. 이집트의 경제성장이 예상됨에 따라 자체 예산으로 구매하는 무기 체계도 증가할 것이다. 사우디아라비아를 중심으로 페르시아만 국가로부터 획득비 지원이 계속될 것으로 보인다.

그렇지만 미국은 2030년까지 여전히 이집트에 무기를 가장 많이 공급하는 국가가 될 것이다. 실제 공급액 기준으로 2, 3위 국가는 러시아와 프랑스일 것이다. 중국의 공급 비중이 증가할 것으로 보이며, 터키와 한국 비중도 일부 상승할 것이다. 209/1400Mod 디젤잠수함 공급과 향후 가능성 있는 수상함 건조로 인해 독일 또한 이집트에 대한 주요 수출국이 될 가능성이 있다.

6. 브라질

브라질은 강대국의 지위를 노리고 있지만, 지금까지도 보유한 무기 체계로 보면 지역적 수준으로 국한되는 약한 군사력을 보유하고 있다. 브라질의 경제나 인구 규모, 국방비 지출도 상대적으로 높지 않다. 지난 10년간 방위산업 육성에 힘쓰고 있음에도 브라질은 주요 무기 체계, 생산기술 및 면허를 수입에 의존하고 있다. 이러한 이유로 획득정책의 주 방향은 외국에서 개발된 무기 체계

를 공동 또는 면허생산하는 것이다.

많지 않은 국방비, 대국에는 어울리지 않게 부족한 획득비(국방비의 80% 미만이 전력운영비로 사용됨)는 브라질의 불안정한 경제성장 및 정치적 불안과 결합하여 브라질 구매사업을 제한하는 요인이 된다. 결과적으로 브라질은 방산시장에서 상대적으로 비중이 낮으며, 저가의 중고 무기를 구매하게 되었다. 브라질 육군과 해군은 지난 20년간 말 그대로 중고 무기로 전력을 유지했다. 이탈리아 이베코사가 개발한 VBTP 과라니(Guarani) 차륜형 수송장갑차가 생산되고 스코르펜급 재래식 잠수함 건조사업이 시작된 최근에서야 이러한 상황이 바뀌기 시작했다. 아직은 잠수함이 한 척도 전력화되지 못한 상황이다. 그런데 다시 2015년부터 브라질은 국방비 및 획득비가 감소하는 침체기에 들어섰다. 이러한 상황은 브라질의 계획된 무기 도입 사업을 포함한 주요 전력증강사업 진행에 위험 요소가 되었다.

2005~2017년 기간 동안 실제 공급액 기준으로 방산 수입액은 약 180억 달러로 보고 있으며, 2010년부터 몇 년간 증가했다. 2005~2017년 기간 동안 브라질과 신규 계약을 가장 많이 체결한 국가는 프랑스다. 개량형 스코르펜급 재래식 잠수함 4척의 현지 건조와 브라질 최초의 핵잠수함 건조 및 조선소 건설 관련 다수의 계약이 2008년 체결되었다(68억 유로). 또한 에어버스 헬리콥터스사의 슈퍼 푸마(Super Puma) 헬기 50대를 공동 생산하는 계약도 체결되었다(19억 유로). 브라질 생산라인에서 생산된 슈퍼 푸마 헬기는 2005~2017년 브라질군에 공급되었다. 개량형 스코르펜급 재래식 잠수함 4척 중 2018년 10월로 예정되어 있던 1번함의 전력화가 2020년 이전에는 어려울 것으로 보인다. 핵잠수함 건조사업은 아직 설계단계를 넘지 못했다.

사브 JAS-39E/F 그리펜 NG 전투기 36대(전량 현지 조립)를 브라질 공군에 공급하는 58억 달러 계약을 2016년 체결한 덕분에 해당 기간 스웨덴은 계약액 기준으로 브라질에 대한 방산 수출국 2위에 올랐다. 초도기는 2019년 이후에 공급될 것으로 보인다.

이베코사가 개발한 VBTP 과라니 차륜형 수송장갑차 생산 관련 계약액이 25억 유로로 예상되는 2009년 계약에 힘입어 이탈리아는 계약액 기준으로 브라질에 대한 방산 수출국 3위에 올랐다. 2012년부터 시작해 2018년 초까지 300대 이상이 공급되었다.

2005~2017년 30억 달러 이상 신규 계약을 체결한 미국은 여전히 브라질에 대한 주요 무기 공급국이다.

에어버스 헬리콥터스사의 슈퍼 푸마 헬기 50대 공급 및 잠수함 건조 계약이 이행되면서 해당 기간에 프랑스가 실제 공급액 기준으로 선두를 유지했다. 2005~2017년 프랑스가 실제 공급한 양은 자체 평가에 따르면 45억 달러, 브라질 방산 수입액의 27%다. 다소 미라주 2000C/B 12대 공급과 프랑스 해군이 운용하던 퓌드르(Fudre) 강습상륙함 이전에 대해서도 언급할 수 있다.

브라질 시장에 대한 공급액 기준으로 2위는 미국으로, 24%(40억 달러 미만)를 차지한다. 관련 사업은 다음과 같다.

- 시코르스키 S-70B 시호크(Seahawk) 해상헬기 6대
- 시코르스키 UH-60L 블랙호크 다목적 헬기 16대
- 운용하던 록히드(Lockheed) P-3BR 오리온(Orion) 초계기 9대
- 운용하던 포병무기 체계(M109A5 자주포) 및 장갑차(AAV 및 M113)
- 무장 및 전자장비

실제 공급액 기준으로 기타 국가의 비중은 크지 않은데, 이는 브라질 무기 도입선의 다변화가 반영된 것이다. 이탈리아(9%), 이스라엘(8%), 독일(5%), 영국(5%), 스페인(5%), 러시아(3%)를 공급 국가로 언급할 수 있다.

이베코사가 개발한 VBTP 과라니 차륜형 수송장갑차 생산 및 항공기 성능개량에 따른 레이더와 항전장비 구매로 인해 이탈리아의 비중은 유지될 것이다.

독일로부터 중고 레오파르트 1A5 220대, 이를 기반으로 한 장갑차량 23대, 게파르트(Gepard) 자주대공포 34대가 도입된다.

이스라엘은 (IAI 헤론을 비롯한) 무인기, 전자장비, 유도무기를 공급한다.

영국으로부터는 신규 건조하는 아마조나스(Amazonas)급 대형 경비정 3척과 중고 대형상륙함 1척을 도입했고, 2018년에는 영국의 중고 오션(Ocean) 헬기 강습상륙함을 획득했다.

스페인으로부터 에어버스 C295 수송기 14대, 스위스로부터 MOWAG 피라니아(Piranha) III 차륜형 장갑차 30대를 도입했다.

브라질과 러시아의 방산협력은 Mi-35M 12대, 이글라-S 휴대용대공미사일로 요약할 수 있다.

브라질 경제가 불안한 상태여서 2014년부터 획득비를 포함해 국방비를 줄이고 있다. 브라질 획득사업은 항상 축소 및 취소라는 위험에 노출되어 있다. 기본적으로 브라질 경제상황이 바뀌지 않으면 2030년까지 계속 불안한 상태라고 예측할 수 있다. 이 기간에 가장 규모가 큰 사브 JAS-39E/F 그리펜 NG 전투기 36대 구매사업을 포함한 브라질 획득사업은 매년 재정적인 문제에 부딪힐 것이다.

2030년까지 브라질에 대한 주요 무기 공급국은 이행기간이 긴 대형계약을 맺고 있는 프랑스(스코르펜급 잠수함 건조, 헬기 공동 생산), 스웨덴(그리펜 NG 전투기 36대 계약), 이탈리아(장갑차 공동생산, 계획된 또 다른 장갑차 구매)가 될 것이다. 미국과 이스라엘도 브라질의 중요한 방산협력국으로 남을 것이다.

7. 파키스탄

파키스탄은 아시아에서 군사 강국에 속한다. 파키스탄군은 인도와의 분쟁에서 높은 전투력을 보인 바 있으며, 핵무기를 보유하고 있다. 1998년 핵실험을 5회

실시했으며, 핵무기 운반수단도 활발하게 개발한다. 핵무기를 포함한 인도와의 군비경쟁이 안보에 대한 기본 정책방향이다. 파키스탄은 자국보다 더 강한 인도를 상대로 군사적 균형을 맞추기 위해 노력하며, 많은 재원을 방산물자 구매에 할당한다. 자국 방위산업을 발전시키려는 적극적인 노력에도 복잡무기 체계, 구성품 및 하위 체계는 수입에 의존한다.

2005~2017년 기간 중 실제 공급액 기준으로 파키스탄의 방산수입은 집필진의 자체 평가에 따르면 약 25억 달러다. 중국이 압도적으로 시장을 주도한다는 점이 파키스탄 방산시장의 특징이다. 지난 20년간 방산물자 공급원으로서 중국의 의미는 점점 커지고 있다. 이것은 중국이 제안하는 무기 체계의 기술적 수준이 향상되고, 중국과 파키스탄 양국의 정치-군사적 관계가 강화되는 것과 관련이 있다. 중국이 파키스탄에 공급하는 무기의 종류는 다양하고 지속적으로 늘어나고 있다. 결과적으로 현재 중국 무기 체계는 파키스탄 육·해·공군 무기 체계의 기본을 이루고 있다. 많은 경우에 파키스탄은 중국이 개발한 무기 체계를 처음으로 구매하는 국가가 되었으며, 파키스탄군을 위한 무기 체계 개발 시 중국이 참여하기도 한다[JF-17 전투기, 알 칼리드(Al Khaleed) 전차].

2005~2017년 기간 중 실제 공급액 기준으로 중국의 비중은 집필진 자체 평가에 따르면 50% 이상이다(최소 130억 달러). 중국 방산물자가 상대적으로 저가여서 파키스탄군 무장을 위한 중국의 기여도는 도입액으로 본 비중보다 더 크다고 볼 수 있다.

파키스탄이 구매한 중국 무기 체계에 대해 말할 때, 중국 역사상 최초로 자체 설계한 잠수함 수출 계약을 빼놓을 수 없다. 2015년 수출명 S20급인 대형 재래식 잠수함 8척을 파키스탄을 위해 건조하는 50억 달러 규모의 계약이 체결되었다(2022~2028년 인도되며, 4척은 파키스탄에서 조립될 것임). 2020년까지 파키스탄에 중국 J-10(FC-20) 전투기 36대를 공급하는 계약이 존재한다는 정보도 있다. 파키스탄을 위해 대형 경비함 2척도 건조된다. 파키스탄 해군을 위해서는 2017~2018년 054A급 호위함 4척을 건조하는 계약이 체결되었다. 중국의

VT4 전차와 미사일 체계를 구매하는 계약이 체결되었을 가능성도 있다.

2005~2017년 기간 중 가장 규모가 컸던 공급은 JF-17 전투기 및 알 칼리드 전차 사업이었는데, 중국에서 공급된 구성품으로 파키스탄에서 조립되었다. 2018년 초까지 파키스탄에서 JF-17 전투기 100대가 제작되었고, 추가로 8대가 중국으로부터 도입되었다. 알 칼리드 전차는 380대가 생산되었다.

이 밖에도 해당 기간에 중국에서 도입된 무기는 다음과 같다.

- F-22P급 호위함 4척(1척은 파키스탄에서 건조되었고, 총사업비는 7억 5천만 달러)
- 아흐마트(Ahmat)급 대형 유도탄정 2척(1척은 파키스탄에서 건조, 추가로 2척이 주문됨)
- 소형경비함 3척
- ZDK-003 조기경보기 4대
- Z-9EC 함정탑재헬기 6대 및 WZ-10 공격헬기 3대
- 다양한 무인기
- A100 300mm 다연장 체계 48문
- 155mm 자주포
- LY-80 및 FM-90급 대공미사일 체계
- 휴대용대공미사일 및 대전차미사일
- K-8P 훈련-전투기 조립

파키스탄에 대한 방산물자 공급국 제2위는 미국이다. 비록 미국과 파키스탄의 관계에 굴곡이 있었고 미국이 파키스탄에 대한 공급을 세심하게 통제하지만, 그럼에도 미국은 파키스탄에 최첨단 무기 체계를 공급하는 주요 공급원이다. 또한 미국은 파키스탄에 연간 거의 수억 달러(여러 정보를 종합해보면)를 군사원조한다. 미국이 공급하는 방산물자 중 다수가 군사원조 자금으로 지불된다.

2005~2017년 기간 중 실제 공급액 기준으로 미국의 비중은 약 25%(최소 60억 달러 이상)로 평가된다. 이 중 31억 달러는 록히드마틴 신품 F-16C/D 블록 52 18대와 관련 무장을 2010년에 공급한 사업이다.

또한 신품 벨(Bell) 412EP 헬기 28대, 다양한 레이더, 항공유도무기, 다수의 TOW 대전차유도미사일도 공급되었다.

파키스탄은 미군이 운용하던 무기를 잔존가치로 산정한 가격으로 도입했는데, 세부 내용은 다음과 같다.

- F-16A/B 전투기 24대 및 MLU(역자주: Mid-Life Update, F-16 수명연장 및 개량) 사업에 따른 동기종 35대 개량을 위한 장비
- 록히드 P-3CUP 오리온 초계기 9대
- 록히드마틴 C-130E 헤라클레스 수송기 6대
- 구형 헬기 및 경항공기 다수
- 올리버(Oliver) H. 페리(Perry)급 호위함 1척
- M109A5 자주포 111문
- M113 수송장갑차 및 MRAP 장갑차량 2천 대 미만

이 밖에도 2015년 신품 벨 AH-1Z 바이퍼(Viper) 공격헬기 12대를 파키스탄에 공급하는 계약이 체결되었다.

전통적으로 프랑스는 파키스탄에 대한 주요 방산물자 공급국이다. 그러나 2005~2017년 기간 동안 신규 대형 계약이 없어 비중이 감소했다. 실제 공급액 기준으로 5%(10억 달러 이상)를 넘지 않는 것으로 보인다. 해당 기간에 가장 큰 공급 사업으로는 이미 도입되어 있던 아고스타(Agosta) 90B급 잠수함에 장착하기 위한 DCNS MESMA 공기불요추진기관 3세트가 있다. 경헬기(신품과 중고) 40대 미만, 유도무기, 통신장비도 공급되었다.

사브 2000 AEW&C 조기경보기 4대를 10억 달러 이상에 공급하는 계약 이

행으로 스웨덴은 해당 기간에 파키스탄 시장의 주요 공급자(5% 미만)에 포함된다. 파키스탄은 2017년 추가로 동일 기종 3대를 주문했다.

2005~2017년 기간 중 이탈리아의 수출 비중이 두드러진다(5% 미만 또는 10억 달러 미만). 계약금액 4억 1,500만 달러의 스파다 플러스(Spada Plus) 대공미사일 체계 10세트 공급이 가장 큰 사업이었다. 또한 레오나르도사의 팔코(Falco) 무인기(파키스탄에서 조립됨), 레이더, AW139 헬기 4대, 중고 VCC-1 수송장갑차 및 장갑차량 700대 미만도 공급되었다.

2005~2017년 기간 동안 다른 주요 공급국은 다음과 같다.

- 터키: 팬터(Panter) 155mm 자주포, 유도탄정 및 경비정, 경장갑차
- 스위스: 35mm 대공포 체계
- 우크라이나: 알 칼리드 전차용 6TD 엔진, 보유 중인 Il-78MP 공중급유기 4대
- 독일: 무인기, 어뢰, 군용차량
- 요르단 공군이 보유하던 F-16A/B 전투기 13대 획득

2018년 파키스탄은 첨단 터키 무기인 T129 ATAK 공격헬기 30대(15억 달러로 평가)와 MILGEM급 초계함 4척(2척은 파키스탄에서 건조, 전체 10억 달러 이상으로 평가됨)을 구매하는 2건의 계약을 체결했다. 2건의 계약은 터키 역사상 가장 큰 계약이 되었으며, 이 계약으로 터키는 파키스탄 방산시장에서 주요 공급자가 될 수 있었다.

2030년까지 파키스탄 방산시장은 기본적으로 중국이 주도할 것이다. 중국 무기의 경쟁력과 기술수준이 올라가면서 파키스탄은 중국 무기에 더 많은 관심을 갖게 될 것이다. 중국은 파키스탄에 다양한 무기를 계속 공급할 것이다. 중국 무기 체계(수입 또는 공동생산 또는 면허생산)는 구형 서방 제품을 교체하면서 파키스탄 육·해·공군 모든 무기 체계의 기본이 될 것이다.

공급액 기준으로 제2위 국가는 최첨단 무기 체계의 주공급원인 미국이 될 것이다. 또한 파키스탄은 러시아를 포함해 다른 공급국과도 협력관계를 확대하려고 노력할 것이다. 향후 파키스탄과 터키의 방산협력이 더 확대될 것이라고 예상할 수 있다.

파키스탄의 정치 및 지역 정세가 불안정하더라도 경제성장과 중국과의 경제 및 군사 협력관계가 강화됨에 따라 파키스탄은 앞으로도 방산수입 대국으로 남을 것이다.

8. 중국

중국은 현재 세계적인 방산물자 생산국이자 수출국이다. 그런 반면 방산물자와 군사기술을 많이 수입하는 국가이기도 하다. 이것은 아직 일부 기술에서 여전히 뒤떨어져 있음을 반영한다. 중국은 1989년부터 미국과 유럽연합에 의해 방산물자와 군사기술의 공급에 대한 제재가 계속되었다(2000년 미국의 압력으로 이스라엘도 제재에 동참함). 이러한 제재에 따라 첨단기술에 대한 접근은 철저하게 제한된다. 이런 이유로 중국은 러시아와 다른 구소련 국가들을 기술 공급원으로 고려할 수밖에 없었다. 서방의 제재는 완벽하지 않아서 프랑스를 중심으로 한 여러 유럽 국가가 일부 제재조치를 따르지 않고 있다.

중국의 군사기술이 급속하게 발전하면서 2004년 이후 구매대상이 플랫폼에서 중국산 플랫폼과 체계에 사용하기 위한 엔진, 구성품으로 변화되었다는 점이 중국 방산수입의 주요 경향이다. 특히 항공기 엔진이 해당하며, 지금까지도 러시아와 우크라이나에서 수입한다. 러시아로부터 헬기 수입도 계속된다.

그런데 중국이 러시아의 신무기 체계를 구매하려 했던 2011년 방산수입 확대라는 새로운 단계에 들어섰다. 러시아 Su-35 전투기 24대를 구매하는 2015년 계약과 S-400 대공미사일 체계를 구매하는 2016년 계약이 대표적인 사례다.

2005~2017년 기간 중 중국의 방산 수입액은 실제 공급액을 기준으로 약 400억 달러로 평가된다. 2009~2010년까지 줄었던 중국의 방산 수입액은 2016년부터 다시 증가하기 시작했다.

러시아가 2005~2017년 기간 중 중국 방산시장에서 단연 최고였다. 러시아 공급량이 가장 많았던 기간은 2005~2007년으로 2000년대 초반에 체결된 대형 계약이 이행되었기 때문이다. 2005~2007년 중국은 러시아로부터 956EM 구축함 2척, 636M급 디젤잠수함 7척(선도함은 2004년 인도됨), 수상함용 유도탄[모스키트(Moskit)와 클럽-S 대함미사일 포함], 다수의 항공유도무기를 도입했다.

2015년 계약한 약 25억 달러 규모의 Su-35 24대 중 1차분 14대가 2016년 말과 2017년에 공급되었고, 2017년 말에 S-400 대공미사일 1번 포대가 인도되기 시작했다.

우크라이나와 벨라루스의 방산협력 관계도 중국의 러시아 무기 체계 구매에 일정한 역할을 했다. 이 방산협력은 주로 복제 또는 면허생산을 위한 기술과 개별장비의 도입이었다. 우크라이나와 중국의 협력은 다양하게 진행되었으며 함정 가스터빈, 미사일 및 항공 엔진(AI-25TL과 AI-222) 및 이들의 생산을 위한 기술과 기타 국방기술로 정리할 수 있다. 중국을 위해 958(12322)급 소형 공기부양 상륙정 2척이 건조되었고, 생산 면허도 이전되었다. R-27 공대공미사일 2천 기 미만이 공급되었다. 우크라이나가 2005~2017년 기간 중 중국에 실제 공급한 액수는 30억 달러 미만이다.

서방 국가 중 중국에 방산물자와 기술을 공급한 국가는 프랑스로서 헬기 제작과 함정 건조에서 중국과 협력한다. 프랑스는 계속해서 중국에 헬기용 가스터빈 엔진, 함정 건조용 구성품과 체계, 전자장비를 공급한다. 프랑스가 2005~2017년 기간 중 중국에 실제 공급한 액수는 최소 60억 달러로 평가할 수 있다.

향후 중국은 세계 방산시장에서 주요 생산국 및 공급국으로 변모할 것이 확실하다. 하지만 최소한 2025년까지는 특정 플랫폼(Su-35 전투기, 헬기, S-400 대공미사일), 항공기 엔진, 체계 및 구성품을 러시아에서 계속 도입할 것으로 보인다. 점차 감소되겠지만 우크라이나, 프랑스 및 기타 서방국가와의 방산협력은 유지될 것이다.

9. 이라크(러시아와의 방산협력 제외)

2003년 미군의 이라크 침공과 사담 후세인 정권교체 이후 이라크는 근래에 IS와의 전쟁을 포함한 끊임없는 내전에 시달리고 있다. 미국이 점령한 마지막 시기에 미군을 대체하기 위해 군과 준군사조직이 창설되기 시작했다. 기획 단계부터 미국이 이 과정을 통제했으므로 획득정책은 미국의 영향을 강하게 받았다. 이런 상황에서 이라크는 특정 시기까지 거의 모든 종류의 무기를 긴급하게 대량 구매해야 했다.

2012년까지 획득비의 대부분을 미국이 지원했는데, 210억 달러 이상을 지출했다. 미국은 구매 대상을 (주로 미국 또는 미국 동맹국 무기 체계로) 지정해주다시피 했다. 물자 중 일부는 미국 보유분을 무상으로 양도했다. 그런데 이라크가 우연하게 또는 부패와 연계되어 독자적으로 획득한 사례도 있었다. 결과적으로 무기 공급원과 종류가 극도로 다양해졌다.

최근에 이라크는 완전히 독자적으로 무기를 구매한다. 이라크의 획득정책은 무기 도입선의 다변화와 기종의 다양성이 특징이다. 정치적 고려도 크게 작용한다. 이러한 이유로 이라크군과 무장에 대한 미국의 강력한 영향력이 유지되고, 다른 한편으로 미국의 영향력에 대한 정치적 균형을 맞추기 위해 노력한다.

이라크는 석유자원이 풍부하여 방산물자를 대규모로 구매할 수 있다. 따라서 이라크는 세계 방산시장에서 큰손으로 통한다. 2005~2017년 기간 중 이라크에 대한 실제 공급액은 450억 달러로 평가된다. 최근 연간 구매액은 최소

50억 달러를 기록한다.

　이라크 방산시장을 주도하는 국가는 금액으로 보면 논란의 여지 없이 미국이다. 그뿐만 아니라 미국은 이라크가 구매하는 가장 고가의 무기를 판매하기도 한다. 2005~2017년 기간 중 이라크에 공급된 미국 무기는 약 250억 달러(약 60% 비중)로 평가된다.

　이라크가 미국으로부터 도입한 무기의 세부 내역은 다음과 같다.

- 록히드마틴 F-16IQ 블록 52 전투기 36대(2건의 계약금액 총 38억 3천만 달러)
- 록히드마틴 C-130J-30 슈퍼 헤라클레스 수송기 6대와 헤라클레스 구형 항공기 3대
- 비치크래프트 T-6A 터보프롭 연습-훈련기 15대
- (정찰-공격용 포함) 다양한 경항공기 50대 미만
- 벨 407 50대와 기타 헬기 36대
- 다양한 경무인기
- 다수의 항공 무장[헬파이어(Hellfire) 미사일 6,900기 미만 포함]

　지상군 및 기타 준군사조직을 위한 미국 방산물자가 다음과 같이 대량으로 공급되었다.

- M1A1M 에이브람스 전차 152대(추가로 175대가 주문됨)
- 장갑차량 및 수송장갑차 2,500대 미만
- HMMWV 군용차량 1만 5천 대 미만(기본적으로 장갑형)
- 포병무기 및 박격포 900문 미만
- 경비함 2척과 경비정 12척

2010년까지 이라크가 미국 이외의 국가에서 구매한 무기는 미국 자금을 활용한 것이다. 사례로 러시아에서 구매한 Mi-17 헬기 50대가 있다.

2005~2017년 기간 중 이라크에 무기를 공급한 국가(러시아 제외) 중에서 이란을 언급할 필요가 있다. 이란은 이라크 정부 및 시아파 군사조직을 위해 보병무기, 화포, 군용차량을 공급했다. 이라크가 공급한 금액은 최소 30억 달러 이상으로 평가된다. 여기에는 Su-25K/UBK 공격기 10대 미만에 대한 이전이 포함된다.

20억 달러 미만의 물자를 공급한 한국도 이라크에 대한 대형 방산 수출국이 되었다. T-50IQ 훈련-전투기 24대를 11억 달러에 공급하는 계약이 가장 컸으며, 2016년 말에 인도가 시작되었다. 또한 한국은 군용차량, 화기를 공급했다.

여러 국가로부터의 구매는 체계적이지도 않고 혼란스럽다. T-72 전차와 BMP-1 보병전투장갑차 구매를 포함해 동유럽 국가에서 구소련 무기를 구매한 것이 이런 사례다. 세르비아에서 박격포 및 보병용 무기를 대량으로 구매했다. 2005~2017년 기간 중 이라크에 적극적으로 공급한 국가는 다음과 같다.

- 중국: 공격용 CH-4를 포함한 무인기를 2013년부터 공급함
- 우크라이나: BTR-4 88대, An-32B 수송기 6대, 구형 장갑차 다수
- 체코: L-159A/T 경공격기 15대, 보유하던 T-72M과 BMP-1
- 프랑스: 에어버스 헬리콥터스사의 EC635T2 경공격헬기 24대

또한 폴란드, 파키스탄, 터키, 남아프리카공화국에서 경장갑차 다수를 공급받았다.

이라크 내부 및 외부의 정치-군사적 불안정성이 오랫동안 계속될 수 있어 이라크는 앞으로도 계속 방산물자, 고가의 첨단무기를 대량으로 구매할 것으로 예상된다. 이라크는 석유 판매 수입 덕분에 방산물자 구입을 위한 재원 확

보가 가능하다.

2030년까지 이라크의 획득정책은 다원적이며 복잡하고 정치화할 것이며, 혼란한 성격을 유지할 것이다. 이로 인해 구매 무기의 종류가 정상 수준 이상으로 다양해지고 공급국 또한 다수가 될 것이다.

이라크에 대한 정치적 영향력과 고가의 무기로 인해 미국은 2030년까지 이라크에 대한 방산물자 공급국으로서 가장 중요한 의미를 가질 것이다. 러시아와 중국도 예전처럼 이라크 시장에서 비중을 유지할 것이다. 이란, 동유럽 국가 및 한국과의 활발한 방산협력 관계도 계속될 것이다.

10. 말레이시아

말레이시아는 오랜 기간 동안 상대적으로 빠른 경제성장, 석유로부터 얻는 수입으로 인해 동남아 기준으로 방산수입 대국이 되었다. 말레이시아는 싱가포르 다음으로 가장 빠르게 경제가 발전하는 국가다. 안보 위협은 국내 불안정을 유발하는 요소인 종교적 극단주의, 민족 간 갈등이다. 그리고 인도네시아 및 싱가포르와도 일정한 긴장 관계가 유지되고 있다. 군 현대화는 빠르게 진행되어 말레이시아는 지난 20년간 동남아 지역에서 첨단무기 체계를 수입하는 주요 국가가 되었다.

말레이시아 획득정책의 특징은 무기 도입선을 최대한 다원화하는 것이다. 2005~2017년 기간 중 말레이시아가 방산물자를 구매한 국가는 30개국에 달한다. 동 기간 방산물자 도입액은 260억 달러로 평가되지만, 일정하지 않은 성장세를 보인다. 위에 언급한 획득정책의 특징 때문에 말레이시아에 대한 주요 방산물자 공급 국가를 정의하기는 어렵다. 실제 공급액 기준으로 보면 프랑스(50억 달러 미만), 미국(30억 달러 미만), 독일(30억 달러 미만), 스페인(20억 달러 미만), 러시아(15억 달러 미만), 터키(15억 달러 미만), 영국(15억 달러 미만)의 비중이 크다.

기타 공급국으로는 중국, 한국, 브라질, 남아프리카공화국, 폴란드, 이탈리아, 아랍에미리트, 스위스, 스웨덴, 노르웨이와 심지어 인도네시아와 태국도 있다. 최근 중국 및 한국과의 방산협력이 활발해지고 있다.

해당 기간에 프랑스는 다음과 같은 무기를 공급했다.

- 스코르펜급 재래식 잠수함 2척(스페인과 공동 건조, 12억 유로)
- 에어버스 헬리콥터스사의 슈퍼 푸마 헬기 12대(추가로 12대 구매가 계획됨)
- 다양한 유도무기 및 레이더

2014년 프랑스 DCNS 조선사는 말레이시아와 고윈(Gowind) 2500급 초계함 6척과 무장을 25억 유로 미만에 공급하는 계약을 체결했다(초도함 인도는 2019년으로 예상됨).

미국은 말레이시아 방산물자 공급에서 계속 중요한 역할을 한다. 2005~2017년 기간 동안 미국으로부터 다양한 유도미사일, 전자장비, 레이더가 도입되었고 M4 자동소총이 면허생산되기 시작했다.

독일의 비중이 높은 것은 MEKO A100급 경비함 6척을 20억 달러에 건조하는 2011년 계약 이행 때문이다(독일과 말레이시아에서 2척씩 건조됨).

스코르펜급 재래식 잠수함 2번함 외에도 스페인 조립 라인에서 제작된 A400M 수송기 5대가 2018년까지 도입되었다.

Su-30MKM 전투기 18대를 약 9억 달러에 공급하는 계약이 2007~2010년 이행되면서 러시아-말레이시아 방산협력의 핵심사업이 되었다.

최근 말레이시아 방산시장에서 터키의 활동이 두드러진다. 터키로부터 경장갑차, 경비정, 전자장비가 도입되었다. FNSS Pars(AV-81) 수송장갑차 254대를 공동 생산하는 약 25억 달러 규모의 계약이 2011년부터 이행된다.

한국과의 방산협력 관계가 확대되면서 경호위함 6척을 건조하는 계약이 2014년 체결되었다(3척은 말레이시아에서 건조되는 것이 확실함). 2016년 중국과 소형경비함 4척을 건조(2척은 말레이시아에서 건조함)하는 계약도 체결했다.

　말레이시아는 급속한 경제성장과 석유자원으로 인해 2030년까지 방산수입 대국의 자리를 유지할 것이다. 말레이시아 육·해·공군을 위해 고가 플랫폼의 신규 도입을 포함한 방산물자 수입이 증가할 가능성도 예상할 수 있다.

　말레이시아는 무기 도입선을 최대한 다변화하는 정책을 유지할 것이다. 중국과 한국 비중의 현저한 확대가 예상되는데, 이미 함정 건조에서 확인되었다. 프랑스, 미국, 터키, 독일, 영국은 나름대로 비중을 유지할 것이다. 러시아의 비중은 정치적 여건이 좋지 않아서 상대적으로 크지 않을 것으로 보인다.

11. 인도네시아

인구가 많은 이슬람 국가인 인도네시아는 높은 경제성장을 이루어냈다. 인도네시아의 기본적인 안보위협은 국내에 있는데, 민족 분리주의자와 이슬람 극단주의자의 활동으로 요약할 수 있다. 인도네시아 정부는 '아시아의 호랑이'라고 불리는 싱가포르와 한국 또는 적어도 말레이시아 같은 주변국이 현대적인 산업국가로 변모한 성공을 답습하려고 노력한다. 경제·사회적으로 일정한 진전이 있었지만, 이러한 성공은 아직 요원하다.

　인도네시아의 군사력 건설은 방산물자 수입에 의존하고, 인도네시아 방위산업은 일부만 맡는다. 국방비가 상당히 증액되었음에도 인도네시아군은 획득비를 포함해 전반적인 재원 부족에 시달린다. 결과적으로 중고 무기 체계의 대량구매가 인니 방산수입의 특징이 되었다. 또한 물물교환 및 장기 지불 방식을 사용하기도 한다. 한편, 해군과 공군의 발전에 가장 많은 관심을 쏟는다.

　예전에는 미국, 영국, 네덜란드(구 식민지 본국)가 주요 무기 공급국이었다. 그러나 인도네시아는 동티모르 문제로 1999년부터 2006년까지 미국과 유럽 국가로부터 제재를 받았다. 제재로 인해 무기 도입선을 일부 러시아, 동유럽 국가 및 중국과 한국으로 선회하게 되었다. 제재가 해제되자 서방국가들이 인도네시아 시장에 빠르게 복귀했다. 그래서 최근 인도네시아와 미국 및 서방국가들과의 방산협력 강화가 목격된다. 동시에 최근 몇 년 동안 인도네시아와 한국 및 중국과의 관계가 강화되고 있다. 이들 국가는 첨단이면서 상대적으로 저가 무기 체계와 관련한 기술의 주요 공급원이 되는 동시에 방위산업 운영과 발전을 모방할 수 있는 좋은 본보기가 된다. 인도네시아도 다른 동남아 국가들처럼 무기 도입선의 다변화가 특징이라고 할 수 있다.

지난 10년간 인도네시아에서는 국방비 증가, 방산정책의 활성화, 해외 무기 도입 증가가 이루어졌다고 할 수 있다. 2010년부터 2016년까지 인도네시아 국방비는 80% 이상 증가해서 85억 달러에 달했다. 자연스럽게 방산물자 도입 예산도 늘릴 수 있었다. 2005~2017년 인도네시아 방산물자 수입액은 약 180억 달러로 평가된다. 이 금액 중 120억 달러는 2010년 이후에 도입한 액수다. 최근 인도네시아 방산물자 수입액은 실제 공급액 기준으로 연간 15~20억 달러에 달한다.

위에서 언급한 인도네시아 획득정책의 특수성 때문에 2005~2017년 인도네시아에 대한 무기공급국은 실로 다양하다. 실제 공급액 기준으로 주요 공급국에는 미국(약 30억 달러), 프랑스(약 25억 달러), 러시아(약 15억 달러), 한국(약 15억 달러)과 영국, 독일, 네덜란드, 스페인, 브라질, 터키(국가별로 각각 10억 달러)가 있다. 인도네시아는 이외에도 15개국으로부터 방산물자를 도입한다.

해당 기간 동안 미국으로부터 도입한 물자는 다음과 같다.

- 보유하던 록히드마틴 F-16C/D 블록 25 전투기 36대를 성능 개량하여 이전(7억 5천만 달러)
- 벨 412EP 헬기 28대(인도네시아에서 부분 조립)
- 유도탄

2014년 보잉 AH-64E 아파치 공격헬기 8대를 5억 달러에 공급하는 계약이 체결되었다(2018년 공급).

프랑스는 155mm CAESAR 자주포 37문을 공급했다(18문 추가 주문). 경장갑차, 경헬기, 대공무기 체계, 레이더 유도탄, 전자장비도 이전되었다. 에어버스와의 계약에 따라 슈퍼 푸마(Super Puma)와 쿠거(Cougar) 헬기, C295와 NC-212가 조립되었다. 에어버스 헬리콥터스사의 팬터(Panther) 헬기 11대도 주문했다(2018년부터 공급).

인도네시아는 러시아로부터 Su-27SKM 전투기 3대, Su-30MK2 9대, Mi-35P 공격헬기 3대, Mi-17B-5 헬기 12대, BMP-3F 전투보병장갑차 54대, 상당수의 유도무기를 공급받았다. 2017년에는 Su-35 전투기 11대를 공급하는 계약이 체결되었다.

인도네시아에 대한 주요 수출국이 된 한국은 마카사르(Makassar) 헬기 강습상륙함 3척(추가로 2척이 건조되었으며 1척은 건조 예정임), KAI T-50I 훈련-전투기 16대, KAI KT-1B 터보프롭 훈련기 20대, 경장갑차, 화포, 보병무기 다수를 공급했다. 독일 209급 개량형 디젤 잠수함 3척을 11억 달러에 인도네시아 해군에 납품하는 계약이 체결되었다(2척은 한국, 1척은 인도네시아에서 조립됨. 한국에서 건조된 2척은 2017~2018년 인도네시아 해군에 인도됨). 한국의 차기전투기를 개발하는 KFX사업에 인도네시아가 참여하는 협정이 서명되었다.

인도네시아와 네덜란드의 방산협력은 다멘그룹이 인니 해군을 위해 SIGMA 9813급 초계함 4척을 건조한 후 다멘의 참여하에 인도네시아에서 SIGMA 10514급 호위함 2척을 건조하는 사업으로 집약된다(2017년 인도).

인도네시아는 영국으로부터 붕또모(Bung Tomo)급 초계함 3척(처음에는 브루나이를 위해 건조된 함정임), 독일로부터 보유 중이던 레오파르트 2A4 전차(개량형 레오파르트 2RI 포함) 103대를 포함한 장갑차 다수와 마르더(Marder) 전투보병장갑차 50대를 도입했다.

앞으로 인도네시아는 해군과 공군이 기존에 보유한 무기 체계의 개량에 집중하고, 신품 및 저가 중고 무기 구매를 병행할 것이다. 예전과 같은 재원 부족 문제로 인해 인도네시아는 계약 시 가격, 금융지원, 절충교역 및 물물교환을 중요하게 고려할 것이다.

2030년까지 중국과 한국이 인도네시아에 대한 공급국으로서 비중이 급격히 늘어날 것으로 예상된다. 러시아와의 방산협력도 확대될 것으로 보인다. 인도네시아는 러시아에 전망이 밝은 시장이 될 것이다. 앞으로 10년간 인도네시아에 대한 주요 공급국으로 터키도 언급할 수 있다. 미국, 프랑스, 네덜란드(함정 건조 분야)와의 방산협력이 지속적으로 활발해질 것이다. 동남아시아의 다른 국가들과 유사하게 인도네시아는 무기 도입선의 다변화를 적극적으로 추진할 것이다.

3

무기체계별
시장분석

1. 전투기

전투기는 예전부터 가장 규모가 큰 시장이었다. 무기시장을 분석하는 가장 권위 있는 한 연구기관에 따르면 항공기는 전체 무기시장의 43~50%를 차지한다고 한다.

현대 전투기 발전이라는 측면에서 5세대 다목적 전투기의 개발과 전력화는 장기간 기본적인 줄기라고 볼 수 있다. 앞으로 이 5세대 전투기는 세계 주요국 공군의 주력 전투기가 될 것이다.

5세대 전투기는 다음과 같은 기준을 충족해야 한다.

- 레이더 및 적외선으로부터 낮은 피탐률(스텔스 기술이 사용되며, 미사일은 내부 탑재됨)
- 초음속 순항
- 고기동성(출력편향제어[1] 기술 적용)
- 전자장비 통합[능동전자주사식 위상배열(AESA) 레이더 포함]
- 고효율 기체 방어 체계, 통합된 내부 체계를 활용한 독립적인 전자전 수행 능력
- 전투 및 복잡한 전파방해 상황하에 능동적인 데이터 교환이 가능한 네트워크 중심 지휘통제 체계에서 플랫폼을 통합할 수 있는 첨단통신 체계
- 다양한 무기 탑재
  - 능동추적방식의 중·장거리 공대공(空對空)미사일
  - 복잡한 전파방해와 능동(능동 적외선 대응 체계) 및 수동(플레어) 대응 수단을 사용하는 상황에서 목표를 탐지하고 추적하는 적외선 탐색기를

---

1 항공기의 출력 방향을 변화시키면서 제어하는 것. 보조 날개(aileron)나 러더(rudder) 등 날개의 움직임에만 의지하지 않고 추진력에 의해 기체의 자세를 제어하는 일을 말한다(국방과학기술 용어 사전).

장착한, 적외선 추적 방식의 중·단거리 공대공미사일

- 위성항법, 레이더 추적, 레이더 유도 방식의 유도폭탄 및 미사일을 포함한 공대지(空對地) 유도무기

5세대 전투기

F-22. 5세대 전투기 개발의 선두 주자는 미국이다. 최근까지도 전 세계에서 5세대 전투기는 록히드마틴의 F-22A 단 한 기종뿐이었다. 2003년부터 2012년까지 미 공군에 187대가 도입되었다. 2015년에는 좀 더 경량화된 5세대 전투기인 록히드마틴의 F-35(JSF)가 미군에 공급되기 시작했다.

세계 최초의 5세대 전투기인 F-22A 랩터(Raptor)는 록히드마틴사가 개발했으며, 초도양산은 2001년 시작됐다. F-22는 쌍발엔진의 중형 전투기로 분류된다. 피탐률을 감소시키는 기술이 적용되었고 노스롭그루만(Northrop Grumman)사의 AN/APG-77 AESA 레이더와 1만 7천 kg 이상의 추력을 내는 프랫 앤 휘트니(Pratt & Whitney)의 5세대 엔진 2기가 탑재된다. 이 엔진은 F-22가 (1만 1,540kg의 출력하에) 초음속 순항속력을 내는 데 최적화되어 있고, 피칭(Pitching)[2]을 조정할 수 있는 추력편향노즐이 탑재되어 있다. F-22는 여러 블록을 거치면서 지속적으로 완성도를 높이지만, 단좌형만 생산되었다. 현재까지 최신형은 블록 40이다.

미 공군의 F-22A 최초 소요는 381대였다. 하지만 (양산 전 개발기까지 포함해) 187대만 구매했고, 최종 호기는 2012년 인도되었다. 록히드마틴은 복좌형 전투폭격기 FB-22를 포함해 F-22A 후속 모델을 연구했지만, 더 이상 진행되지 못했다. 2018년 기준으로 미 공군은 F-22A 블록 20 36대(훈련용과 개발용으로 사용되었을 것임)와 F-22A 블록 30/35/40을 운용하고 있다.

F-22A는 해외 기술 이전에 대한 극도로 보수적인 입장 때문에 수출은 되

---

2   항공기의 가로축을 중심으로 기수의 상하운동(항공우주공학 용어 사전)

지 않고 있다. 미 의회는 이 전투기의 수출을 금지했다. 미 공군과 방산업계는 금지조치를 해제하려고 노력했지만, 의회를 움직이는 데 실패했다. 미국의 가장 가까운 동맹인 이스라엘, 일본, 호주가 도입에 관심을 보인 바 있지만, 결론적으로 F-35를 도입할 수밖에 없었다. 따라서 F-22A의 등장으로 세계 전투기 시장이 뜨겁게 달아올랐지만, 정작 F-22A 자체는 시장을 주도할 수 없었다.

F-35. 합동타격전투기(Joint Strike Fighter) 사업에 따라 록히드마틴이 개발한 5세대 단발 다목적 전투기인 F-35 라이트닝(Lightning)II는 현재 미국과 그 동맹국에서 전력화 초기 단계다. F-35는 세계 항공기 개발사에서 가장 성공적인 사업이라고 평가된다. 2001년 10월 보잉도 참가한 입찰에서 미 국방부는 록히드마틴의 실증기 X-35를 기반으로 한 프로젝트를 선택했다. BAE 시스템스의 참여하에 록히드마틴은 세 가지 형태의 F-35를 개발했는데, 미 공군용 지상형인 F-35A, 미 해군용으로 항공모함에서 사출식 이륙이 가능한 F-35C, 미 해병용 및 영국 공군과 해군용으로 수직이착륙이 가능한 F-35B가 있다. F-35A의 초도비행 시험은 2006년 12월, F-35B는 2008년 6월, F-35C는 2010년 6월에 이루어졌다. 시험용으로 총 13대(F-35A 4대, F-35B 5대, F-35C 4대)가 생산되었다.

이 사업은 상당 기간 동안 지연되었고 끊임없이 증가하는 개발비 탓에 지속적으로 비판을 받았다. F-35A 시제품은 2011년 미 공군에, F-35B는 2012년 미 해병대 항공단에 공급되기 시작했다. 현재 미군에 F-35A 1,763대(대수가 감소할 가능성도 있음), F-35B 353대, F-35C 340대가 도입될 계획이다. 2018년 여름이 끝날 때까지 약 300대(시험기 포함)가 제작되었다. 2015년 F-35B 초도기가 미 해병대 전투비행대대에 공급되기 시작했다. 2016년 8월부터는 F-35A가 미 공군 전투비행대대에 공급되고 있다. 2018년 초까지 미군에는 F-35A 161대, F-35B 60대, F-35C 30대가 배치되었다.

2017년 한 해 동안 F-35 66대가 생산되었으며, 2018년에는 91대가 생산될 계획이다. 2012년 무렵에는 해외 물량까지 포함해 연간 150대까지 생산량이 증가할 것으로 보인다. F-35A 가격은 8,000~8,500만 달러다. 가격이 계속 상승하므로 JSF 사업에 참여한 국가 대부분은 계획한 구매 대수를 축소해야 했다. 앞으로 운영유지비 또한 심각한 문제가 될 것이다.

F-35는 저피탐 기술이 적용되었고, 노스롭그루만의 AN/APG-81 AESA 레이더가 탑재된다. 최대 1만 8천 kg의 추력을 내는 프랫 앤 휘트니의 5세대 F-135 쌍발엔진이 사용된다. 이전에 제너럴일렉트릭(General Electric)과 롤스로이스가 F-136이라는 차기 엔진 모델을 개발하고 있었으나 사업이 중단되었다. F-35B는 수직이착륙을 위해 주 엔진으로부터 힘을 변환시키는, 롤스로이스가 개발한 리프트 시스템(Lift System)이 적용된다.

JSF는 미국에서는 전례가 없던 여러 국가가 참가한 사업이었다. 항공기 개발 단계에 F-35를 구매하기로 되어 있던 9개국이 참가했다. 사업 참가국은 3개 그룹으로 구분되는데 첫 번째는 연구개발에 20억 달러 이상, 두 번째는 10억 달러 미만을 투자한 국가였다. 세 번째 그룹 국가는 하위 단위 작업을 수행하고 사업에 대한 정보를 확보했다. 첫 번째 그룹 국가는 영국이 유일했다. 처음부터 영국은 공군용과 해군용 F-35B 138대를 도입하려 했다. 후에 구매 수량은 F-35B 48대까지 축소되었다. 유럽에서 정치·군사적 상황이 변화됨에 따라 구매 대수는 다시 원래대로(138대 또는 최소한 100대 미만) 돌아갈 수도 있다. 2018년 중반까지 F-35B 15대가 인도되었다.

JSF 사업에 참여했던 참가국은 다음과 같다.

- 이탈리아(두 번째 그룹): F-35 131대(F-35A 109대, 해군 함재용 F-35B 22대)를 구매하기로 되어 있었으나 현재는 90대(F-35A 60대, F-35B 30대, F-35B 는 해군과 공군에 각 1대씩)까지 축소되었다. 이탈리아와 네덜란드용 F-35 는 이탈리아에서 제작되기 시작했다. 카메리(Cameri)시의 공군기지 안에 'Final Assembly and Check Out/Maintenance, Repair, Overhaul & Upgrade(FACO/MRO&U)'라는 특수 생산시설이 세워졌다. 2015년 여기

에서 처음으로 F-35A가 생산되었다. 2018년 중반까지 이탈리아에는 F-35A 9대, 해군용 F-35B 1대가 도입되었다.

- 네덜란드(두 번째 그룹): 계획된 도입 수량은 85대였으나 후에 68대까지 줄어들었다. 실제 예산안에는 37대만 구매하는 것으로 되어 있다. 네덜란드용 F-35A 초도기 2대는 2012~2013년 미국에서 제작되었다.

- 호주(세 번째 그룹): F-35A 94대를 도입할 계획이다. 이 중 1차 도입분 66대가 계약되어 2018년까지 6대가 인도되었다.

- 덴마크(세 번째 그룹): 기존 계획에는 F-35A 48대를 도입하기로 했으나 예산안에는 27대만 구매하는 것으로 되어 있다.

- 캐나다(세 번째 그룹): 이전에 F-35A 80대를 구매할 계획이었으나 현재 계획상 65대만 반영되어 있다. 그러나 캐나다 정부는 지금까지도 F-35A 도입을 결정하지 못하고 있다.

- 노르웨이(세 번째 그룹): F-35A 55대를 도입하기로 했고, 이 중 10대가 인도되었다.

- 터키(세 번째 그룹): 100대를 구매하기로 계획되어 있고, 이 중 50대가 계약되었다. 터키 해군은 F-35B 도입에도 관심을 보이고 있다. F-35A 초도기 2대가 2018년 인도되었다. 그러나 터키가 러시아의 S-400 구매와 관련하여 이를 막으려는 미국 측의 압박으로 인해 추가적인 F-35A 도입은 미지수다.

- 이스라엘[특별 등급 Security Cooperative Participants(SCP)]: 미국 측의 도움을 받아 F-35I로 개조한 기종을 최소 75대 구매할 계획이다. 2010년에 27억 5천만 달러 규모의 F-35I 1차분 25대를 공급하는 계약이 체결되었다. 이 계약은 F-35 양산기에 대한 최초의 수출로 기록되었다. 이스라엘은 2018년 중반까지 50대를 구매하기로 계약했고, 이 중 12대가 2018년 중반까지 인도되었다.

- 싱가포르[특별 등급 Security Cooperative Participants(SCP)]: 계획된 구매와 관

련된 자료는 없으나, FA-50A 80대 미만 또는 100대까지도 구매가 가능하다고 평가된다.

앞으로 F-16과 F/A-18은 F-35로 교체될 것이다. 폴란드, 카타르, 대만(특히, 수직이착륙형인 F-35B) 또한 관심을 보인다. 인도에는 F-35를 조건부로 제안한 바 있다.

F-35 공동개발에 참여하지 않은 국가 중에 가장 먼저 F-35를 구매한 국가는 일본이다. 2012년 10억 달러 상당의 F-35A 42대를 구매하기로 결정했다. 그러나 2017년이 되어서야 다섯 번째 항공기부터 일본의 미쓰비시중공업이 최종 조립을 하기 시작했다. 2018년 중반까지 일본에 F-35A 10대가 인도되었다. 한국은 2013년 F-35A 60대를 구매하기로 결정했고, 2018년 여름까지 F-35A 3대가 제작되었다.

F-35는 서방의 실질적인 차기 전투기로서 앞으로 대체할 만한 전투기가 없을 것이다. 프랑스와 스웨덴 그리고 이들 국가의 전투기를 운용하는 국가들을 제외하고 거의 모든 서방과 서방 성향의 국가들은 이 전투기를 도입할 수밖에 없을 것이다. 따라서 F-35 구매 가능성이 있는 국가는 독일, 벨기에, 그리스, 스페인, 폴란드, 핀란드, 아랍에미리트다. 위에 언급된 것처럼 F-35 수출이 본격화될 2020년 이후 라팔(Rafael), 유로파이터, JAS-39 그리펜 전투기가 세계 전투기 시장에서 차지하는 비중은 상당히 축소될 것이다. 또한 F-35B는 세계에서 유일하게 수직이착륙이 가능한 기종이 될 것이다. 마찬가지로 향후 10년간 F-35 판매는 정치적인 이유로 통제될 것이다. 오직 미국의 동맹국과 위성국가만이 구매할 수 있을 것이다. 미국 수요를 제외하고 F-35 시장 규모는 2030년까지 3천 대로 예측된다.

미국을 제외하고 5세대 전투기 개발을 추진하는 국가는 러시아와 중국이다. 러시아는 2010년부터 PAK FA 사업으로 T-50(Su-57) 항공기를 개발 중이다.

J-20. 2002년부터 중국의 양대 전투기 제작사에서 5세대 전투기를 각각 개발하고 있었다. 이 회사는 청두(成都)에 위치한 Chendu Aircraft Company(CAC, Chendu Aircraft Industry Group의 계열사)와 선양(瀋陽)에 있는 Shenyang Aircraft Corporation(SAC)이다. 청두의 CAC가 개발한 중국 5세대 전투기 J-20의 첫 번째 프로토타입은 2011년 1월 초도비행을 실시했다. 2015년 말까지 실증기 9대와 선행양산 3대가 제작되었다. 2017년 인민해방군 공군에 J-20 양산기가 공급되기 시작했지만(2018년 말까지 20대가 제작될 것이라고 예측됨), 5세대 항공기와 동급이라는 점에는 의구심이 있다.

J-20은 선미익(역자주: 카나드)이 있는 크고 무거운 항공기이며, 형상은 F-22A와 MiG 1.44(역자주: MiG-35)의 중간 정도쯤 된다. 중국은 동시에 J-20용 엔진 2종에 대한 개발을 진행 중이다(WA-10G는 1세대 엔진, 강력한 성능의 신형 WS-15는 2세대 엔진임). 그러나 2015년 초까지 모든 실증기는 러시아제 AL-31F1 엔진을 장착했다. 선행양산 및 양산형 J-20은 WS-10G 엔진을 장착할 것으로 보인다. Xian WS-15 엔진 개발은 지속되고 있다. 왜냐하면 이 엔진을 장착해야 초음속 순항속력을 낼 수 있기 때문이다.

J-31. J-20보다 가볍기는 하지만, J-20과 비견될 만한 전투기는 J-31이라는 이름으로 선양의 SAG가 개발했다. J-31 실증기의 첫 비행은 2012년 10월이었다. J-31(개발명인 'F-60'으로 불리기도 함)은 크기는 J-20보다 작고, 외관은 F-35A와 유사하다. J-31 실증기 2대는 모두 러시아산 RD-31 엔진 2기를 장착한다(양산형에는 러시아산과 유사한 WS-13 엔진이 사용될 것으로 보임).

J-31이 시험비행을 하게 되면서 중국은 미국 다음으로 5세대 전투기 2종을 동시에 개발하는 두 번째 국가가 되었다. 그러나 지금까지도 J-31 사업의 현황은 확실하게 알려져 있지 않다. 몇몇 소식통에 따르면 J-31은 개발 초기 단계이며, 수출도 염두에 두고 있다고 한다(파키스탄이 관심을 보이고 있다고 함). 개발 속도로 보면 중국은 이 사업에 우선순위를 두고 있지 않은 것 같다.

F-3. 사업의 진행에 대해 명확히 알 수는 없지만, 일본은 일본 방위성 기술연구 및 설계기관인 Technical Research & Development Institute(이하 TRDI), 미쓰비시중공업과 함께 5세대 전투기 개발을 진행하고 있다. 2014년 일본 5세대 차기 전투기 ATD-X(Advanced Technology Demonstrator-X) 실증기의 초도기 제작이 완료되었다. 이 항공기는 'X-2'로 명명되어 2016년 4월 비행을 실시했다.

일본이 개발한 ATD-X는 최초에는 'ShinShin'으로 명명되어 1990년대에 개발이 시작되었다. 이 항공기는 5세대 차기 전투기의 개념 모델과 미래 전투기 개발을 위한 실증기였다. 이 실증기의 시험 결과를 바탕으로 일본의 재정 및 정치적 여건을 고려하여 ATD-X를 기반으로 'F-3'라는 이름의 일본의 5세대 전투기 개발사업에 나설 것이 분명하다. 2018년 미국의 항공우주회사 중 한 곳(록히드마틴 또는 노스롭그루만)과 ATD-X를 기반으로 5세대 전투기를 개발할 계획이라는 보도가 있었다.

X-2는 중간 크기 정도로 이륙중량 13t, 전장 14m 이상, 날개폭 약 9m다. 일본 IHI가 X-2용으로 개발한 XF5-1 엔진 2대가 탑재된다. 최대출력은 각 5t이며, 출력편향노즐이 탑재된다. IHI는 차기 전투기를 위해 16t 미만 출력의 강력한 XF9-1 엔진을 개발하고 있다.

FCAS/NGWS. 프랑스와 스웨덴은 '4+'세대 전투기를 독자적으로 개발할 수 있었다. 그러나 이들 국가가 독자적으로 5세대 전투기를 개발할 수 있을지는 의문이다. 토네이도와 유로파이터 전투기 개발에 협력했던 서유럽 국가들은 이 사실을 잘 알고 있다.

2018년 6월 프랑스와 독일은 미래전투항공체계[Future Combat Air System (FCAS: 미래전투항공)] 사업의 일환인 'Next Generation Weapon System(NGWS)'라 불리는 차세대 전투기 공동개발에 합의했다. 이 사업은 프랑스가 주도하며, 실제로는 에어버스그룹과 프랑스의 다소항공(Dassault Aviation)이 개발할 것으로 보인다. 2018년 말부터 2025년까지 개념연구를 할 것이 확실하다. 이 차기 항공기의 전력화는 2040년으로 예상된다. 양국의 발표에 따르면 FCAS는 무인기를 포함한 기존과 미래의 유·무인 체계와 연동되고, AI를 사용하는 21세기형 다목적 항공 체계가 될 것이다. 독일 국방부는 FCAS 사업이 가장 규모가 크고 기술적으로 복잡한 유럽의 획득사업이 될 것이라고 언급했다. 다른 유럽 국가들이 이 사업에 참여할 가능성도 있다.

템페스트(Tempest). 2018년 6월 영국은 전투기 분야의 장기 전략개념(Combat Air Strategy)을 발표했다. 이를 기초로 2035년까지 '템페스트'라는 영국 차세대 전투기가 개발될 계획이다. 발표 당시에 실물 크기의 개념모형이 전시되었다. Future Combat Air System Technology Initiative 사업의 일환으로 특별히 구성된 템페스트팀이 이 사업에서 중요한 역할을 하는 BAE 시스템즈와 레오나르도, MBDA, 롤스로이스와 함께 2015년부터 선행연구를 진행 중이다.

차세대 영국 전투기 개발과 관련된 중요한 의사결정은 2020년 말까지 진행될 템페스트팀의 선행연구 결과에 달려 있음이 분명하다. 전시된 개념모형을 보면 이 항공기는 미국 록히드마틴의 F-22A와 부분적으로 외형이 유사하고 크기가 비슷한 대형 쌍발 전투기다. 템페스트 시제기-기술실증기의 첫 비행은 2025년으로 예정되어 있고, 2035년에는 초도작전능력(IOC: Initial Operational Capability) 상태에 도달할 것이다.

인도, 한국, 대만 및 이란조차 국산 전투기를 개발하려고 한다. 하지만 가까운 미래에 이들 국가는 최대한 4++세대 전투기 정도까지만 개발이 가능할 것이다.

미국을 포함한 항공 강국들은 4세대 전술기 생산과 성능개량을 지속할 것이다. 4세대 전술기는 향후 20년 이상 전 세계 대다수 전투기로 남아 있을 것이다.

4세대 전투기

1970년대와 1980년대 미국은 4세대 전투기로 공군용 맥도널 더글러스 (McDonnell Douglas; 현 보잉)의 F-15와 제너럴다이내믹스(현 록히드마틴)의 F-16, 해군용 그루만의 F-14와 맥도널 더글러스의 F/A-18 전투기를 개발했다. 2007년 해군용 F-14 전투기는 퇴역했지만(이란에 일부만 운용 중임), F-15, F-16, F/A-18 개량형은 계속 생산되고 있다. 하지만 미 국방부는 해군용 F/A-18만 구매하고 있고, F-15와 F-16은 수출용으로만 생산한다.

F-15. 쌍발 대형 전투기인 보잉의 F-15 이글(Eagle)은 맥도널 더글러스(1997년부터 보잉사로 합병됨)에 의해 개발되어 1975년부터 양산되기 시작했다. 순수 제공기인 F-15 A/B/C/D(A/C는 단좌형, B/D는 복좌형 연습기) 미 공군에 894대, 사우디아라비아에 74대, 이스라엘에 52대, 일본에 22대(현지 조립 8대 포함)가 공급된 후 1992년 생산이 중단되었다. 일본에서는 F-15가 면허생산되기도 했다. F-15 제공기 형상에는 10~13t 이상 출력을 내는 프랫 앤 휘트니 F100 제트엔진이 장착되었다.

F-15의 최신 개량형은 복좌형 다목적 전투-폭격기 F-15E['스트라이크 이글(Strike Eagle)'로도 알려져 있음]다. 이 기체는 1986년부터 2004년까지 236대가 미 공군에 인도되었다. 수출형(F-15I/K/S/SG)은 구매국의 요구에 따라 제작되거나 사우디아라비아의 경우처럼 정치적인 이유로 성능이 낮추어지기도 했다. 총 266대가 수출용으로 제작되거나 주문된 상태다. 수출형 전투기에는 13t 이상의 추력을 내는 제너럴일렉트릭 F110 엔진이 장착된다. 현재 다양한 F-15E가 수출형으로 생산 중이다. 보잉은 성능이 더 개량된 F-15로 세계시장에서 마케팅을 지속하고 있다.

최신형은 '스텔스'화된 F-15SE 사일런트 이글(Silent Eagle)로 시제기는 2010년 제작되었고, 2018년 F-15X가 공개되었다. F-15는 F-15E의 성능개량이 지속되고 제안된 형상이 다양해 선택의 폭이 넓으며 F-15 어드밴스드(Advanced),

F-15SE와 F-15X 계열 덕분에 앞으로도 수출 경쟁력을 유지할 것이다.

2017년 말 현재 미 공군(주 방위군 포함)은 F-15 C/D 제공기 237대(치장분 미 포함), F-15E 전투폭격기 216대를 보유하고 있으며 앞으로 오랜 기간 동안(최소한 2030년까지) 운용될 것이다. 보유한 F-15를 대상으로 성능개량 사업도 활발하게 이루어지고 있다. 2010년부터 진행되는 F-15C/D 179대와 F-15E 레이더를 AESA 레이더[AN/APG-63(V)3와 AN/APG-82(V)1]로 교체하는 사업이 가장 중요하다.

F-15는 고가의 대형 전투기여서 미국과 가깝고 부유한 동맹국으로 시장이 한정되어 있다. F-15를 구매한 국가로는 이스라엘, 사우디아라비아, 일본이 있다. 다목적 복좌형 기종은 이스라엘(F-15I 25대), 사우디아라비아(F-15S 72대), 한국(F-15K 61대), 싱가포르(F-15SG 40대)가 구매했다.

F-15SG 40대는 2008~2016년까지 싱가포르에 공급되었다. 한국은 2004년부터 2013년까지 복좌형 F-15K 61대를 인수했다.

미국과 사우디아라비아는 2011년 12월 FMS 방식으로 체결된 협정에 따라 사우디아라비아는 신품 보잉 F-15SA(어드밴스드) 다목적 전투기 84대를 획득했고, 이미 도입한 F-15S는 F-15SA로 성능이 개량될 것이다. 아마도 이 계약은 역사상 가장 규모가 큰 방산 계약일 것이다. 항공장비와 무장까지 포함하면 계약 규모는 294억 3,200만 달러가 될 것이다. F-15SA는 레이시온 AN/APG-63(V)3 AESA 레이더, BAE 시스템즈 DEWS 전방 방어 체계, 동체 하부에 장착되는 록히드마틴의 AN/AAQ-33 스나이퍼(Sniper) 표적지시기와 통합된 록히드마틴의 AN/AAS-42 전자광학 체계가 장착된다.

사우디아라비아에 대한 F-15SA의 공급은 작업상 문제 때문에 지연되었는데, 아마도 정치적인 이유도 있었던 것 같다. F-15SA 초도기 인도는 2016년 12월이 되어서야 이루어졌다. 신품과 개량형 F-15SA는 최소한 2021년까지 지속될 것이다.

2017년 6월 카타르는 FMS 방식으로 체결된 협정으로 사우디아라비아의

F-15SA와 같다고 알려진 F-15QA(어드밴스드) 제공기 36대를 구매하기로 했다. 무장, 장비 및 교육을 포함해 계약 규모는 120억 달러에 달한다. 카타르는 전체적으로 210억 달러 규모의 F-15QA 72대를 획득하려고 한다. 카타르에 대한 F-15QA 공급은 2020년부터 시작될 것으로 보인다.

2018년 이스라엘이 F-15SA 및 F-15QA와 가까운 형상의 F-15IA(어드밴스드) 25대를 주문하려 한다는 뉴스가 보도되었다.

스텔스화된 F-15SE 사일런트 이글은 2013년 대한민국의 F-X 3차 사업 입찰에 따라 40대 구매사업에 선정되었으나 F-35A를 구매하는 것으로 결정이 번복되었다. 현재 보잉은 F-15SE 판매에 대한 기대를 접어둔 상태다.

F-16. 단발 경전술기인 F-16 파이팅 팔콘(Fighting Falcon)은 제너럴다이내믹스(1993년 제너럴다이내믹스 항공사업부는 록히드마틴에 흡수됨)에 의해 개발되었다. F-16은 지금도 미 공군의 주력 전투기이자 미국 항공산업의 주력 수출품으로 남아 있다. 아마도 2020년대 중반까지도 수출될 것이다. F-16은 1976년부터 양산되기 시작했다. 현재까지 4,800대 미만(벨기에, 네덜란드, 터키, 한국에서 면허생산 포함)을 생산 또는 수주했다. 결과적으로 파이팅 팔콘은 4세대 전투기 중 세계에서 가장 많이 운용되는 기종이 되었다.

미 공군용 F-16 전투기는 1978년부터 1996년까지 공급되었다. 이 기간 동안 미 공군은 F-16 A/B/C/D(A와 C는 단좌형, B와 D는 복좌형 훈련-전투용) 2,230대와 미 의회 금수조치로 공급하지 못한 14대를 도입했다. 미 해군은 MiG-29를 모의하기 위해 F-16N/TF-16N 26대와 파키스탄 인도분을 인수했다. 처음부터 미 국방성은 전투기 2종 운용개념 하에 엔진을 표준화하기 위해 F-16은 F-15와 같은 프랫 앤 휘트니 F100이 장착되었다. 그러나 1986년부터 제너럴 일렉트릭 F110도 사용되기 시작했다.

F-16은 지속적으로 성능개량이 되어 블록으로 구분되는 다수의 파생형이 생산되었다. 현재 수출용으로 다양한 형태의 F-16C/D 블록 50과 52가 생산

된다(블록 30, 40, 50 계열은 프랫 앤 휘트니 F100, 블록 32, 42, 52는 제너럴일렉트릭 F110 엔진을 장착함). 아랍에미리트를 위해 가장 최근 완성도가 높았던 F-16E/F 블록 60(AESA 레이더 장착)이 개발되어 공급되었다. 인도 MMRCA 사업에는 F-6IN 블록 70을 제안했다.

2015년부터 가장 최신형인 F-16V 블록 70/72이 수출형으로 제안된다. 노스롭그루만의 AN/APG-83 SABR(역자주: Scalable Agile Beam Radar, 고속빔레이더) AESA 레이더가 장착된다. 현재까지 바레인을 위해 F-16V 16대가 제작되었고, 슬로바키아도 14대를 도입하려고 한다. 대만 공군의 F-16A/B 블록 25 142대를 F-16V로 개량하는 사업이 추진된다(2022년 종료 예정). 그리스 공군의 F-16C/D 85대와 바레인 공군의 19대도 F-16V 수준으로 개량될 계획이다. 이 밖에 F-16V는 인도 공군 전투기 사업에도 제안된다.

2017년 말 현재 미 공군에는 F-16C/D 948대가 운용 중이며, 수백 대가 치장(置藏)[3]되어 있다. 미 공군의 F-16 전투기에 대한 전반적인 성능개량 사업이 진행 중이다(300대는 AESA 레이더를 탑재함). 세부적으로 보면, 미국 및 서유럽 국가의 F-16 전투기는 모두 'MLU'라는 단일 사업에 따라 몇 단계에 걸쳐 개량된다(이렇게 개량된 항공기는 F-16AM/BM이라는 제식명이 부여됨).

F-16은 MiG-21 다음으로 세계에서 가장 많이 운용되는 기종이다. 현재 미 공군과 서유럽에서 도태된 구형 F-16이 시장에 다수 공급되고 있다. F-16을 구매한 국가는 28개국에 달한다.

최근 10년간 신품 F-16은 그리스, 모로코, 파키스탄, 이스라엘, 터키, 이라크, 폴란드, 아랍에미리트, 오만, 이집트가 구매했고 중고 F-16은 인도네시아, 파키스탄, 요르단이 도입했다. 다른 국가들도 기존에 보유한 F-16을 수출한

---

3 장비 및 물자의 사용통제와 치장방침에 의거하여 평시 운영량(운용수준) 초과분, 인가초과분 및 전시 긴요물자·장비 등에 대해 사용을 완전히 통제함으로써 전시 소요를 충당하기 위해 일정한 장소에 저장하는 것을 말함. [네이버 지식백과] 치장[置藏, Store](군사용어사전, 2012. 5. 10, 이태규)

바 있다. 네덜란드, 벨기에는 공군 전력이 축소되면서 보유한 F-16을 칠레와 요르단에 판매했다. 싱가포르는 도태시킨 구형 F-16A/B를 태국에 수출했다. 포르투갈은 2016년부터 F-16AM/BM 12대를 루마니아에 공급했다.

정치적인 이유로 아직 F-35를 도입하지 못한 국가들도 F-16 도입계약을 체결할 수 없는 것은 아니다. F-16은 향후 10년간 현실적인 대안이 될 것이다. 록히드마틴은 2030년까지 F-16 생산을 지속할 것으로 보고 있다.

무기시장에서 F-16 성능개량에 대한 활발한 움직임이 감지된다. 한국과 대만 공군의 대형 F-16 성능개량 사업(AESA 레이더 장착)과 함께 이집트, 파키스탄, 태국 또한 충분한 사례가 된다.

성능개량이 가능한 중고 F-16에 대한 수요가 증가하고 있다. 최근 수년 동안 미국은 치장했던 F-16을 인도네시아(24대 판매 완료), 불가리아, 크로아티아에 제안하고 있다.

F/A-18. 맥도널 더글러스사(1997년부터 보잉에 편입됨)가 개발한 쌍발 다목적 전투기인 F/A-18 호넷(Hornet) 전투기는 1980년부터 양산을 시작했고, 현재는 미 해군의 기본 함재기이면서 미 해병대의 주력기다. 2018년 중반까지 파생형을 포함해 약 2,330대가 미군용 및 수출용으로 제작되거나 계약되었다(시제기 및 타국 조립분 포함).

1980년부터 2000년까지 미 해군과 해병대용 F/A-18 호넷 전투기가 생산되었다. F/A-18A와 F/A-18B 446대, F/A-18C와 F/A-18D 627대가 공급되었다(A와 C는 단좌형 전투기, B와 D는 복좌형 훈련기). 또한 431대가 수출용으로 공급되었거나 제작 중이다. 8t의 추력을 내는 제너럴일렉트릭 F404 터보팬 엔진 2기가 장착된다. 2018년 초 기준으로 미군에는 약 550대의 F/A-18A/B/C/D가 전력화되어 있다.

후속기는 함재용인 F/A-18E/F 슈퍼 호넷(Super Hornet)으로, 거의 재설계 수준의 기종이며 4+세대에 속한다. F/A-18E/F는 최대 추력 10t의 신형 제너럴일렉트릭의 F414를 사용한다. F/A-18E/F(E: 단좌형, F: 복좌형)의 양산은 1997년 시작되었고, 2020년까지 미 해군에 601대가 공급되는 것으로 예정되어 있다. 미 해군은 추가로 계약할 가능성도 있다. 이 기종은 2007년부터 성능 개량이 활발하게 진행되어 블록 2에는 레이시온사의 AN/APG-79 AESA 레이더가 탑재된다. 현재 보잉사는 개량된 F/A-18E/F 블록 3과 부착형 연료탱크(역자주: Conformal Fuel Tank) 사용이 가능한 어드밴스드 슈퍼 호넷(Advanced Super Hornet)을 시장에 내놓고 있다.

F/A-18E/F를 기반으로 항공모함에 탑재하는 복좌형 전자전기 EA-18G 그라울러(Growler)가 개발되어 2007년부터 양산 중이다. EA-18G는 미 해군용으로 160대가 구매될 계획이다.

F/A-18은 성능상 전통적으로 F-16과 F-15의 중간 정도 크기의 다목적 기종으로 제안되어 왔다. F/A-18 초기 모델은 어느 정도 수출 실적이 있는데, 호주, 핀란드, 스위스에 공급된 바 있다(이들 국가는 면허생산함). 또한 캐나다, 스페인, 쿠웨이트, 말레이시아도 도입했다.

실질적으로 현대의 중(重)전투기(무게나 가격 면에서)로 취급되었던 F/A-18E/F이지만, 지금까지 주문한 국가는 호주에 불과하다. 호주 공군은 미국이 F-22A 공급을 거부하고 F-35 도입사업이 지연됨에 따라 임시방편으로 2007년 계약에 따라 2010~2011년 복좌형 F/A-18F 블록 2 24대를 도입했다. 2013년 초에 호주는 FMS 방식으로 F/A-18F 블록 2 12대와 EA-18G 그라울러 전자전기 12대를 추가로 계약했다.

2017년 쿠웨이트는 FMS 방식으로 총 101억 달러 규모의 F/A-18E 32대와 복좌형 F/A-18F 8대를 도입하는 계약을 체결했다.

보잉은 다양한 F/A-18E/F 파생형의 수출을 적극적으로 추진하고 있고, 많은 국가(말레이시아, 스위스, 핀란드)가 이에 관심을 보인다. 슈퍼 호넷 개량형인 F/A-18IN은 인도 전투기 입찰에 가장 유력한 기종의 하나로 평가되었다.

전반적으로 F/A-18E/F는 4+세대 전투기 중에서도 충분히 경쟁력 있는 기종이며, 아마도 2025년까지 시장에서 관심을 받게 될 것이다.

유로파이터 타이푼. 쌍발 전투기 유로파이터 타이푼(EF2000)은 전투기 이름과 동일한 유로파이터 컨소시엄이 개발했다. 이 컨소시엄은 영국(현재 지분 37%), 독일(30%), 이탈리아(19%), 스페인(14%)이 참여했다. 에어버스(구 EADS), BAE 시스템즈, 핀메카니카사가 이 사업을 직접 수행한다. 이 전투기를 위해 특별히 제작된 9t 추력의 EJ2000 터보제트 엔진 2기가 탑재되며 영국 롤스로이스, 독일 MTU, 이탈리아 아비오, 스페인 ITR이 참여한 유로 터보(Euro Turbo) 컨소시엄이 엔진을 개발 및 생산했다.

유로파이터 사업은 1983년부터 추진되었지만, 1990년대 초반부터 참가국 간 정치·경제적 이견과 사업 진행 부진으로 불안정한 시기가 있었다. 유로파이터 시제기의 초도 시험비행은 1994년부터 진행되었다. 계획 구매량은 지속적으로 축소되었고, 지금도 그렇다. 유로파이터 사업의 연구개발비 조달은 사업기간 내내 문제가 되었다. 2000년 이후 참가국들은 2020년까지 양산기 620대 구매량을 확정했다. 영국 232대(단좌형 195대, 복좌형 37대), 독일 180대(단좌형 147대, 복좌형 33대), 이탈리아 121대(단좌형 106대, 복좌형 15대), 스페인 87대(복좌형 72대, 복좌형 15대)다. 트랜치(Tranche) 1(역자주: 1차분) 148대(영국 53대, 독일 33대, 이탈리아 28대, 스페인 19대, 오스트리아 15대)는 2003년부터 생산이 시작되어 2007년 말까지 완료되었다. 항공기는 4개국 생산시설에서 제작되었다. 2008~2012년 트랜치 2(역자주: 2차분) 251대가 생산되었다(영국 67대, 독일 79대, 이탈리아 47대, 스페인 34대, 사우디아라비아 24대). 2012년에는 트랜치 3(역자주: 3차분) 236대 생산이 시작되었다(수출물량 제외).

도입 비용을 줄이기 위해 트랜치 3은 트랜치 3A와 3B로 나누었지만, 컨소시엄 참가국들은 지금도 트랜치 3B 분량을 주문하지 않고 있다. 트랜치 3B를 구매하지 않고 있어 결론적으로 현재까지 실질적인 유로파이터 획득 예정 수량은 이미 472대(영국 160대, 독일 143대, 이탈리아 96대, 스페인 73대)까지 줄어들었다. 2018년 중반까지 (수출물량 포함) 약 540대가 제작되었다.

타이푼에 CAPTOR E-Scan AESA 레이더 장착이 진행 중이다. 레이더는 2017년부터 준비되어 있었지만, 지금까지도 유로파이터 컨소시엄 참가국들의 주문은 없었다. 아마도 쿠웨이트가 주문한 항공기에 처음으로 장착될 것이다.

2018년 중반까지 유로파이터 컨소시엄 참가국을 제외하고 5개국이 주문해서 3개국에 인도되었다.

- 오스트리아: 2007~2009년 독일 생산라인에서 제작된 트랜치 1 15대
- 사우디아라비아: 2009~2012년 영국 생산라인에서 제작된 트랜치 2 24대, 2013~2017년 트랜치 3A 48대
- 오만: 2017~2018년 영국 생산라인에서 제작된 트랜치 3A 12대

2016년 이탈리아의 레오나르도사는 쿠웨이트에 79억 5,700만 유로 규모의 트랜치 3A 유로파이터 28대(복좌형 6대 포함)를 공급하는 계약을 체결했다(2020~2023년 이탈리아 생산라인 이용 예정). 2017년 말에 영국은 정부 간 계약을 통해 카타르에 60억 파운드 규모의 트랜치 3A 24대를 공급하기로 했다. BAE 시스템즈를 통해 공급하는데, 2022년 말경쯤 인도가 시작될 것이다.

유로파이터는 지금도 여러 국가에 제안되며, 인도 차세대 전투기 입찰에도 참여할 것이다.

유로파이터 타이푼은 비교적 신형임에도 컨소시엄 참가국들(독일, 이탈리아, 스페인)은 퇴역하는 트랜치 1 양산분에 대한 수출을 추진한다(아직 계약실적은 없음).

유로파이터 타이푼은 향후 10년간 중동의 단골 구매국을 중심으로 시장의 일정 부분을 차지할 것이다. 2020년 이후에는 동유럽 시장을 중심으로 중고 트랜치 1에 대한 일정한 수요가 예상된다.

라팔. 다소항공이 개발한 중간급 쌍발 전투기로 프랑스의 차세대 주력 전투기다. 1980년대 초반부터 개발이 시작되었지만, 기술 및 재정상의 이유로 개발이 지연되었다. 공식적인 양산은 1998년 시작되었다. 2000~2002년 프랑스 해군에 공급된 함재기용 라팔 M 10대가 첫 공급으로 기록된다. 이 전투기는 단순화된 F1 모델이었다. 공군용 라팔 전투기는 B와 C형(첫 3대는 F1 모델, 이후는 F2 모델)은 2005년에야 출시되었다.

재정적인 이유로 프랑스군이 도입할 예정 수량은 계속 줄어들었다. 최근 계획에 따르면 2024년까지 총 180대를 획득하기로 되어 있다. 이 중 132대는 공군용(복좌형은 라팔 B, 단좌형은 라팔 C), 단좌형 함재기 라팔 M 48대는 해군용이다. 그러나 라팔은 2009년부터 다목적형 F3, 2013년부터는 AESA 레이더를 탑재한 F4로 발전했다. 2018년 중반까지 프랑스군을 위해 152대가 제작되었고, 이 중 44대는 함재기다.

라팔에는 최대 7.6t의 추력을 내는 스네크마(Snecma) M88 계열의 터보제트[4] 엔진이 장착된다. 현재는 2013년부터 양산 중인 신형 AESA 레이더가 탑재된다.

다소는 오랫동안 해외시장에서 단 한 건의 라팔 전투기도 수주하지 못했다. 높은 가격(대당 1억 유로)이 발목을 잡았다. 2012년 초 인도가 126대의 다목적 전투기를 획득하는 MMRCA 사업 입찰에서 처음으로 성공을 거두었다. 하지만 126대 전체를 구매하는 계약은 체결하지 못했다. 그 대신 인도와 프랑스는 2016년 9월 프랑스에서 이미 운용 중인 36대(이 중 8대는 복좌형)를 구매하는 계약을 체결했다. 공급은 2019년부터로 되어 있다.

2015~2017년 이집트(24대: 2015년 공급 시작, 2018년 초반까지 14대 인도)와 카타르(총 36대: 이 중 6대는 복좌형, 2019년에 공급 시작)에 라팔 전투기를 공급하는 계약을 체결했다. 이집트는 추가로 라팔 24대를 획득하는 협상을 진행 중이다. 또한 새로운 입찰에도 참가하며 아랍에미리트 시장에 진입하려고 노력한다. 전

---

4   가스터빈을 이용해서 분출가스를 만들어 그 반동력에 의해 기체를 추진시키는 제트 기관

반적으로 라팔은 최소한 2030년까지 시장에서 잠재력을 유지할 것이다.

JAS-39 그리펜. 스웨덴의 다목적 단발 경전투기인 JAS-39 그리펜은 사브사가 개발하여 1992년부터 양산되고 있다. 복잡한 상황에서도 스웨덴 공군에 2008년까지 주문했던 204대 전량이 인도되었다(단좌형 JAS-39A 105대, 복좌형 JAS-39B 15대, 단좌형 JAS-39C 70대, 복좌형 JAS-39D 14대). 이 중 JAS-39A 14대와 JAS-39B 2대가 헝가리에, JAS-39C 12대와 JAS-39D 2대는 체코에 임대되었다. 2006년 스웨덴은 JAS-39 보유 대수를 90대까지 축소하기로 결정했다. 이에 따라 JAS-39C/D만 운용하게 되었다. 한편, 2015년 JAS-39A가 JAS-39C로 개량되었다. 그런데 '개량'은 기체를 새로 조립하는 방식으로 이루어졌으므로 신품과 거의 차이가 없었다. 나머지 JAS-39A/B는 도태되어 판매용으로 제안된다(50대가 보관 중).

JAS-39는 볼보 에어로(Volvo Aero) RM12 터보팬 엔진[5]이 장착된다. 이 엔진은 미국의 제너럴일렉트릭 F404 엔진을 면허생산한 것이다.

신형 JAS-39E/F 그리펜 NG 개발이 진행 중인데, 레이븐(Raven) ES-05 AESA 레이더와 10t의 추력을 내는 더욱 강력한 F414G 엔진 및 기타 강화된 장비를 장착할 것임이 분명하다.

JAS-39는 세계시장에 적극적으로 제안되고 있다. 이를 위해 사브사는 그리펜 인터내셔널(Gripen International) 컨소시엄을 설립했다. 2000년 이후 체코와 헝가리에 JAS-39 임대 등 동유럽 지역에서 뜻밖의 성과를 냈다. 스웨덴 공군의 JAS-39C/D에 가까운 'Export Baseline Standard'로 불리는 수출형 JAS-X 26대(단좌형 17대, 복좌형 9대)가 2006년부터 2011년까지 남아프리카공화국 공군에 공급되었다. 이 밖에도 2건의 계약에 따라 2009년부터 2013년까지 신품

---

5   터보제트 엔진의 터빈 뒷부분에 다시 터빈을 추가하여 추진력을 더 증가시킬 수 있도록 설계된 엔진

JAS-39C/D 12대를 태국에 납품했다.

그리펜 NG를 기반으로 다양한 개량모델이 스위스, 덴마크(그리펜 DK), 노르웨이(그리펜 N), 인도(MMRCA 사업에 그리펜 IN, 현재는 전투기 도입 신규 입찰)에 제안된다. 2012년 그리펜 NG 계열의 모델이 스위스 입찰에서 선정되었다. 스위스는 약 30억 달러 규모의 단좌형 JAS-39E 22대를 구매하기로 결정했지만, 후에 국민투표에서 경제적인 이유로 이 전투기 도입이 거부되었다. 그럼에도 현재 스위스는 신규 전투기 도입을 추진하려고 한다.

2013년 그리펜 NG는 브라질 전투기 사업에 선정되었다. 2014년 10월 JAS-39E 28대, JAS-39F 8대를 2019~2024년까지 공급하는 54억 4천만 달러 규모의 계약이 체결되었다[브라질 엠브라에르(Embraer)사의 현지 조립생산분 23대 포함]. 앞으로 브라질은 그리펜 NG 전투기를 108~120대까지 도입할 것으로 보인다.

JAS-39가 다수의 국가에 매력적인 이유는 스웨덴이라는 중립국가 이미지로 설명된다. 구매국은 전투기 획득에 따른 정치적 부담과 위험을 감수할 필요가 없다. 스웨덴은 구매국에 상당히 유리한 재정 및 경제적 조건을 제안하여 상업적으로도 경쟁력이 높다. 따라서 JAS-39는 2030년까지 판매될 것으로 보이며, 전면 개량모델인 그리펜 NG는 논쟁의 여지 없이 세계시장에서 어느 정도 가능성이 엿보인다. 그러나 스웨덴은 5세대 전투기를 개발하지 않고 있어 장기적으로 세계 전투기 시장에서 밀려날 수 있다.

J-10. 중국은 1990년대부터 수행하던 3대 핵심 군용기(4세대 다목적 전투기 J-10, 수출형 4세대 경전투기 FC-1, 공격기 JH-7) 개발을 2000년 이후 성공적으로 완료하고 양산까지 착수하는 데 성공했다. 이와 동시에 중국에서는 Su-27 계열의 러시아 전투기 복제품(J-11B, J-15, J-16)이 폭넓게 생산되었다. J-7(MiG-21의 복제품, 최근에는 수출용으로도 제작됨)과 J-8Ⅱ 계열의 중국 주력 전투기의 생산은 2017년까지 종료되었다.

이 밖에도 Guizhou Aircraft Industry Corporation(GAIC)은 훈련-전투기인 JJ-7(MiG-21U의 복제품) 설계를 바탕으로 초음속 훈련기인 JL-9(FTC-2000) 샨잉(Shanying)을 개발했다. 이 항공기는 2003년부터 시험평가가 시작되었고, 2010년부터 일부 수량이 중국 공군과 해군에서 전력화되었다.

단좌형 다목적 경전투기인 J-10 개발은 지난 20년 동안 중국의 주요 국책사업이었다. J-10은 러시아 전투기인 Su-27(J-11)과 Su-30 및 이 항공기의 복제품과 함께 가까운 미래에 중국 주력 전투기가 될 것이 분명하다. CAIG그룹이 청두에서 항공기를 개발 중이다. 항공기 개발은 아마도 1988~1991년 탄력을 받은 듯하다. 당시 이스라엘 Industrial Aircraft Industries(IAI)사와 계약을 통해 미국의 압력으로 개발이 중단된 라비(Lavi) 전투기의 개발문서를 이전받았다. 라비는 J-10의 형상에 영향을 준 것으로 보인다. 러시아 업체들이 1992년부터 J-10 개발에 활발하게 참여했다. 최근까지도 J-10 양산기에는 최고 추력 1만 2,750kg의 러시아산 AL-31FN 엔진이 장착되었다. 러시아 측은 유도식 항공무장에도 협력해왔다.

J-10A는 2003년부터 2018년 중반까지 청두에서 양산되었고, 시제기를 포함해 400대 이상 생산된 것으로 추측된다. 2006년부터 복좌형 훈련-전투기인 J-10AS 또한 생산되고 있다. 중국은 완전한 현지 생산을 위해 노력하면서 최고 추력 1만 3,200kg의 독자개발 엔진 WS-10A '타이항(Thaihang)'을 개발했다. J-10B부터 적용될 것이 확실하나 WS-10A 엔진의 결함과 낮은 신뢰성으로 예전처럼 러시아로부터 AL-31F 계열의 엔진을 받아야 할 것이다. 보도에 따르면, 좀 더 성능이 향상된 레이더와 항전장비가 탑재되는 J-10B는 2013년부터 양산 중이다. AESA 레이더가 탑재되었을 것으로 보이는 J-10C는 2015년부터 양산이 시작되었다.

중국은 J-10의 수출을 추진하고 있다. 알려진 대로 파키스탄에 36대를 공급하는 계약을 체결했지만(제식명 FC-20), 이 계약은 2016년 취소되었다. 이란, 아르헨티나, 베네수엘라 및 일부 아프리카 국가들이 관심을 보이는 것으로 알려져 있다.

FC-1. 다목적 경전투기 FC-1(Fighter China-1) 샤오롱(Xiaolong)은 J-7(MiG-21)
을 완전 개조 작업한 성과물이다. 이 사업은 슈퍼(Super)-7이라는 사업으로 미
국의 그루만(현재 노스롭그루만)사와 공동으로 진행했으나 톈안먼(天安門) 사태
이후 미-중 협력은 중단되었다. 1991년부터 J-7 전투기를 대폭적으로 개량하
는 방법으로 추진된 신형 경전투기 개발사업은 FC-1이라는 이름으로 청두의
CAC(역자주: Chengdu Aircraft Industry Corporation)에서 부활했다. 그런데 이 신형
전투기는 수출을 주목적으로 개발되었다. 잠재적인 주고객 중에는 1990년 미
국의 제재로 F-16 전투기를 도입하지 못한 파키스탄이 있었다. FC-1은 설계
초기부터 수입 구성품(우선적으로 러시아), 특히 엔진과 레이더를 적용하기로 되
어 있었다. 1998년부터 FC-1 개발은 중국과 파키스탄 공동으로 수행되었다.
파키스탄은 연구개발비의 약 절반을 부담했다.

　FC-1 시제기 비행시험은 2003년부터 진행되었고, 2006년에는 캄라에 위
치한 파키스탄 국영기업인 파키스탄 항공산업[Pakistan Aeronautical Complex(PAC)]
에서 파키스탄을 위한 양산기 제작이 시작됐다(파키스탄 제식명 JF-17 Thunder).
현재까지 시제기 6대, 선행양산기 JF-17 8대(전량이 청두의 CAC에서 조립됨)와
양산기 JF-17 블록 1 42대가 파키스탄에 인도되었다. 양산기는 2009년부터
2013년까지 캄라의 PAC에서 중국 구성품을 조립하여 제작되었다. 후에 파키
스탄 공군은 2015~2018년 제작된 개량형 JF-17 블록 2 62대를 도입하는 계
약을 체결했다. 2017년 캄라에서 조립된 JF-17은 연간 20대에 달했다. 파키스
탄 공군은 앞으로 총 250대까지 FC-1(JF-17)을 도입할 계획이며, 수출도 추진
한다. 파키스탄에서 조립하는 주요 항공기 시스템과 구성품은 중국에서 공급
된다. 정작 중국 공군은 FC-1을 구입하지 않을 것이다. 아마도 J-10 사업 실패
에 대비한 보험 성격으로 보인다.

　J-10의 경우와 마찬가지로 FC-1 사업은 러시아가 엔진을 공급하여 가능

할 수 있었다. 모든 FC-1 완제기에는 RD-33 엔진을 개조한, 러시아에서부터 수입한 RD-93 엔진을 장착한다. 파키스탄 공군의 JF-17 전투기에는 중국제 레이더가 탑재된다. 파키스탄 측은 탈레스 RC400 레이더 탑재를 제안했지만, 정치적인 이유로 실현되지 못했다. 수출형 모델에는 러시아산 'Kop'e-F' 레이더를 포함해 타 모델이 제안된다. 중국은 FC-1에 자국산 WS-13 엔진(러시아 RD-33 복제품으로 예상됨)을 장착하는 사업을 진행하고 있다. WS-13을 장착한 FC-1 시제기는 2010년 3월 첫 비행을 했다. 그런데 현재까지도 양산단계에 이르지 못하고 있다. 파키스탄에 인도된 복좌형 훈련-전투기인 JF-17 시제기도 제작되었다.

FC-1은 상대적으로 경제사정이 어려운 국가들이 접근할 수 있는, 4세대 전투기 수요를 충족할 수 있는 가장 저렴한 히트(?) 상품으로 여겨진다. 알려진 바에 따르면 중국은 이란, 이집트, 모로코, 레바논, 방글라데시, 스리랑카, 짐바브웨, 잠비아, 말레이시아, 나이지리아, 아르헨티나, 아제르바이잔을 잠재 구매국으로 생각한다. 결론적으로 J-10과 FC-1 사업의 성공으로 중국은 군용기 수출국으로 변모할 수 있는 전제조건을 갖추었다고 볼 수 있다.

2015년 초에 미얀마와 FC-1 6대를 1억 2,900만 유로에 수출하는 계약을 체결했다. 2016년에는 나이지리아가 3대를 획득했다. 수출기는 파키스탄 PAC 사에서 조립되며, 러시아제 RD-93 엔진이 장착된다. 엔진은 2018년 초에 공급되었을 것으로 보인다. 또한 미얀마는 FC-1 면허생산을 검토하고 있으나 FC-1 초도양산기의 운용 결과에 따라 최종적으로 결정할 것이다.

J-11B와 기타 러시아 항공기 복제기종들. J-11B는 중국 선양의 SAG에서 1998~ 2004년까지 면허생산된, 러시아 Su-27SK(중국 제식명 J-11A)의 복제품이다. J-11B는 대부분 J-10의 항전장비를 사용하며, 중국제 WS-10 엔진 2기를 장착한다. 2006년부터 J-11B 시제기 3대의 비행시험이 진행되었고, 2008년부터 선양에서 중국 공군용 J-11B가 생산되었다고 알려진다. 다수의 소식통

에 따르면 2018년 중반까지 J-11B가 300대 이상 제작되었다고 한다. 일부 대수에 WS-10A 엔진이 사용되더라도 대다수에는 러시아제 AL-31F 엔진이 장착되었을 것으로 보인다. 복좌형 J-11BS가 개발되어 생산되고 AESA 레이더가 탑재될 가능성이 있는 J-11D 시험이 진행되고 있다. 앞으로 중국은 J-11B 계열 항공기의 수출을 추진하려 한다.

J-11B를 기반으로 하고 WS-10A 엔진을 장착한 함재용 J-15(러시아 Su-33과 유사) 시제기가 2009년 SAG에서 생산되었다. 구 항공모함인 '바략함'(랴오닝함)과 현재 시험 중인 두 번째 항공모함을 모항으로 하는 J-15 40대가 2012년부터 현재까지 선양에서 제작된다. J-15를 위한 견본으로 2001년 우크라이나에서 획득한 Su-37의 시제기 중 하나였던 T-10K-3 함재기용 시험기가 이용되었다. 최근까지 복좌형 훈련-전투기인 J-15S와 개량형 J-15B가 개발 중이다.

J-11BS를 기반으로 SAG는 복좌형 다목적 전투기 Su-30MKK가 복제되었다. 중국 복제품의 제식명은 J-16이며, 타격을 주임무로 한다. 2012년부터 선양에서 WS-10A를 장착한 J-16 양산기 100대 미만이 제작되었다고 알려진다. 또한 J-11B의 동체를 기반으로 러시아 전폭기인 Su-34(코드명 J-17)와 유사한 기종 개발을 시도한다는 보도도 있었다.

T-50 골든 이글(Golden Eagle). 한국은 2005년부터 단좌형 초음속 고등 훈련-전투기인 T-50 골든 이글을 양산하고 있다. 이 항공기는 미국 록히드마틴사의 참여하에 한국항공우주산업에서 제작된다. 한국 공군에 T-50 60대가 공급되었다. T-50을 기반으로 복좌형 전술입문기(훈련-전투기) TA-50이 개발되었고, 한국 공군은 22대를 구매했다. 또한 세계적으로 널리 운용되는 경전투기 노스롭(Northrop) F-5 대체용으로 단좌형 초음속 경전투기 FA-50이 개발되었다. FA-50은 제너럴일렉트릭 F414 엔진과 이스라엘의 IAI 엘타(Elta) EL/M-2032 레이더가 장착된다. FA-50은 2011년 첫 비행을 했으며, 한국 공군에는 2013년부터 기존의 T-50을 개량한 FA-50 4대와 신품 FA-50 60대가 공급되었다.

최근 T-50 계열 항공기는 급속하게 성장하는 한국 방산수출의 주력 품목이 되었다. 2013년부터 인도네시아(TA-50I 16대), 필리핀(FA-50PH 12대, 추가로 12대 도입에 대한 협상이 진행 중임), 태국(T-50TH 4대, 추가로 8대 주문)에 공급되었다. 이라크와 연습-훈련기 T-50IQ(FA-50과 유사하며 AESA 레이더를 장착함) 24대를 계약했고, 2016년부터 공급이 시작되었다. T-50은 미 공군용 차세대 훈련기 도입사업 입찰에 참여한다.

KF-X. 한국은 2001년부터 KAI의 참여하에 4++세대급 전술기를 개발하는 KFX 사업을 추진해왔다. 2010년 인도네시아가 참여하면서 사업명은 KFX/IFX가 되었다. 2015년 한국 국방부는 2016년부터 전반적인 설계를 시작으로 하는 사업에 KAI와 록히드마틴의 컨소시엄을 선정했다. 최대 이륙 중량 21t, 제너럴일렉트릭 F414-GE-400K 또는 유로젯(Eurojet) EJ200이 탑재될 KFX/IFX 항공기는 부분적으로 '스텔스화'된 중간급 항공기가 될 것이다. 한국은 이스라엘과 협력하에 AESA 레이더를 개발하고 있다.

KFX/IFX의 초도비행은 2022년, 양산은 2026년으로 계획되어 있다. 한국 공군이 2040년까지 250대 미만, 인도네시아가 50대를 구매할 계획이다.

TF-X. 2010~2011년 한국은 KF-X 사업에 터키가 참여하는 방안으로 협상했으나 터키는 독자적으로 차세대 전투기를 개발하는 TF-X 사업을 추진하기로 결정했다. TF-X 사업은 처음부터 스웨덴 사브사의 참여(2013년 계약체결)하에 터키 국영회사인 터키항공우주산업[Turkish Aerospace Industries(TAI)]이 주도한다. 2017년 초반에 항공기 설계를 하게 될 BAE 시스템즈와 계약을 체결했다.

TF-X 전투기는 4++세대에 해당하며, 미국의 F110-GE-129나 F110-GE-132 엔진을 탑재할 것이다. 초도비행은 2023년으로 추진 중이며, 공급은 최적화 기간을 포함해 2025년이 될 것이다. 아직까지 전반적으로 기술 및 경제적 위험성이 높아 사업 추진에 의구심이 있지만, 터키 공군은 TF-X

250~270대를 획득하려고 한다.

테자스(Tejas). 인도는 30년 이상의 개발 기간을 거쳐 마침내 국산 경전투기 [Light Combat Aircraft(LCA)] 테자스의 양산단계에 도달했다. 1983년부터 시작된 이 사업은 국영항공기 제작사인 힌두스탄 항공회사[Hindustan Aeronautics Limited(HAL)]와 인도 국방연구기관인 DRDO의 참여하에 항공개발국 (Aeronautical Development Agency) 주도로 추진되었다. 첫 시제기-기술실증기의 초도비행은 2001년 1월에 이루어졌다. 2015년 초까지 9대의 시제기(기술실증기 2대, 복좌형 2대, 복좌형 함재기 1대 포함)와 선행양산기 7대가 제작되었다.

인도 공군은 2005년 테자스 Mk1 모델로 초도양산분 40대를 계약했다. 1호기는 2015년 1월에 인도되었으나, 2018년 중반까지 8대만 생산되었다. 테자스 Mk1은 제너럴일렉트릭 F404-GE-IN20 엔진[인도 자국산 엔진인 GTRE GTX-35VS 코베리(Kaveri) 개발은 실패로 돌아갔고, DRDO는 2014년 말 사업을 공식적으로 중단함]과 (DRDO의 국산 레이더인 MMR 개발이 지연됨에 따라) 이스라엘의 IAI 엘타 EL/M-2032 레이더를 탑재한다.

테자스 생산 속도는 상당히 더디다. 인도 공군의 첫 비행중대를 위해 초도양산분 20대가 2020년까지 완성되어야 한다. 인도 공군은 초도양산분 테자스 Mk1 40대를 인수한 후에 개량형 테자스 Mk2를 인도받을 계획이다. 첫단계로 2025년까지 Mk2 83대를 공급받는 계약이 체결되었다. 이 항공기에는 좀 더 강력한 제너럴일렉트릭 F414-GE-INS6 엔진과 이스라엘 AESA 레이더가 장착될 것이 분명하다. 그러나 지금까지도 개량형 모델의 시제기가 제작되지 않고 있다. 인도 국방부는 인도 공군용 테자스 양산기 총 294대와 인도 해군용 함재기 40대를 획득하는 계획에 집착하는 것으로 보인다. 그러나 LCA 사업 전반의 불확실성, 지나친 사업 지연, 수많은 기술 및 양산 시 문제점, 항공기 신뢰성 문제로 인해 전반적으로 테자스의 미래는 회의적이다. 인도 해군이 테자스의 구매를 포기했다는 소식도 들린다.

AMCA. 테자스 경전투기 개발이 그다지 성공적이지는 않았지만, 인도의 ADA 와 HAL은 동시에 2건의 5세대 전투기 개발사업을 추진하고 있다. 하나는 인도 와 러시아 공동의 FGFA 사업이며, 다른 하나는 완전한 국산 전투기를 개발하는 차세대 중형 전투기 사업(Advanced Medium Combat Aircraft)이다. 후자는 쌍발 전투기가 될 것임이 확실하다(엔진은 미정, 처음에는 코베리 엔진이 계획되어 있었음). 인도 공군은 AMCA 150대, 해군 항공대는 50대 도입을 계획하고 있다. 일정 기간 동안 AMCA 개발과 사업 완료에 대해서는 상당히 회의적일 수밖에 없다.

2. 군용 헬리콥터

군용헬기는 가장 활발하게 발전하고 있는 무기 체계 분야에 속한다. 군용헬기 는 수요와 가격 면에서 시장이 지속적으로 확대되고 있기 때문이다.

1990년 이후 냉전 이후 선진국(특히, 미국)은 헬기 전력을 축소했음에도 신 규 헬기 도입사업은 중단되지 않았다. 또한 대다수 국가에서 1990년대 또 는 2000년대에 고가의 신형 공격헬기 교체사업이 진행되었다(AH-64, 타이거, A129). 2001년 이후 미국과 그 동맹국이 '테러와의 전쟁'을 위해 이라크와 아프 가니스탄에서 헬기를 적극적으로 운용하면서 자연스럽게 헬기 소요가 급격하 게 증가했고, (미국은) 손실을 보충했다.

현재 유럽에서는 NH90이 전력화하면서 고가의 헬기를 구매하는 새로운 경향이 나타나고 있다. 다수 국가에서 경제 상황이 개선되면서 전반적인 군 현 대화를 추진할 수 있게 되었다. 군 현대화 사업 중 주요 사업에 헬기 전력의 확 충이 포함되었다. 이로써 군용헬기 획득 붐이 일어나게 되었다.

그런데 최근 25년 동안 급격한 첨단화와 가격 상승이 헬기의 주된 특징으 로 볼 수 있다. 헬기에는 특수 설계된 고가의 기체가 사용된다. 동체로는 복합 재료가 폭넓게 사용되고 강력한 엔진, 주·야간 항법 체계, 디지털 항전장비,

첨단 방호 체계 및 다양한 부가 장비와 무장이 탑재된다. 현대 군용헬기의 복잡성과 가격은 현대 전투기와 비교되기 시작했다. 서방의 주요 헬기 제작사는 차세대 헬기 개발과 차세대 민수용 헬기의 군용 개조에 열을 올리고 있다.

미국

전 세계에서 헬기를 가장 많이 생산하는 국가는 미국이다. 미군이 보유한 군용헬기는 미국을 제외한 모든 국가가 보유한 군용헬기보다 많다. 미국은 모든 종류의 군용헬기를 개발하고 수출도 많이 한다. 미국산 군용헬기는 표준화 수준이 높으며, 각 군이 자체 헬기 개발을 추진한다는 특징이 있다.

벨 AH-1 코브라(Cobra) 계열 헬기. 벨사의 AH-1 코브라 계열 헬기는 세계 최초로 전용 공격헬기로 설계되었다. 이 헬기는 이후에 등장하는 세계 모든 공격헬기의 형상을 결정하게 되었다. AH-1 계열 항공기는 오랫동안 미군의 기본 공격헬기였다. 그러나 2001년 무렵 전량 도태되고 AH-64로 대체되었다. 그러나 가장 최신 개량형인 AH-1W 슈퍼코브라(SuperCobra)는 미 해병대(터키 및 태국도)에서 운용 중이다. 벨사는 신형 엔진과 로터를 장착한 AH-1Z 바이퍼를 개발한 이후에도 지속해서 개량하고 있다.

2005년부터 2021년까지 미 해병대에 AH-1Z 226대(신품 189대, 기존 AH-1W 개량분 37대)가 공급될 것이다. AH-1Z는 AH-64의 경쟁 기종으로서 수출이 적극적으로 추진된다. 그러나 세계시장의 다수 입찰에 참가했음에도 최근까지 수주 실적은 없다. 2000년 AH-1Z는 터키의 첫 번째 공격헬기 사업 입찰에서 선정되었지만, 계약 전 미국의 기술이전 거부로 계약이 무산되었다. 2015~2016년에야 AH-1Z 12대를 파키스탄에 공급하는 계약이 체결되었고, 2018년에는 바레인이 12대 획득을 결정했다.

AH-64 아파치 헬기. 현재 그리고 앞으로도 당분간 미국과 동맹국의 기본 공격헬기는 AH-64 아파치가 될 것이다. 이 헬기는 휴즈 헬리콥터스(Hughes Helicopters: 1984년부터 맥도널 더글러스사로, 1997년부터 보잉에 편입됨)사가 개발했고, 1984년부터 양산되고 있다. 이 항공기는 지속적으로 개량되었으며, 1996년부터는 가장 첨단화되고 주·야간 공격이 가능한 AH-64D 롱보우(Longbow)가 생산되었다. 한편, AH-64D는 여러 파생형이 있다. 2003년부터 AH-64D 블록 Ⅱ(이전에 생산된 기체를 개량함)가 생산되었다. 2011년부터 AH-64D가 생산되었으며, 2012년 AH-64E 아파치 가디언(Apache Guardian)으로 명칭이 바뀌었다.

2018년 중반 무렵까지 미국에서 AH-64A 943대(면허생산을 포함한 116대는 수출분)와 AH-64D 222대(면허생산을 포함한 166대는 수출분)가 생산되었다. 처음부터 모든 AH-64D는 AH-64A를 개량한 것이다(2017년까지 713대 개량). 그러나 2007년부터 이라크와 아프가니스탄 작전 중 손실된 항공기를 보충하기 위해 신품 AH-64D를 구매했다(138대 주문). 2003년부터 미군에는 AH-64D 블록 Ⅱ 모델로 공급되었다. 2011년부터 AH-64E 모델이 생산되고 있다. 현재 미 육군 항공대는 신품 AH-64E 72를 (2020년까지) 획득하고, 기존에 보유한 AH-64D 634대를 AH-64E로 개량할 계획이다(개량사업은 최소한 2025년까지 계속될 것으로 예상됨).

AH-64D는 영국(67대)과 일본(총 13대)에서 면허생산되었다.

아파치는 세계 무기시장에서 가장 완벽한 공격헬기이며, 수출에서도 상당한 성공을 거두고 있다. 하지만 미국의 우방에만 판매된다. AH-64A는 그리스(20대), 이집트(36대), 이스라엘(18대와 추가로 미군 보유분으로부터 24대 추가), 아랍에미리트(30대), 사우디아라비아(12대)에 공급되었다. 최근 이집트, 이스라엘, 아랍에미리트와 사우디아라비아에 공급된 AH-64A는 AH-64D로 개량되고 있다(이스라엘 공급분의 일부는 AH-64D와 가까운 AH-64Ai로 개량됨).

AH-64D는 그리스(12대), 이집트(10대), 이스라엘(8대와 추가로 미군 보유분으로부터 24대), 쿠웨이트(16대), 네덜란드(30대)와 싱가포르(20대)에 공급되었다. AH-64E는 사우디아라비아(48대), 대만(30대), 한국(36대), 인도네시아(8대)가 도입했고, 영국(38대/12대 추가 구매 가능), 인도(28대), 카타르(24대), 사우디아라비아(22대), 아랍에미리트(9대)가 주문했다. 신규 계약도 가능하다. 네덜란드(28대)와 아랍에미리트(28대)는 AH-64D를 AH-64E로 개량하는 계약을 체결했다. AH-64는 앞으로도 10~15년 동안 세계 무기시장에서 경쟁력을 유지할 것이다.

시코르스키 S-70(UH-60) **블랙호크와 파생형.** 미국 육군 항공대의 기본 다목적 헬기는 중간급 시코르스키 S-70(UH-60) 블랙호크로, 1978년부터 시코르스키 에어크래프트(Sikorsky Aircraft)사(2016년부터 록히드마틴사에 편입됨)가 생산하고 있다. 2018년 중반까지 S-70 계열이 해상형 포함 4,600대가 제작 또는 주문되었다. 미 공군과 특수전 사령부는 '스텔스화'된 기종을 포함하여 MH-60이라 불리는 특수목적용 및 탐색구조용으로 다양하게 운용한다. 현재는 UH-60L(수출형)과 UH-60M(2003년부터 미군용) 모델이 생산된다.

신품 UH-60M 1,227대가 2020년까지 미 육군 항공대에 공급될 계획이다. 2007년부터 HH-60M 의무헬기(계획상 400대 미만), 2011년부터 특수전용 MH-60M(24대)이 생산될 계획이다. 2019년부터 미 공군용으로 HH-60W 탐색구조헬기 100대 이상을 구매할 계획이다. 일본에서는 면허생산된다(UH-60J 136대, 탐색구조용 100대). 이미 호주(38대)와 한국(138대)에서 조립된 바 있다.

최신 모델은 UH-60V로서 미군은 2018년부터 UH-60M 167대를 UH-60V로 개량하는 계약을 체결했다. 2016년부터 미군이 보유하던 UH-60A 개량형 159대가 아프가니스탄에 공급되기 시작했다.

시코르스키의 민수용 모델인 S-70A와 S-70C는 적지 않은 수량이 해외에 공급되었다. 약 600대 미만이 1980년 S-70C-2 24대를 구매한 중국을 포함해 28개국에 수출되었다. 면허생산하는 국가를 제외하고 터키, 콜롬비아, 이스라엘, 사우디아라비아가 가장 많이 운용하는 국가다. 최근 10년간 최신형 UH-60M을 구매한 국가는 바레인, 이집트, 카타르, 멕시코, 아랍에미리트, 사우디아라비아, 슬로바키아, 대만, 스웨덴이다.

시코르스키 에어크래프트가 인수한 공장인 폴란드의 PZL 미엘레츠(Mielec)에서는 수출 전용으로 새롭게 개발된 S-70i 인터내셔널 블랙호크가 2011년부터 생산되기 시작했다. 현재까지 60대 미만이 생산되거나 주문이 들어왔는데, 사우디아라비아(15대), 브루나이(2대), 콜롬비아(최소한 12대) 내무부가 포함된다. 터키가 선정한 T-70으로 불리는 S-70i는 면허생산이 계획되어 있다(109대를 제작할 것으로 보임).

UH-60의 대잠형인 SH-60B 시호크(Seahawk)와 SH-60F 오션호크(Oceanhawk)는 1983년부터 생산되었고, 해상 탐색구조형인 HH-60도 제작되었다. 2005년부터 미 해군용으로 차세대 함재형 다목적 헬기인 대잠형 MH-60R 시호크(2018년까지 275대 구매)와 수송헬기인 MH-60S 나이트호크(Knighthawk; 267대 구매계획)가 생산된다. 일본은 SH-60J(101대 제작)와 SH-60K(2004년부터 100대 제작 계획)라는 이름으로 대잠헬기를 생산한다.

시코르스키는 S-70B라는 이름으로 대잠헬기를 공급한다. S-70B는 8개국에 수출되었고, 최근 몇 년 동안 싱가포르와 브라질에 납품되었다. 또한 2014년 인도는 이 기종을 구매하겠다고 결정한 바 있다(16대를 구매할 계획이며, 8대 추가 구매도 가능함). MH-60S 헬기는 카타르(12대), 태국(6대), 사우디아라비아(10대)가 주문했으며, MH-60R은 호주(24대), 덴마크(9대), 카타르(28대)가 발주했다. 여러 국가가 이 기종의 도입에 관심을 보이고 있다.

시코르스키 S-70 계열 항공기는 동급 헬기 중에서도 매우 오랫동안 시장에서 선도적인 위치에 있을 것이다.

벨 UH-1 계열. 가격 면에서 비슷한 벨 UH-1 계열(벨 204/205/212) 헬기는 역사상 가장 인기가 많았고, 오랫동안 미 육군 항공대의 주력 기종이었다. 현재는 이들 기종 모두가 UH-60과 UH-72A로 대체되고 있다. 미 해병대의 요구에 따라 벨사는 AH-1Z와 유사한 엔진과 탑재장비로 대폭 개량된 UH-1Y 베놈

(Venom)을 개발했다. 2007년부터 2018년까지 해병대는 신품 UH-1Y 160대를 납품받았다. 2017~2018년 체코(12대)와 루마니아가 UH-1Y를 획득할 계획이라는 보도가 있었다.

미국은 전력사업을 추진하면서 미 육군 항공대에서 도태되는 다수의 UH-1H를 팔거나 양도하고 있다. 지난 20년간 수백 대의 UH-1H가 해외로 나갔다. 이 중 일부는 신형 장비를 탑재한 UH-1HP 휴이(Heuy) II로 개량되기도 한다. 마찬가지로 AH-1 계열 공격 헬기도 보유분 중에 일부가 이전되었다.

벨 204/206 경헬기는 미군의 훈련용으로 운용되었다. 1993년부터 미 육군 항공대를 위해 벨 206B-3을 기반으로 생산한 Bel TH64A 크리크(Creek: 총 223대 주문 및 생산)가 최근 모델이다.

CH-47 치누크. 보잉사가 생산하는 긴 동체를 가진 CH-47 치누크는 미국과 동맹국의 주력 수송헬기다. 40년 이상 전에 생산되기 시작했지만, 끊임없이 개량되고 있다. 총 1,600대 이상이 제작 또는 주문되었다. 1982년부터 CH-47D(미 특수전 부대를 위한 MH-47D와 MH-47E 및 수출형 CH-47SD 포함)가 생산되었다. 그러나 2004년부터 미 육군을 위해 유효탑재량[6] 9.5t까지 가능한 신형 CH-47F가 생산되었다. 2019까지 신품 CH-47F 239대가 제작되었고, CH-47D 226대가 이 모델로 개량될 계획이다. 특수전력용으로 CH-47F와 유사한 기종은 MH-47G다(신품 8대가 주문되었고, 이전 모델 69대가 개량됨).

CH-47 계열은 18개국에 공급되었고 이탈리아(133대, 제3국 물량 포함)와 일본(88대)에서 면허생산되었다. 최신 모델인 CH-47F는 2007년부터 호주(MH-47G에 가까운 기종 7대), 영국(14대), 인도(15대), 캐나다(15대), 네덜란드(21대), 아랍에미리트(16대), 싱가포르(12대), 터키(11대)가 주문하면서 시장에서 입지를 굳혔다. 사우디아라비아는 CH-47F 47대를 획득하기 위해 협상 중이다. 다수

---

6   항공기 고유중량 이외에 승무원, 승객, 화물, 연료, 윤활유, 제장비 등 모든 탑재물 중량의 총계

국가가 이 기종에 관심을 보인다. 아구스타웨스트랜드(레오나르도)사는 2008년 이탈리아군을 위해 CH-47F 16대를 면허생산하는 계약을 체결했다. 생산물량은 더 늘어날 수 있다.

시코르스키 S-65와 시코르스키 S-80. 미 해병대가 운용하는 시코르스키 S-65 [CH-53 시 스탤리온(Sea Stallion)]와 시코르스키 S-80[CH-53E 슈퍼 스탤리온(Super Stallion)]은 서방에서 운용하는 가장 큰 대형 수송헬기다. 미 해군에서는 이 기종을 소해헬기로 운용하며, 공군과 미 특전사는 MH-53이라는 이름으로 특수 목적에 따라 다양하게 활용한다. S-65는 독일(면허생산됨)과 이스라엘에서 전력화되어 있다. 일본은 이미 S-80을 운용하고 있었다. 최대 유효탑재량 15t인 CH-53E는 2003년 양산이 중단되었으나 미 해병대의 요구로 시코르스키 에어크래프트사는 유효탑재량 15t 미만인 신규 모델 CH-53K를 개발했다. CH-53K 156대가 2018년부터 공급이 예정되어 있다. 이 기종은 수출용으로 제안되기도 한다.

시코르스키 S-92 슈퍼호크(Superhawk). 수송 및 인원이송용 헬기인 시코르스키 S-92 슈퍼호크는 최대이륙중량 4.5t이며 2004년부터 민수용으로 양산되고 있다. 미군은 구매하지 않았으나 예외적으로 미 해병대가 개조된 VH-92A 23대를 미국 대통령 이송용으로 구매하여 2020년부터 운용할 예정이다.

시코르스키 에어크래프트사는 S-92의 군용모델 수출을 적극적으로 추진한다. 대잠헬기형인 H-92 사이클론(Cyclone, CH-148)은 2008년부터 납품되도록 캐나다가 주문했으나 계약이행이 상당히 지연되어 실제 납품은 2015년에야 시작되었다. 이 밖에도 사우디아라비아 내무부가 수송헬기 모델로 2007년 16대를 계약했고, 25대 미만이 개조되어 VIP 이송·공군용으로 일부 국가에 공급되었다. 조만간 S-92는 세계 군용기 시장에서 유럽산 NH-90과 AW-101의 강력한 대항마가 될 것으로 예상되었으나 현재까지도 S-92는 군용기 부문에서 약세를 면치 못하고 있다. 캐나다 계약이행 시 발생한 문제로 인해 이 기종의 신뢰성에 대해 의구심을 갖게 했다.

틸트로터(Tilt-rotor)형 V-22 오스프리(Osprey). 세계 최초 틸트로터형 양산 항공기인 V-22 오스프리는 보잉과 벨 헬리콥터스가 공동으로 개발했고, 미군용으로 양산 중이다. V-22 1차 양산분은 2007년 전력화되었다. V-22는 9t 미만을 적재할 수 있다. 2020년까지 미 해병대는 수송형 MV-22B 360대를 획득할 계획이다. 미 해군은 CMV-22B 44대, 미 공군은 특전사용 CV-22B 51대를 도입할 예정이다. 앞으로 구매 규모는 늘어날 수 있다. 오스프리는 아마도 몇십 년 동안 생산이 지속될 것이다. 제작에 장시간이 소요되고 가격이 고가(약 9천만 달러)여서 수출 가능성은 제한적이다. 현재 일본은 2018년 공급 시작을 목표로 V-22 17대를 구매했다. 이 밖에 잠재 구매국은 이스라엘이 있으며, 미국의 군사원조로 몇 대를 획득할 계획이다.

기타 미국 헬기. 기타 미국에서 양산된 주력 헬기(벨 206과 406, MD 헬리콥터스의 MD500과 MD600 경헬기와 벨 214와 412, 시코르스키 S-76 중간급 헬기)는 미국 이외의 국가에서 제한적으로 운용되며 훈련, 연락, 정찰 또는 경수송용으로 운용하기 위해 민수형 모델이 소량 구매된다. 유명한 UH-1 계열 발전형인 벨 헬리콥터스의 벨 412가 캐나다 생산라인에서 조립되는 것이 예외적이다. 벨 412 군용모델은 주기적으로 해외에서 수주된다. 최근 50대 미만이 미국의 군사원조로 파키스탄에 공급될 계획이다. 보잉은 최근 MD 헬리콥터스의 MD 530F 정찰-공격 헬기의 수출을 적극적으로 추진하고 있다. 구체적으로 보면, 2010년부터 MD 530F 카이유스 워리어스(Cayuse Warriors: 이 중 26대는 공격헬기 모델) 32대가 아프가니스탄에 공급되었고 2017년에는 MD 530F 카이유스 워리어스 150대가 FMS 방식으로 계약되었다. 이 중 30대는 아프가니스탄에, 나머지는 기타 국가로 인도될 것이다. 이 밖에도 성능이 더욱 개량된 강습형 AH-6i 96대가 외국 정부를 위해 2013년부터 FMS 방식으로 주문되었다(AH-6SA라는 이름으로 사우디아라비아에 24대, 요르단에 24대, 케냐에 12대가 공급되었음).

미국의 차세대 헬기 개발사업. 미국은 차세대 헬기로 비전통적 형상을 포함한 고속 군용헬기 개발사업을 진행하고 있다.

2015년 시코르스키 에어크래프트는 신형 고속헬기 S-97 레이더(Raider) 시제기의 초도 시험비행을 시작했다. S-97 고속헬기는 미익에 추진 프로펠러가 있고, 동축반전형 로터에 적합한 형상이다. 이미 이 형상은 시험헬기인 시코르스키 X2에 적용되었고, 2008년 첫 시험비행 시 시속 460km에 도달했다. 5t급으로 제작된 S-97은 순항속력이 시속 약 400km(최고 시속 450km 미만)이며, 산악과 혹서 환경에서도 기동성이 높을 것으로 예상된다. 이 모델의 발주처는 없지만, 특전사를 위해 정찰-강습용으로 제안된다.

2014년 미 육군은 합동다목적(Joint Multi-Role: JMR) 사업 입찰에서 벨 헬리콥터 및 시코르스키와 보잉 컨소시엄의 제안을 선정했다. 현재 이 컨소시엄은 사업 진행을 위해 실증기를 공급했다. JMR은 차세대 수직이착륙기(Future Vertical Lift: FVL) 사업에 따른 다목적 헬기 제안에 기반할 것임에 틀림없다. Future Vertical Lift(FVL) 사업으로 2027년부터 현재 미 육군 항공대의 주력 헬기인 시코르스키 UH-60 블랙호크와 보잉의 AH-64E 아파치를 대체할 것이다. 따라서 차세대 헬기는 다목적형과 공격형으로 구분될 것이 확실하다.

JMR 사업에 따라 벨사는 중간급 틸트로터형 항공기 V-280 밸러(Valor: V-22 오스프리보다 크기는 작고 속력은 더 빠름)를, 시코르스키와 보잉 컨소시엄은 시코르스키 X-2에 적용된 미익에 추진 프로펠러가 있고 동축반전형 로터를 사용하는 SB-1 디파이언트(Defiant) 고속헬기를 개발했다.

이 밖에도 앞으로 미 육군에 의해 JMR-Light(경정찰헬기, 2030년 전력화 목표), JMR-Heavy[2035년부터 CH-47 치누크 계열이 수송헬기를 교체하기 위한 중(重)수송헬기], JMR-Ultra[C-130 허큘러스(Herculers) 수송기급으로 수직 이착륙이 가능한 차세대 수송수단] 사업에 다양한 크기의 헬기를 개발하는 입찰이 있을 것으로 예상된다.

FVL 사업은 MH-60 시호크 계열을 대체하기 위해 차세대 함정용 헬기인 MH-XX를 개발하는 미 해군 사업을 위한 기초가 될 것임이 확실하다.

유럽 국가

유럽의 헬기산업은 다국적기업이 주도한다. 전문화된 '전 유럽적' 기업인 에어버스 헬리콥터스(예전의 EADS)가 대표적이다. 이 회사는 에어버스사에 속해 있으며, 다양한 헬기를 생산한다. 또한 세계적으로 헬기를 가장 많이 공급한다. 제2의 헬기 제작사는 이탈리아 레오나르도사(예전의 핀메카니카)의 자회사인 레오나르도 헬리콥터스(예전의 아구스타웨스트랜드)다. 지난 40년 동안 유럽 군용 헬기 개발사업의 대다수[구형 링스(Lynx), 가젤(Gazelle), 푸마(Puma) 및 신형 타이거, NH90, AW101]는 서유럽 국가들의 국제 공동사업으로 추진되었다.

타이거. 서유럽 공격헬기인 타이거는 프랑스와 독일이 공동으로 개발했고, 2004년부터 양산 중이다. 이 헬기 개발에 장기간이 소요되었고, 구매도 지연되어 구매 수량을 축소하는 방향으로 계속 검토되고 있다. 현재 독일은 2019년까지 대전차형 UHT 모델 57대를 획득할 계획이다. 프랑스는 2012년 호송형 HAP 모델 40대 도입을 완료했고, 대전차형 HAD 모델 40대 획득을 시작했다. 스페인에는 2008~2013년 HAP 6대와 HAD 18대(스페인에서 조립됨)가 공급되었다. 호주에는 2005~2010년 타이거의 정찰-강습형 모델인 ARH 22대가 인도되었다. 타이거는 첨단 공격헬기로 인정받고 있으며, 수출도 활발하게 추진된다. 그러나 지금까지 시장에서 의미 있는 성과를 거두지는 못했다(이미 언급된 호주와 스페인만 구매함).

NH90. 중형 9t급 다목적 NH-90 헬기는 최첨단 군용기에 포함된다. 프랑스, 독일, 이탈리아, 네덜란드는 NH인더스트리스(NHIndustries)라는 별도의 컨소사업을 만들어 '나토 헬리콥터'를 개발했다. 이 컨소시엄은 현재 에어버스 헬리콥터스(62.5%), 레오나르도(아구스타웨스트랜드, 32%), 네덜란드 회사 스토크 (Stork, 5.5%)가 지분을 나누고 있다. NH-90은 수송형인 TTH와 해상형 NFH 두 가지 형상으로 개발되었다. TTH는 2006년 생산라인 세 곳(독일, 프랑스, 이탈리아)에서 양산이 시작되었다. 2010년부터는 NFH 생산이 시작되었다. 수 차례 구매가 축소되는 방향으로 재검토되면서 독일 90대(TTH형 72대, NFH 18대), 프랑스 101대(TTH 74대, NFH 27대), 이탈리아 106대(TTH 60대, NFH 46대), 네덜란드 20대(TTH 8대, NFH 12대)를 2020년 납기로 주문했다.

NH90은 고가(TTH형 대당 2~3천만 유로)임에도 특히 유럽시장에서 인기를 얻고 있다. 2004년 이후 주문 내역은 다음과 같다.

- 호주: TTH 개량형 MRH90 47대
- 벨기에: TTH 4대, NFH 4대
- 이집트: NFH 5대
- 스페인: TTH 27대
- 카타르: TTH 16대, NFH 12대
- 뉴질랜드: TTH 9대
- 노르웨이: NFH 14대
- 오만: TTH 20대
- 핀란드: TTH 20대
- 스웨덴: TTH 13대, NFH 5대

호주 물량은 대부분 호주에서 조립되었고 핀란드, 스웨덴, 노르웨이 물량은 핀란드에서 생산되었다. 추가로 타국에 대한 수출 협의도 진행 중이다. NH90은 고가여서 기본적으로 선진국과 부국에 판매된다. 하지만 개발 마무리가 지연되면서 수출에 부정적인 영향을 미칠 것이다.

에어버스 헬리콥터스 H225 슈퍼 푸마. 에어버스 헬리콥터스사의 H225 슈퍼 푸마 수송헬기[군용모델은 쿠거와 카라칼(Caracal)이라고 명명함]는 영국-프랑스가 공동 개발했고, 널리 알려진 SA330 푸마의 발전형이다. 9t급 AS332 슈퍼 푸마는 프랑스 회사인 아에로스파시알(Aerospatiale)이 1981년부터 생산한 후 유로콥터(Eurocopter)사가 AS332L 슈퍼 푸마 Mk I (민수용 모델)과 AS532 쿠거 Mk II (군용 모델)라는 이름으로 1993년부터 생산하고 있다. 동시에 유로콥터사는 최대 이륙중량 11t으로 더 무겁고 힘이 좋은 민수용 EC225 슈퍼 푸마 Mk II과 군용 EC725 쿠거 Mk II를 1993년부터 생산했다. 에어버스사는 2015년 모든 민수용 모델을 H225 슈퍼 푸마로, 군용 모델은 H225M 카라칼로 이름을 변경했다. 군용 모델은 수송, 탐색구조 및 대잠용 세 가지 형상으로 생산된다. VIP 이송용 모델은 인기가 높다.

이 기종들은 세계적으로 명성이 자자하다. 2018년까지 약 1,200대가 제작되어 대다수가 32개국 공군에 공급되었다. 슈퍼 푸마 Mk I 과 쿠거 Mk II는 스페인, 터키, 스위스에서 소량이 면허생산되었다. 이들 국가를 제외하고는 사우디아라비아와 싱가포르가 가장 많이 구매했다. 2008년 브라질은 쿠거 50대를 면허생산하는 계약을, 카자흐스탄은 2012년 쿠거 Mk II를 조립하는 계약을 체결했다.

최근 몇 년간 에어버스 헬리콥터스는 세계시장에서 H225M 신규 수주에 성공했다. 시장에서 H225M은 고가이면서 문제가 많은 NH90에 대한 훌륭한 대안이 된다. 쿠웨이트, 멕시코, 태국과 H225M 관련 대형계약이 성사되었다. 아마도 H225M은 더 오랜 기간 동안 인기가 있을 것이다.

도핀(Dauphin) 2. 5t 중간급 헬기인 AS365N 도핀 2는 에어버스 헬리콥터스(예전에 유로콥터사, 더 이전에는 아에로스파시알)가 1976년부터 생산하여 민수용으로 폭넓게 운용되었다. 이 기종의 군용 모델은 AS565 팬터로 기본적으로 해상형으로 개발되었는데, 함재 대잠, 다목적, 탐색구조용 모델로 생산되었다. 개량형은 1998년부터 생산된 힘이 더 좋은 EC155(지금은 H155)다. 전반적으로 팬터는 링스와 경쟁하는 경함재용 해상헬기 시장에서 수요가 제한적이다. 최근 5년 동안 팬터를 구매한 국가는 방글라데시(2대), 불가리아(3대), 라트비아(3대), 사우디아라비아(4대)가 있다. 인도네시아는 2014년 11대를 주문했다. 독일 국경수비대가 EC155 15대를 구매했다.

도핀 2의 가장 큰 성과는 1980년대에 미국 해안경비대가 101대 구매한 것이며, HH-65라는 이름으로 운용했다. 이 밖에도 도핀 2는 Z-9이라는 이름으로 1981년부터 중국에서 면허생산되었는데, 중국이 Z-9을 기반으로 개발한 공격헬기 Z-9W와 함재용 대잠헬기 Z-9C가 함께 생산되면서 지금은 중국군이 가장 많이 운용하는 기종이 되었다(300대 미만). 또한 육군용 팬터는 브라질에서도 면허생산된다.

EC175. 도핀 2와 슈퍼 푸마의 중간급으로 유로콥터(지금의 에어버스 헬리콥터스)사는 중국의 AVIC Ⅱ와 협력해 6~7t의 중형 헬기인 EC175(지금의 H175, 중국 제식명 Z-15와 AC352)를 개발했다. H175는 2014년 프랑스에서 생산이 시작되었다. 중국형 모델은 아직도 시험 단계에 머물러 있다. H175는 아구스타웨스트랜드(레오나르도)의 AW139나 AW149와 경쟁할 것으로 예상된다. 군용 모델 주문은 아직까지 한 건에 불과하다.

H160. H160은 에어버스 헬리콥터의 신형 중형 헬기로서 2015년 여름에 초도비행을 실시했다. 계획상 양산 시작은 2019년으로 되어 있다. 약 6t급의 H160은 중형 헬기인 도핀 Ⅱ(AS365와 EC155) 계열을 대체하면서 시장에서 큰 성공을 거두고 있는 아구스타웨스트랜드의 AW139와 경쟁하게 될 것이다. 2017년 프랑스 국방부는 다양한 경헬기와 중형 헬기를 교체하기 위해 2024년부터 군용 모델인 H160M 190대 미만을 획득하기로 결정했다.

BK117 계열. 4t급 중형 헬기 BK117은 서독 MBB사와 일본 가와사키중공업이 합작으로 개발하여 1981년부터 양산되고 있다. 현재까지 에어버스 헬리콥터(유로콥터사와 가와사키)가 생산한다. 민수용으로 일부 사용되며(주로 의료용으로 운용, 러시아 비상사태부가 2대 구매) 군용으로는 거의 운용되지 않는데, 예외적으로 남아공 공군이 몇 대 운용한다.

BK117의 발전형인 EC145(지금의 H145)가 2002년부터 생산되었다. EC145는 시장에서 BK117과 같은 상황이었지만, 미국의 주력 기종인 UH-60보다 가볍고 가격이 저렴한 다목적 헬기를 구매하려는 미국 육군항공의 2006년 LUH 입찰에 선정되면서 뜻밖의 전기를 마련하게 되었다. 그런데 LUH로서 EC145는 의무 수송이 주임무에 포함되었다. 2007년부터 미 육군에 UH-72A 라코타(Lacota)라는 이름으로 공급되었다. 총 500대 미만이 주문되었는데, 기본적으로 에어버스 헬리콥터의 미국 조립 라인에서 생산될 것이다. 미 육군은 2014년부터 연습용으로도 구매했다. 복잡한 과정을 거쳐 태국 육군 항공대가 미국에 UH-72A 21대를 주문했다. 계약에 따라 EC145 45대를 카자흐스탄 국방부와 비상사태부에 공급하기 위해 2010년 조립되었다.

2012년 처음으로 등장한 EC645T2(지금의 H145M)는 EC145를 군용으로 전환한 모델이다. 이 모델은 독일 공군(15대), 태국 해군(5대)이 획득했고, 헝가리(20대), 세르비아(9대)가 주문했다. 2013년 EC645T2를 카자흐스탄에서 조립하는 계약이 체결되었다.

AS350 에큐리울(Ecureuil). 에어버스 헬리콥터는 세 종류의 경헬기를 생산한다. 기본이 되는 모델은 프랑스 헬기인 아에로스파시알 AS350 에큐리울이다. 현재는 에어버스 헬리콥터가 생산하는 단발엔진의 AS350 에큐리울(민수용), AS550 페넥(군용) 및 쌍발엔진의 AS355 에큐리울(민수용), AS555 페넥(군용)이 계보를 잇는다. 현재 이 기종들의 제식명은 H125다. 2001년부터 생산되는 EC130(지금의 H130)이 AS350의 발전형이다. 에큐리울은 전 세계적으로 가장 많이 팔린 기종에 포함되는데, 약 4천 대가 넘는다. 군용으로서 에큐리올과 페넥은 훈련 및 연락용으로 다수 국가에서 운용된다. 핀란드와 브라질이 이 기종을 군용으로 가장 많이 운용하는 국가다. 브라질에서 면허생산 된다. 유로콥터사 미국 지사에서도 생산되는데, 주로 국경 순찰용으로 많이 사용된다.

H135. 1996년부터 생산된 경헬기 EC135(지금의 H135)는 또 다른 줄기가 된다. 이 모델은 처음에 BO-108로 명명되었는데, MBB BO-105의 발전형이다. EC135(H135)는 프랑스 헌병군, 독일 국경수비대 및 아일랜드 공군이 선택하면서 민수용뿐만 아니라 경찰과 특수부대용에서도 뚜렷한 성과를 냈다. 독일 육군항공대는 EC135를 훈련용으로 운용한다. 2005년부터 군용화된 EC635(지금은 H135M으로 재명명)가 공급된다. 이라크(무장이 장착된 개량형 24대), 요르단, 스위스가 구매했다.

H120 콜리브리(Colibri). 1.5~2t급으로 가장 경량인 에어버스 헬리콥터 EC120(지금은 H120)은 가끔 군 훈련용(스페인, 인도네시아)으로 획득된다. 또한 미국 국경수비대가 대량으로 구매한다. EC120은 중국에서 조립되는데, 8대가 중국군 훈련용으로 도입되었다.

A129 망구스타(Mangusta). 레오나르도 헬리콥터스사(아구스타웨스트랜드)의 A129 망구스타 경공격헬기(최대이륙중량 5t)는 이탈리아 육군을 위해 개발되어 1990년부터 2004년까지 60대가 양산되었다. 수출형 A129(AW129)를 수출하려고 노력했지만, 지금까지 구매국은 터키가 유일하다. 수년간의 입찰 끝에 T129로 명명된 이 기종이 선정되었다. 터키는 이탈리아에서 제작된 T129A 총 9대를 2013년부터 인수했다. 개량형인 T129B 51대는 2014년부터 터키 TAI사가 조립하고 있음이 확실하다. 터키는 T129B의 수출을 추진하고 있다. 2018년 파키스탄과 30대를 공급하는 계약을 체결했다.

AW249. 2017년부터 레오나르도사는 A129를 교체하기 위해 이탈리아 육군과의 계약에 따라 이륙중량 7~8t급의 신형 공격헬기를 개발했다. 이 기종은 A129의 발전형으로 생각되며, 양산은 2025년으로 예상된다.

AW101. 지금의 레오나르도 헬리콥터스(아구스타웨스트랜드)의 AW101은 유럽 공동 헬기 사업으로 개발되었다. 처음에 이 사업은 웨스트랜드(Westland)와 아구스타(Agusta)의 참여로 EH 인더스트리스(EH Industries)라는 컨소시엄을 만든 영국과 이탈리아가 공동으로 수행했다. 이 헬기는 EH101 멀린(Merlin)으로 명명되었으나 후에 EH 인더스트리스가 아구스타웨스트랜드라는 회사에 합병되면서 2007년 AW101로 변경되었다. 이 헬기는 유효탑재량 5.5t 미만, 최대이륙중량 16t으로 유럽산 헬기 중 가장 무거운 기종이다. 영국과 이탈리아 생산라인에서 수송형과 함정탑재 대잠형 AW101이 1995년부터 양산되었다. 함정탑재 조기경보 모델도 개발되었다. 2018년 영국은 72대(수송형 28대, 대잠형 44대), 이탈리아는 36대(수송형 12대, 탐색구조형 12대, 대잠형 8대, 조기경보형 4대)를 획득했다. 영국은 신형 항공모함을 위해 이 기종을 기반으로 크로스네스트(Crowsnest) 조기경보 헬기를 개발하고 있다.

AW101은 탐색구조형 모델 위주로 수출된다. 덴마크(14대), 캐나다(CH-149라는 이름으로 15대), 노르웨이(16대), 포르투갈(12대), 일본(15대, 소해용 위주로 대부분 자국에서 조립)이 구매했다. 알제리는 대잠형 6대를 도입했다. VIP 이송용으로도 일정한 수요가 있다. 알제리, 투르크메니스탄, 사우디아라비아에 2대씩 공급되었고, 인도는 12대를 주문했다(초도물량 3대를 인수한 후 비리 혐의로 인해 공급이 일시 중단됨. 완성된 3대는 인도네시아, 2대는 노르웨이에 재판매됨).

미국 대통령용으로 운용하기 위해 미 해병대 VXX 입찰에서 AW101의 미국화 모델인 US101이 선정되면서 '도덕적 문제'가 없었던 가장 큰 성공으로 기록되었다. 아구스타웨스트랜드와 록히드마틴, 노스롭그루만, 벨 헬리콥터스로 구성된 미국 회사 컨소시엄에 의해 2009년부터 US101 양산형 생산이 계획되어 VH-71A라는 이름으로 시제기 5대와 양산기 23대가 제작될 예정이었으나 2009년 오바마 행정부는 가격이 높다는 이유로 사업을 취소했다. 이미 제작된 9대는 캐나다에 판매되었다. US101은 미 공군의 탐색구조 헬기 입찰에도 참가했다.

AW139. 6t급 중형 헬기인 AW139는 아구스타웨스트랜드(레오나르도 헬리콥터스)와 미국 벨 헬리콥터스사가 함께 개발한 결실이다. 처음에 이 항공기는 AB139라고 명명되었다. 그런데 2005년 아구스타웨스트랜드사가 이 기종에 대한 모든 권리를 갖게 되면서 AW139로 재명명되었다. 2003년부터 이탈리아와 미국 생산라인에서 주로 민수형과 VIP이송형이 양산되었다. 그런데 군용과 탐색구조형 AW139도 점차 인기가 높아졌다. 2018년까지 민수용과 군용 900대 이상이 제작되거나 주문되었다. 아랍에미리트(36대 미만), 카타르(21대), 파키스탄(8대), 이탈리아(15대), 알제리(14대), 태국(10대)이 군용 모델을 가장 많이 구매한 국가다. 군용과 준군사용 모델은 전 세계적으로 200대 이상이 구매되었다. 미국 해안경비대는 36대를 도입하기 위해 AW139를 선택했으나 현재 사업 추진 여부는 불확실하다. 2012년부터 러시안 헬리콥터스(Russian Helicopters)와 공동으로 모스크바 근교 토밀리노에서 일부가 생산되었다.

AW149. 레오나르도 헬리콥터스(아구스타웨스트랜드)는 군 전용 모델로 8t급 중형 다목적 헬기를 새롭게 개발했다. 시제기는 2009년 초도비행을 실시했다. 세계시장에서 미국 시코르스키 UH-60과 경쟁하기 위해 2015년 이 기종이 양산 준비가 되었음을 발표했다. 지금까지 국제입찰에 적극적으로 참가했음에도 유일한 AW149 구매국은 5대를 계약한 태국뿐이다.

AW169와 AW189. 레오나르도 헬리콥터스(아구스타웨스트랜드)는 2014~2015년 민수용으로 4.5t급 AW169와 8t급 AW189라는 신형 헬기를 양산하기 시작했다(실제로 AW189는 AW149의 민수용 모델임). AW169를 기반으로 군용 모델인 A169 AAS가 개발되었는데, 미 육군항공대의 차세대 정찰헬기 입찰에도 참가했다. 그러나 아직까지 수주 실적은 없다. AW189는 영국과 포클랜드제도에서 탐색구조용으로 운용하기 위해 공급되었다. 러시아의 토밀리노에서 AW189가 조립될 계획이다.

링스와 AW159 와일드캣. 링스와 AW159 와일드캣은 레오나르도 헬리콥터스 (아구스타웨스트랜드)사가 군 전용으로 개발한 중형 헬기다. 영국-프랑스 중형 헬기 링스는 경헬기이자 함정탑재 대잠용 헬기로 세계에서 가장 널리 운용되는 기종으로 유명하다. 육군 모델은 링스 발전에 관심이 있는 영국에서만 운용된다. 웨스트랜드사는 이 기종에 대한 모든 권리를 아구스타웨스트랜드사에 이전했다. 2002년부터 개량형인 슈퍼 링스(Super Lynx) 300이 양산되었다. 이 모델은 알제리(10대), 말레이시아(4대), 태국(2대), 남아프리카공화국(4대)에 공급되었다. 다목적 육군 모델은 오만에 공급되었다.

영국 국방부의 주문에 따라 아구스타웨스트랜드사는 이륙중량 6t 미만의 AW159 링스 와일드캣(Lynx Wildcat)으로 명명된 신형 모델을 개발했다. 2011년부터 시작해 육군 정찰-공격형 BRH 38대와 해상형 대잠헬기 SCMR 28대가 생산되었다. 2012년부터 해상형 AW159 8대가 한국에 공급되었고, 추가로 12대가 도입될 계획이다. 필리핀과 방글라데시가 해상형 2대씩을 구매했다. 경형 함정탑재용 슈퍼 링스와 링스 와일드캣은 더 오랜 기간 동안 일정한 수요가 있을 것이다.

AW109. AW109는 이탈리아의 아구스타사가 개발했으며 민수용 모델이 폭넓은 인기를 누리면서 이 회사의 주력 상품이 되었다. 2007년 이 모델은 아구스타웨스트랜드에 의해 AW109로 재명명되었다. 경찰 및 보안군 쪽에서 상당한 수요가 있었지만, 벨기에와 페루에만 미미한 수량이 공급되는 등 2000년까지

이 기종의 군용 모델은 널리 운용되지 못했다. 그러나 더 강력한 엔진을 장착한 최신 개량형은 군으로부터 상당한 관심을 받고 있다. 구체적으로 보면, 미 해안경비대는 2001년부터 이름을 MH-68A 스팅레이(Stingray)로 바꾼 AW109 파워(Power) 12대를 획득했다. 또한, 필리핀 해군이 AW109 파워 5대, 노르웨이 4대, 호주가 3대를 구매했다. 정찰 및 다목적으로 운용하기 위해 군 전용 모델로 개발된 AW109LUH는 2000년부터 말레이시아, 스웨덴, 남아공에 공급되고 있다. 이 기종은 브라질군에 의해 잠정적으로 선정되었다. 2000년부터 생산된, 더 무겁고 민수용 AW109의 파생형인 AW119 코알라(Koala)는 군용으로는 거의 운용되지 않는다.

중국

중국은 프랑스의 도움을 받아 1980년대가 되어서야 가스터빈을 장착한 헬기를 생산할 수 있었다. 당시 프랑스 아에로스파시알의 SA321 슈페르 프렐롱(Super Frelon) 수송헬기가 구매되었고, 1980년 AS365N2 도핀 2 중형 헬기 면허 생산권을 획득했다. 아에로스파시알사의 도움으로 중국은 도핀 2(제식명 Z-9)에 이어 슈페르 프렐롱(Z-8)을 생산했다. 이 밖에도 중국은 아에로스파시알사의 AS350B 에큐리울 경헬기를 복제했다.

서방과의 정치적 문제에도 중국 헬기산업은 서방기업의 도움으로 꾸준히 발전하고 있다. 유로콥터사(에어버스 헬리콥터)는 2005년부터 하얼빈 공장에서 EC120 경헬기(중국명 HC120)를 조립했고, EC175 중형 헬기(Z-15, AC352와 같음)를 개발했다. 또한 유로콥터사는 중국 WZ-10 공격헬기의 로터 개발에, 아구스타웨스트랜드는 감속기 개발에 협력했다. 중국 창하(항공기제작회사인 Changhe/Jingdezhen Aircraft Industry Group)에서 아구스타웨스트랜드 AW109(제식명 CA109) 및 슈바이처(Schweiser) 경헬기를 조립하는 계약을 체결했다. 슈바이처는 상하이에서 조립되었다. 2010년 중국에서 폴란드 W-3과 W-4 헬기를 조립하는 계약이 성사되었으나 이행되지는 않았다. 중국 헬기용 터보 샤프트 엔진은 중국과 유럽, 미국, 캐나다 공동생산품 및 중국산 연구개발품과 병행하여 유럽, 미국, 캐나다에서 구매된다.

러시아 기업과 대형 수송헬기 공동개발 가능성에 대해 오랫동안 협상이 진행되었지만, 최근에야 공동개발 사업에 진전을 보이고 있다.

Z-8. 최대이륙중량 13t의 Z-8은 3개의 엔진을 장착한, 유명한 프랑스제 아에로스파시알 SA321 슈페르 프렐롱의 복제품이다. 중국은 1970년대에 슈페르 프렐롱 13대를 구매한 바 있다. 복제는 창하의 항공기 제작공장에서 1976년부터 602연구소와 함께 처음에는 불법적으로 이루어졌다. 그러나 후에 아에로스파시알과 협력 계약이 체결되었다. Z-8은 소량이 양산되다가 최근에는 수량이 늘었다. 2008년까지 중국 육군항공대, 공군과 해군을 위한 다양한 파생형을 포함해 150대 미만이 제작되었다. 이 항공기에는 생산 면허를 받아 WZ6으로 명명된 프랑스제 터보메카 터모(Turbomecca Turmo) ⅢC 엔진이 주저우[중국 국영 남부 항공산업회사'China National South Aviation Industry Company, CNSAIC]의 기계 제작공장에서 생산되어 처음으로 장착되었다. 최근 생산된 기종에는 프랑스제 사프란(터보메카) 마킬라(Makila) 2A가 장착된다.

Z-18. 중국헬기제작공사 에이비콥터(Avicopter)가 개발한 민수용 AC313(Z-8F-100)은 Z-8의 발전형으로 2010년 초도비행을 실시했다. 양산은 2014년 시작되었다. AC313을 기반으로 Z-18로 명명된 군용 모델이 개발되어 수송형과 대잠형을 포함한 몇몇 파생형은 2013년 양산에 들어갔다. 처음부터 이 기종에는 프랫 앤 휘트니 캐나다(Canada) PT6B-67 계열 엔진을, CNSAIC가 프랫 앤 휘트니 캐나다 PT6B-67 계열 엔진을 복제하여 WZ11로 명명한 복제품이 장착되었을 것이다. 그러나 이후 이 엔진은 생산되지 않아서 헬기는 예전처럼 WZ6 계열을 장착했다. 앞으로도 Z-8과 Z-18은 터보메카 아르디당(Turbomecca Ardiden) 3C 엔진을 기반으로 AVIC 에어로 엔진스(Aero Engines)가 프랑스의 터

보메카사사(사프란그룹)와 합작으로 개발한 WZ16을 장착할 계획이다.

Z-9. 최대이륙중량 4t의 중국 다목적헬기인 Z-9는 프랑스 아에로스파시알(지금의 유로콥터사) AS365N2 도팽 2 쌍발 헬기의 면허생산 모델이다. 이 기종을 위해 WZ8로 명명된 아리엘(Arriel) 엔진은 프랑스 터보메카사의 면허를 받아 CNSAIC가 생산한다. 1981년부터 하얼빈 항공 제작사[Hafei Aviation Industry Company(HAI) 소속으로 지금의 Harbin Aircraft Industry Group(HAIG)에서]에서 프랑스 구성품을 조립해 Z-9 28대를 조립했다. 그런 다음 부분적으로 중국에서 생산된 구성품으로 Z-9A 20대가 조립되었다. 1993년부터는 HAIG가 완전히 중국에서 생산된 구성품으로 조립된 Z-9A-100으로 명명된 헬기가 생산되었다.

Z-9를 기반으로 군 전용 헬기가 생산되었다. WZ-9G, Z-9W, Z-9WA 무장헬기, Z-9WZ 정찰헬기, Z-9C 함정탑재 대잠헬기, Z-9D 공격헬기, DZ-9 전자전 헬기, Z-9AC2 화력통제 헬기, Z-9S와 Z-9KA 탐색구조헬기, 중계 및 연습헬기가 포함된다. 2005년부터 H410A와 H425로 불리는 민수용 모델도 소량 생산되었다. 신형 모델이 AC312라는 이름으로 시장에 나오고 있다. 2018년까지 중국은 400대 미만을 생산할 것이다. 최근 이 기종은 제3세계로 활발하게 수출되기 시작했다(14대가 판매됨).

WZ-10. 최초의 완전한 중국 공격헬기는 WZ-10이다. 탄뎀형(역자주: 조종사가 앞뒤로 앉는 구조) 조종석에 쌍발엔진을 갖춘 이 기종은 602연구소와 함께 창허항공산업그룹(Changhe Aircraft Industry Group: CHAIG, Changhe Aircraft Industry Corporation: CAIC)이 유로콥터사와 아구스타웨스트랜드의 일부 협조를 받아 개발했다. 첫 시제기는 2003년 비행을 실시했다. 프랫 앤 휘트니 캐나다 PT6C-67C 엔진을 수입하여 장착한 6대 미만의 시제기가 생산되었다. 2010년 남부동력/기계단지(South Motive Power and Machinery Complex: 주저우 소재 항공산업회사 AVIC의 AVIC 에어로 엔진스 홀딩스의 일부)에서 생산된 중국산 가스터빈 엔진을 장착한 WZ-10은 CAIC에 의해 양산단계까지 도달했다. 하지만 출력이 이 기종에 충분하지 못한 것 같다. WZ-10은 중국 육군항공대에 의해 활발하게 전력화가 진행되었다(이미 150대 미만이 제작됨). 그러나 중국산 WZ16 엔진의 낮은 신뢰성과 저출력이 단점으로 꼽힌다. 향후 WZ16 엔진이 장착될 가능성도 있다.

Z-11. 최대이륙중량 2.2t인 Z-11 다목적 경헬기는 CAIC가 생산했는데, 프랑스 아에로스파시알(에어버스 헬리콥터스) AS350B 에큐리울이 면허 없이 복제되었다. 중국 측은 Z-11을 독자 개발했다고 주장하는 것 같다. Z-11은 1997년부터 양산되었는데, 이 기종은 면허생산한 WZ8D 엔진을 장착한다. 그러나 수입된 여러 종류의 엔진이 장착될 가능성도 있다. 군용 및 민수용 Z-11 150대 미만이 제작되었을 것으로 평가된다. 이 중 43대는 인민해방군 훈련용으로 운용되었다. 정찰-공격용 모델도 개발되었다. 에어버스 헬리콥터스의 반대를 무릅쓰고 중국은 AC311을 포함해 Z-11 수출을 추진했다. 2011년 아르헨티나에서 Z-11을 조립하는 계약을 체결했지만, 1대로 그쳤다. Z-11을 기반으로 허니웰(Honeywell) LTS101-700D-2 엔진을 사용하는 민수용 AC102 경헬기가 개발되었다.

Z-15. 최대이륙중량 7t인 Z-15 다목적 헬기는 주로 민수용으로 운용되는 기종이다. 하얼빈항공산업그룹(Harbin Aircraft Industry Grpup: HAIG)이 유로콥터사(에어버스 헬리콥터스)와 공동으로 2005년 계약에 따라 개발했다(유럽명으로 EC175, 지금의 H175). 프랫 앤 휘트니 캐나다 PT6C-67E 또는 (중국에서 만든) 터보메카 아르디당 3C 엔진 2기가 장착되었다(중국에서 WZ16이라는 이름으로 생산될 계획임). EC175 시제기는 2009년 프랑스에서 초도비행을 실시했다. 유럽에서 조립된 H175는 2014년 공급이 시작되었는데, 이것이 Z-15라고 여겨진다(주로 중국 시장을 목표로 함). Z-15 시험기 1대가 제작되어 2016년 12월 시험이 시작되었다.

Z-19. Z-19(WZ-19)는 HAIG가 Z-9W를 기반으로 개발한 경공격헬기다. 이 기종은 현대 공격헬기의 표준인 탄뎀형 좌석 배치와 함께 새로 설계된 부분에서 Z-9W와 차이가 있다. Z-19는 Z-19W와 달리 향상된 무장, 방호력 및 첨단 화력통제 체계로 강화되었다. 2011년 초도비행 후 이미 200대 미만이 중국군 육군항공대에서 전력화가 진행 중이다.

Z-20. 10t 미만 중량의 Z-20 중형 다목적 헬기는 UH-60으로 알려진, 미국 시코르스키 S-70C-2의 거의 완전한 복제품인데, 1980년대에 24대가 중국 내에 공급되었다. Z-20의 개발은 1990년대부터 중국항공공업그룹회사(AVIC) 중국헬기연구/개발원(China Helicopter Research 및 Development Institute: CHRDI, 이전의 602연구소)와 공동으로 중국 헬기 제작사인 HAIG와 CAIC가 수행했다. HAIG에서 기체가 제작되었으며, Z-20 시제기 초도비행은 2013년 말에 실시되었다. 현재까지 시험을 위해 시험기만 일부 제작되었다. Z-20에는 WZ-10 공격헬기 로터와 엔진-변속기 조립체가 사용된 것으로 추측된다. 첫 번째 Z-20 시험기들은 중국산 WZ9 엔진 2기가 장착된다. 그러나 Z-20 양산분에는 CNSAIC가 개발한 차세대 엔진인 WZ11 또는 WZ16이 장착될 가능성이 높다.

한국

1990년대 말부터 한국은 한국항공우주산업(Korea Aerospace Industry, KAI)을 통해 중형 다목적 및 전투헬기를 개발하는 KMH 사업을 야심 차게 추진했다. 2004년 이 사업은 9t급 중형 다목적 헬기인 KHP-KUH를 개발하는 더욱 현실적인 사업으로 대체되었다. 이 기종은 KUH-1 수리온(Surion)으로 명명되었다. 2012년 계약에 따라 유럽의 에어버스 헬리콥터스와 공동으로 개발했다. 결과적으로 수리온의 외형은 슈퍼 푸마의 축소판을 연상하게 한다. 에어버스의 비중은 연구개발 6단계에서 30%, 10년간 초도양산 기간 동안 20%다. 한국군에 대한 수리온 공급은 2013년 시작되었고, 다양한 파생형과 함께 10년간 최소 285대가 획득될 계획이다. 2018년 무렵까지 80대 미만이 공급되었다. 민수용 수리 온도 개발될 것이며, 수출도 활발하게 추진되고 있다.

2015년 KAI는 한국 정부와 4.5t급 중간급(소형) 헬기를 개발하는 계약을 체결했다. 군용 소형 무장헬기(Light Armed Helicopter, LAH)와 민수용 소형 민수헬기(Light Civil Helicopter, LCH) 두 종류를 개발하기로 되어 있다. 이 기종은 에어버스 헬리콥터스 H155(지금의 EC155)를 기반으로 에어버스 헬리콥터스와 협력하여 개발될 것이다. LCH는 인증을 받아 2020년, LAH는 2022년 공급이 시작될 것이다. 한국군은 LAH 200대 이상을 획득할 계획이다.

남아프리카공화국

남아공은 1990년대에 남아공 회사인 아틀라스[Atlas, 지금의 데넬(Denel)]사가 공군용으로 TP-1 오릭스(Oryx) 수송헬기를 제작했다. 이 헬기는 SA330 푸마를 기반으로 하며 슈퍼 푸마와 성능이 유사하다. 데넬은 9t급 복좌형 AH-2A 루이발크(Rooivalk) 공격헬기도 동시에 개발했다. 이 기종에는 오릭스의 로터와 엔진-변속기 조립체가 사용된다. 2004년까지 시제기 4대, 양산기 12대가 생산되어 남아공 공군에 납품되었다. 그러나 장비 결함 때문에 사업은 아직까지 끝나지 않고 있다. 수출 홍보가 활발하지만 성과는 없다. 앞으로 루이발크 사업은 불분명한 상황이다. 2015년 데넬은 개량형 모델 개발을 제안하며 세계 시장에 마케팅을 재개한다고 발표했다.

일본

일본은 전통적으로 미국 모델 면허를 받아 자위대용 헬기를 생산해왔다. 그러나 일본의 가와사키중공업은 독자적으로 최대이륙중량 4t의 OH-1 정찰-전투 헬기를 개발했다. 1999년부터 양산 중이지만, 육상자위대 항공대를 위한 구매는 빠르게 진행되지 않는다. 소요는 200대 미만이지만, 2013년까지 시제기 4대와 양산기 34대만 공급되었다. 추가 구매는 일시 중단된 상황이며, 사업 전

망도 불투명하다. 가와사키사는 OH-1을 기반으로 OH-1-Kai(AH-2) 경공격
헬기와 다목적헬기 개발을 제안하고 있지만, 정해진 바는 없다. OH-1은 수출
용으로 제안되지 않는다.

2015년 일본 후지중공업은 자위대와 미국 벨사와 공동으로 차세대 다목적
헬기인 UH-X를 개발하는 30억 2천만 달러 규모의 계약을 체결했다. 자위대
에 150대 이상이 공급될 계획이다. 이 신형 헬기는 벨 412를 대폭 개량한 모델
이 될 것이다.

인도

드루브(Dhruv)는 인도가 처음으로 개발한 헬기다. 국영 힌두스탄 항공 유한회
사[Hindustan Aeronautic Limited(HAL)]사가 1984년부터 서방의 MBB사(이후 유로
콥터사)와 협력하여 ALH 사업으로 개발되었다. 드루브는 5t급에 해당하며, 외
형상 BK117 확장형과 유사하다. HAL이 벵골에서 2002년 양산을 시작했고,
2007년부터는 개량형 MkⅡ가 생산되었다. 2012년부터는 MkⅢ 모델로 생산
되기 시작했다. 2018년까지 총 250대 이상이 생산되었다. 거의 전량이 인도 육
군항공대, 공군, 해군, 해안경비대에 공급된다. 인도군은 390대(육군항공대 150
대, 공군 120대, 해군과 해안경비대 120대)를 획득할 계획이며, 수송형과 탐색구조형
으로 생산된다. 수송-전투용, 대잠형, 해상초계형은 개발 중이다. 앞으로 드루
브에 대한 인도 및 해외 수요는 650대로 평가된다.

드루브는 지금까지도 심각한 기술적 어려움을 겪으며 신뢰성에 문제가 있
고 가격도 높다. 그래도 인도는 드루브 수출을 추진한다. 2010년 7대가 에콰도
르에 공급되었고 몇 대가 네팔, 모리셔스, 몰디브에 무상으로 제공되었다. 그
러나 전반적으로 보면 드루브는 세계시장에서 경쟁력이 없다고 할 수 있다.

루드라(Rudra) MkⅣ는 2007년부터 HAL이 개발한 드루브의 군용모델이다.
루드라 양산분은 2013년 인도군에 공급하기로 되어 있었다. 그러나 지금까지
몇 대만이 제작되었을 뿐이다. 인도 항공대와 공군은 76대를 구매할 계획이다.

드루브 설계를 바탕으로 HAL은 5t급 복좌형 경공격헬기[Light Combat Helicopter(LCH)]를 개발하고 있다. 초도 시제기 시험은 2010년 시작되었다. 현재까지 시제기만 4대가 제작되었다. LCH는 아마도 2020년 이전에는 양산단계에 도달하지 못할 것이다. 인도 육군항공대가 114대, 인도 공군은 65대를 획득할 계획이다.

최근 HAL은 3t급 소형 기동헬기[Light Utility Helicopter(LUH)] 개발을 진행한다. LUH의 초도비행은 2016년 실시했고, 현재까지 시제기 2대가 제작되었다. 인도군은 LUH 184대를 주문하려고 하지만 양산 시기는 미정이다. 또한 HAL은 인도다목적헬기[Indian Multi Role Helicopter(IMRH)]라는 12~13t급 중형 다목적 헬기 개발사업을 추진하고 있지만, 지금까지도 설계단계에 머물러 있다.

3. 전투함정 및 잠수함

전투함정 건조 분야는 군용 항공기에 이어 두 번째로 큰 무기시장이다. 지난 20년간 전투함정 건조 분야는 확실하게 재편되고 있다. 전통적인 함대를 가진 선진국이 예전처럼 세계적인 함정 건조의 중심이다. 독자적으로 첨단 함정을 건조할 수 있는 선진국 그룹은 예전처럼 전통적인 해군 강대국으로 제한된다. 미국, 러시아, 영국, 프랑스, 독일, 스페인, 이탈리아, 일본, 네덜란드, 스웨덴으로 이들 국가는 세계 무기시장에서 주요 수출국이기도 하다.

그러나 최근 해군력 건설을 추진하는 중국, 인도, 한국에서 함정 건조량이 급격하게 증가했다. 여러 국가(그리스, 터키, 아랍에미리트, 이란, 파키스탄, 미얀마, 인도네시아, 태국, 말레이시아, 베트남)에서 자국 내 함정 건조를 위한 조선소를 건설하려 한다.

핵잠수함은 '공식적인' 5대 핵 강국(미국, 러시아, 영국, 프랑스, 중국) 해군 수중 전력의 주력이다. 이 그룹에 인도가 거의 포함되었고, 브라질이 들어오려고 한다. 탄도미사일을 탑재한 핵추진 미사일 잠수함은 5대 강대국의 전략적인 핵전력의 핵심이다(미국은 주요 전력이며, 영국과 프랑스는 유일한 전력임). 이런 점으로 인해 5대 강대국 모두 이 전력을 발전시키기 위해 노력한다.

공식적인(?) 4대 핵 강국이 4세대 함정으로서 다목적 핵잠수함을 건조하고 있다. 다만 중국의 신형 잠수함은 3세대 핵잠수함에 해당할 것 같다. 핵잠수함은 강력한 전투력과 최고의 작전 지속능력 때문에 현재와 가까운 미래에도 가장 효과적인 해군전력이 될 것이다. 또한 강대국을 뒤쫓는 국가의 해군을 상대하기 위한 절대적인 무기가 된다.

그런데 핵잠수함의 수출은 인도와 러시아 간 유명한 에피소드를 제외하면 거의 이루어지지 않는다. 따라서 세계 시장은 비핵(역자 주: 재래식)잠수함 시장으로 볼 수 있다. 전통적으로 비핵잠수함은 디젤-전기 잠수함을 말한다. 2000년 이후 잠항 상태에서 오랫동안 항해할 수 있는 공기불요추진 잠수함이 건조되고 있다. 연료를 이용하는 몇몇(전기화학적 발전기) 폐쇄행정 증기터빈식 스털링 기관, 공기불요추진 체계가 연구되어 적용된다. 운용유지비가 비싸다는 측면이 있으나 공기불요추진 체계 잠수함의 전술적 능력이 향상되면서 현재는 건조 붐이 일고 있다.

대용량 리튬이온전지 탑재가 재래식 잠수함의 최신 경향이다. 이런 경향은 공기불요추진 체계 수요가 늘지 않는 이유가 되기도 한다.

소련의 붕괴와 함께 해상에서 소련 해군이라는 유일하고도 강력한 적의 소멸은 1990~2000년대 주요 외국 해군의 발전에 중대한 영향을 미쳤다. 미국과 그 동맹국 해군은 해양우세권 확보와 전 세계 원정작전 및 군사작전 시 연안에서 적 함대에 대한 전투로 방향을 전환했다. 결과적으로 적 해안의 연안수역에서 작전을 위한 상륙함 및 관련 함정 건조에 대한 관심이 급격하게 증가했다. 지상목표에 대한 공격 능력이 함정 무장 소요의 우선순위가 된다. 동시에 함정에서 운용하는 항공기 수가 증가하고, 원정전력의 핵심으로서 다양한 임무 수행이 가능한 항공모함의 역할이 커지고 있다.

또한 중국의 함정 건조 톤수는 점차 미국 및 그 동맹국 해군이 적으로 상대할 정도까지 늘어나고 있다.

항공모함 건조를 계획하고 건조하는 국가도 점차 늘어나고 있다. 이는 다양한 임무를 수행하고 적 연안에서 전투 지속성을 보장할 수 있는 항공모함의 다기능성으로 설명된다. 항공모함은 고가임에도 해상 및 공중 전력의 효율적인 복합체다. 또한 그만큼 효과적인 군사개입 방법이면서 정치-군사적인 압박 수단이자 초강대국의 국위를 상징한다.

단일임무로 대잠 · 대공 방어가 가능하면서도 수상 및 대지 목표물에 대한 공격 등 다양한 임무 수행이 가능한 함정 건조가 수상함 분야의 주요 경향이다. 그런데 대함유도탄 및 공중위협이 증가하면서 여러 상황에서 대공방어의 우선순위가 높아졌다. 현대의 함정들은 기술적으로 다음과 같은 기술이 적용되어 있다.

- 다기능 전투 체계(그중 최고는 미국의 AEGIS 체계)
- (여러 종류의 미사일 운용이 가능한) 수직 미사일 발사대
- 모듈 및 이동식 무장과 탑재장비 체계
- 네트워크화된 전투정보 기술
- 함정 장비 및 체계 다수의 자동화

스텔스 기술에 적용되면서 함정 형상이 정해졌다.

새로운 형상(삼동형, 쌍동형, 미국 DDG 1000급 구축함)의 함정을 개발하려는 시도가 있다. 원양작전은 범용 대형 호위함/구축함이 주력이며, 근해작전은 범용 초계함/소형 호위함이 주력이다. 전통적인 형상의 전투정(무엇보다 유도탄정)은 점차 사라지고 있다. 전투 지속능력이 확충되고 여러 임무 수행이 가능한 근해작전용 범용 초계함과 소형 호위함이 그 자리를 대신한다. 그러나 제3세계 국가들에는 확보 가능한 가장 강력한 전력으로서 전투정이 오랫동안 의미를 잃

지 않을 것이다. 소형 고속 전투정의 부활도 새로운 경향이다. 이 고속정은 첨단 기술과 무장으로 인해 전투력이 급격히 향상되었다. 이 함정들은 연안 해역 전투 시 소모성 전력이 될 수 있다.

배타적 경제수역 및 어장 보호, 대테러 및 해적 작전을 포함해 평시 해군 임무의 확대로 인해 명확하게 전투함은 아니지만 특화된 경비함정 획득에 대한 관심이 높아졌다. 따라서 경비함정 시장은 해군함정 시장 중에서도 가장 빠르게 성장하고 있다. 초계정은 안정적으로 높은 수요를 보인다.

차세대 범용 수상함 전투 체계에 대기뢰 체계가 통합되면서 소해전용 함정이 사라지는 추세에 있지만, 항로상 기뢰를 탐색하고 제거하는 첨단 기뢰탐색·소해함 건조는 계속된다.

상륙함은 원정작전에 대한 관심이 전반적으로 높아지면서 상당히 발전하고 있다. 수송능력, 탑재도크, 항공전력 이·착함 능력을 보유한 더욱 큰 범용 상륙함이 건조 방향이다. 변화의 정점에는 경항공모함의 아래 단계 정도로 분류되는 항공기를 탑재하는 범용 상륙함이 있다. 공기부양정에 대한 관심도 되살아나는 듯하다. 파도 관통 쌍동형 고속 상륙·수송함의 등장은 상륙함정의 새로운 발전 방향이다.

미국

미국은 세계에서 가장 규모가 크고 현대적인 해군을 보유하고 있다. 핵잠수함과 핵 항공모함을 포함하여 모든 종류의 전투함정을 활발하게 건조한다.

그러나 신조함정 수출은 미국 전투함정 규모에 비해 미미한 수준이다. 게다가 미 국방부의 발주 규모가 커서 조선소를 보유한 미국 함정 건조회사들은 해외수주에 관심을 보이지 않으며, 외국 함정 입찰 참여에도 상대적으로 소극적이다. 지나치게 높은 건조 단가가 미국 조선업의 특징인데, 이로 인해 민수 부문은 외국 조선소에 비해 경쟁력이 거의 없다. 미국에서 외국 정부를 위해 건조하는 소수의 함정은 군사원조 프로그램에 의해 미국 정부의 자금지원을 받는다. 결과적으로 미국의 군사원조를 가장 많이 받는 이스라엘과 이집트, 그리고 사담 후세인 이후의 이라크가 신조 미국 함정의 주요 고객이다. 사우디아라비아 또한 FMS 방식으로 미국 함정 구매가 가능한 잠재적인 구매국이다. 세계 고속 초계정 공급에서 중요한 역할을 하는 미국 전투정 건조업체는 전통적으로 평판이 높다.

미국은 전투함정 건조시장에서 특정 시장만 점유하고 있다고 결론지을 수 있다. 실제 미국은 가장 가까운 동맹국과 우방을 위해 극히 제한적으로 함정을 건조한다. 이 또한 대부분 군사원조 프로그램에 따른 미국의 재정지원으로 수행된다. 하지만 미국 회사들은 경비정, 특히 소형 경비정 시장에서 압도적 지위에 있다. 그러나 수출사업의 대다수는 미국 원조로 진행된다.

미국 디젤-전기 잠수함은 핵잠수함 건조로 완전히 전환된 1950년대에 건조가 중단되었다. 미 해군은 미국의 첨단 잠수함 건조 기술, 특히 저소음 기술이 외국으로 유출될 것을 우려하면서 미국 업체의 독자적인, 수출용을 포함한 재래식 잠수함 설계와 건조를 제한했다. 2000년 이후 이집트와 대만용 디젤 잠수함 건조에 대해 검토하면서 미국 조선소에서 유럽에 공급하는 구성품으로 유럽 잠수함을 건조하는 방안이 검토되었다. 2001년 미국 정부는 대만에 디젤 잠수함을 공급한다고 발표했다. 그러나 독일과 네덜란드 정부는 중국과의 관계 악화를 우려해 미국의 대만용 잠수함 조립에 대한 승인조차 거부했다. 미국 노스롭그루만사는 1950년대 바벨(Barbel)급 디젤 잠수함을 기반으로 완전한 차세대 대만형 잠수함 설계 및 건조를 제안했지만, 의문스러울 정도의 지나치게 높은 가격(120억 달러 이상)으로 인해 현실화되지 못했다. 대만 잠수함 사업은 지금까지도 어중간한 상황이다. 결국 대만 정부는 독자적으로 잠수함을 설계 및 건조하기로 결정했다.

미국과 이스라엘은 자르(Saar) 5 공동사업에 따라 이스라엘용 에이라트(Eilat)급 3척을 건조한 것이 1990년 이후 미국의 가장 큰 규모의 수출이었다. 표준배수 톤수 1,075t인 이 함정은 동급 함정에 비해 충실한 무장과 스텔스

(Stealth) 기술이 적용되었다. 미국 군사원조를 받아 리턴(Litton)사의 잉걸스 조선소(Ingalls Shipbuilding)에서 건조되었다. 이스라엘 해군에는 1994~1995년 인도되었다. 최근에는 록히드마틴이 일반 선체형인 프리덤(Freedom)급을 기초로 무장이 강화된 모듈형 범용 연안전투함정을 미국의 동맹국에 제안한다. 다목적 수상전투함(Multi-Mission Surface Combatant, MMSC)이라는 이름으로 사우디아라비아를 위해 만재 배수 톤수 4천 t의 함정(호위함) 4척을 건조하는 계약을 체결했다. 무장을 포함해 사업 규모는 112억 4천만 달러로 평가된다(함정 설계 및 건조비는 60억 달러임). 사우디 측에는 2025~2028년 인도될 것으로 예상된다.

FMS 방식의 미국 군사원조로 이집트를 위해 특별히 설계된 앰배서더Ⅳ[S. 에자트(Ezzat)]급의 800t 소형 유도탄 초계함 건조사업이 최근 10년간 대형 사업으로 분류된다. 이 함정은 오랜 설계와 협의 끝에 VT 홀터마린(Halter Marine) 조선소에서 2014~2015년 10억 5천만 달러에 건조되었다.

미국의 리버호크 패스트 시 프레임(RiverHawk Fast Sea Frames)사는 이라크에 공급하기 위해 FMS 방식으로 2009~2012년 1,400t급 범용 알 바스라(Al Basrah)급 경비함 2척을 8,600만 달러에 건조했다. 같은 조선소가 FMS 군사원조 프로그램에 따라 레바논용으로 2012년 43.5m급 대형 초계정을 건조했고, 또 다른 미국 조선소인 볼링어 조선소(Bollinger Shipyards)는 동일한 형상으로 2011년 예멘을 위해 27m급 초계정을 건조했다.

투자그룹인 에이펙스(Apex)사가 관리하는 스위프트 조선소(Swiftships Ship builders)는 FMS 방식으로 함정을 수출하는 주요 업체다. 최근 20년 동안 이집트용으로 업체 자체설계에 따라 28m급 경비정 22척(미국 군사원조, 일부는 이집트에서 건조함)과 이라크용으로 35m급 9척을 건조했다. 이 조선소는 쿠웨이트용 수중침투작전 지원용 54m급 선박 2척, 2017년에는 바레인용으로 35급 경비정 2척을 수주했다.

미국 조선소인 유나이티드 스테이트 마린(United States Marine)은 주로 특수전 지원 소형 고속정을 수출용으로 건조했다. 지난 10년간 FMS 방식으로 25m

급 Mk5 SOC 경비정이 쿠웨이트용으로 10척, 바레인용으로 2척 건조되었다. 2013년 미국은 12억 달러 규모 Mk5 SOC 30척을 사우디아라비아에 공급할 계획을 발표했지만 이행되지 않았다. 그 대신 2017년 사우디를 위해 좀 더 최신 함정인 Mk6 SOC의 알려지지 않은 수량을 건조하는 20억 달러 규모의 새로운 계약이 체결되었다.

미국이 수출 전용으로 건조하는 전투함정은 적지만 예전부터 중고 함정은 세계에서 가장 많이 공급한다. 제2차 세계대전 이후 수십 년간 군사원조 프로그램으로 함정을 대량 양도하면서 시작되었다. 현재도 미국은 예전처럼 도태된 퇴역 전투함정 다수를 동맹국과 우방국에 양도하고 있다. 상업적인 거래 형태이지만 기본적으로 무상 또는 낮은 가격으로 이전된다.

미국이 실시하는 모든 전투함정 양도는 정치적인 성격으로서, 해당 국가의 군사 역량을 지원하기 위함이다.

영국

영국은 주요 해군 강국으로서 지위를 유지하고 있다. 최근 영국 해군을 위해 일련의 함정 건조사업이 추진되고 있다. 이 중에서 CVF(Queen Elisabeth)급 대형 항공모함과 어스튜트(Astute)급 핵잠수함 건조가 가장 규모가 크다. 차세대 핵미사일 잠수함과 26형 및 31형 차세대 호위함 건조도 계획되어 있다. 그러나 영국은 지난 20년간 세계 시장에서 지위를 잃어왔다. 게다가 영국 조선업은 전반적인 위기 상황에 처해 있어 아마도 영국은 앞으로도 계속 세계 방산시장에서 입지가 좁아질 것이다.

전통적으로 영국 조선업은 수출만을 위한 함정을 다수 개발한다. 이런 경향은 현재 더 굳어지고 있다. 영국의 2대 조선업체는 야로(Yarrow)와 보스퍼 소니크로프트(Vosper Thornycroft, VT) 그룹으로 호위함, 초계함, 경비함, 전투정 등 다양한 수출용 함정을 판매한다. 또한 구매국의 요청에 따라 어떠한 함정이라도 설계가 가능하다. 현대 영국 함정 조선업의 특징은 1999년 야로, 2009년 보스퍼 소니크로프트 그룹을 흡수한 BAE 시스템즈사 아래로 완전하게 통합되어 있다는 점이다. 비록 CVF 항공모함 건조에 타 조선업체들이 대거 참여하고 있지만, 수출사업을 포함한 주요 함정 건조사업은 BAE 시스템즈 마리타임(Maritime) 지사로 집중되어 있다. 이 회사는 기존의 모든 수출사업과 계약을 승계했다.

국제적으로 경쟁이 심해지는 반면, 영국 함정의 원가가 지나치게 높아 1990년대 이후 영국은 전투함정 건조에서 이렇다 할 성과를 내지 못했다. 1990년대 중반부터 2000년대 중반까지 단 한 건의 대형 수출계약만 성사시켰을 뿐이다. 1998년 야로사는 브루나이를 위해 7억 영국 파운드화 규모의 나코다 라감(Nakhoda Ragam)급 초계함 3척을 수출하는 계약을 체결했다. 그런데 구매국은 2003~2004년 건조가 완료된 초계함 인수를 거부했고, 이 함정들은 2013년 인도네시아가 3억 8,500만 달러에 구매했다.

긴 공백 기간을 거쳐 2007년 영국 조선업은 보스퍼 소니크로프트 그룹이 오만 해군용 2,740t 카리프(Khareef)급[알 샤미흐(Al Shamikh)급] 초계함 3척을 4억 파운드, 트리니다드토바고용 2천 t급 BVT-90M 경비함 3척을 1억 5천만 파운드에 계약하는 등 일부 사업을 수주했다. 하지만 BAE 시스템즈로 이관된 두 사업 모두 심각한 어려움에 직면했다. 오만 해군용 초계함 건조는 지체되었고, 이 함정들은 2013~2014년이 되어서야 인도되었다. 이로 인한 BAE 시스템즈의 손실은 1억 6,300만 파운드에 달했다. 트리니다드토바고는 이미 건조된 경비정 3척의 인수를 거부했다. 결국 이 함정들은 2011년 1척당 3,300만 파운드에 브라질에 판매되었다(아마조나스급). BVT-90M급 건조 면허는 2009년 태국에 판매되어 1척은 건조되었고, 2번함은 건조가 시작되었다.

이후 영국군 조선업의 유일한 수출성과는 중형 조선소인 밥콕 마린 애플도어 조선소(Bobcock Marine Appledore Shipbuilders; 밥콕그룹에 속함)가 아일랜드를 위해 2,300t PV90 경비함 4척을 2억 7,900만 유로에 계약한 것이다[STX 캐나다 마린(Canada Marine)이 개발]. 이 경비정은 2014~2018년 건조되었다[사무엘 베케트

(Samuel Beckett)급].

호주 정부가 BAE 시스템즈와 26형 GCS(Global Combat Ship) 호위함 9척을 건조하는 계약을 체결한 2018년이 되어서야 영국 조선업은 호기를 맞이한다. 이 호주 해군용 함정들은 BAE 시스템즈와 공동으로 호주 국영 조선소인 ASG 조선소가 2027년부터 2042년까지 인도를 목표로 건조될 것이다. 9척에 대한 전체 사업 규모는 257억 달러로 평가된다.

비록 영국 회사들이 수십 년간 세계 시장에서 전투정 및 경비정의 주요 공급자였으나 최근에는 이 부문에서 입지가 상당히 약화되었다. 몇몇 영국 회사는 외국에서 함정 건조를 위한 설계 및 기술자문을 수행한다. 영국의 그리폰 호버워크(Griffon Hoverwork)사[블랜드(Bland)그룹에 속함]는 그리폰(Griffon)급 소형 공기부양정에 대해 활발하게 판촉활동을 벌이고 있다.

영국 해군의 명성과 수준 높은 정비 능력으로 인해 도태된 함정 양도가 활발하게 이루어지고 있다. 결론적으로 영국은 '중고' 함정의 주요 공급국에 포함된다. 그러나 영국은 미국과 달리 오직 상업적으로만 판매한다.

프랑스

프랑스에서는 최근 10년간 프랑스 해군을 위해 핵미사일 및 핵추진 다목적 잠수함, 미스트랄급 범용 상륙함, 프랑스-이탈리아 합작 호라이즌(Horizon)과 FREMM 사업으로 추진 중인 호위함 양산을 포함한 해군 함정 건조사업이 추진되었다. 프랑스는 수출용 전투함정 건조에서 세계 시장의 주도적인 위치에 있다.

국영 나발그룹(Naval Group; 이전의 DCNS, 더 이전의 DCN)이 프랑스 해군 주력 함정 건조사업을 거의 독점하고 있다. 민간 조선소는 소형 전투함정을 건조하고 수출에서도 중요한 역할을 하고 있지만, 자국 내 함정 건조사업에서의 역할은 제한적이다.

현재뿐만 아니라 앞으로도 프랑스는 세계 함정 건조시장에서 굳건한 지위를 유지할 것이다. 나발그룹을 중심으로 한 프랑스 조선업은 시장이 요구하는 거의 모든 종류의 함정, 즉 재래식 잠수함, 중·대형 호위함, 초계함, 경비함정, 대형 상륙함, 보조선, 다양한 소형함정 분야에서 경쟁력을 갖추고 있다. 또한 특수 분야(항공모함, 핵잠수함)도 제안할 수 있는 능력이 있다. 나발그룹의 강점은 고유 전투체계 및 탑재장비와 함정을 통합할 수 있는 능력이다. 프랑스는 독자적으로 나발그룹, 탈레스, MBDA, 에어버스, 넥스터 등이 생산하는 함정 무기체계 및 전자장비를 공급할 수 있다는 특징이 있다. 프랑스는 1970년대에 디젤-전기 잠수함 건조를 중단했지만, 최근 20년간 몇몇 사업에서 성공을 거두며 재래식 잠수함 시장으로 복귀했다. 1994년 파키스탄과의 계약에 따라 구형 아고스타 잠수함을 재설계한 아고스타 90B급 3척을 건조했다. 1척은 건조되어 1999년 인도되었고, 다른 2척은 2005년까지 파키스탄에서 건조되었다.

나발그룹이 스페인 나반티아 조선소와 합작으로 개발한 스코르펜 대형 잠수함을 진정한 성과로 볼 수 있다. 스코르펜 각각 두 척이 칠레(계약금액 4억 8,500만 달러, 2005~2006년 인도)와 말레이시아(계약금액 10.5억 달러, 2008~2009년 인도)를 위해 건조되었다. 그런데 잠수함의 모든 구성품은 프랑스와 스페인에서 제작되었고, 프랑스 셸부르와 스페인 카르타헤나에서 1척씩 조립되었다. 2005년 프랑스는 인도와 스코르펜 잠수함 6척을 32억 달러에 면허생산하는 계약을 체결했다. 인도에서 건조가 지체되어 2017년에야 납품되었다. 2009년에는 브라질과 스코르펜 개량형 4척을 공급하는 계약이 성사되었다. 4건 계약 모두 독일 함정을 눌렀다는 점은 반드시 언급되어야 한다. 프랑스는 세계 시장에서 핵잠수함 건조기술을 공급할 수 있는 극소수 국가 중 하나다.

프랑스에서 가장 큰 함정 수출은 2009년 브라질과 서명한 88억 유로 이상 규모의 다수 계약이다. 여기에는 나발그룹이 브라질과 공동으로 재래식 잠수함 및 핵잠수함을 건조하는 계약이 포함된다. 개량형 스코르펜급 대형 재래식 잠수함의 브라질 면허생산이 가장 규모가 크다. 건조는 브라질 국영 이다과이 조선소[Itaguaí Construções Navais(ICN)]와 공동으로 이루어졌다. 브라질 측의 경제 및 기술적 어려움으로 건조는 상당히 지연되어 히아슈엘로(Riachuelo) 잠수함(역자주: 1번함)은 최초 2016년에서 2020~2021년 이후로 인도 시기 연기가 예상된다. 나발그룹이 참여하여 설계하고 ICN에서 건조되는 브라질 최초의 핵잠수함은 지금도 사업이 착수되지 않아 추진 여부는 불확실하다.

2010년 나발그룹과 스페인 나반티아사는 스코르펜급 공동 개발에 대한 약정을 파기하기로 했다. 현재 프랑스는 인도의 입찰에 참여하는 등 독자적으로 스코르펜에 대한 마케팅을 진행하고 있다. 한편 나반티아사는 자체적으로 개발하는 S-80A에 집중하고 있다.

호주 해군용 재래식 잠수함 12척 건조사업에 선정된 것이 나발그룹이 독자적으로 거둔 가장 큰 성과다. 나발그룹과 탈레스그룹 컨소시엄은 쇼트핀 바라쿠다 블록 1A 대형 잠수함을 제안했다. 이 잠수함은 나발그룹이 프랑스 해군용으로 건조한 신형 다목적 바라쿠다(Barracuda) 핵잠수함의 재래식 잠수함 모델이다. 쇼트핀 바라쿠다 블록 1A 전장은 94m이며, 만재배수량은 4,700t이다.

잠수함은 호주에서 건조될 것으로 예상되며, 각 부분은 프랑스에서 나발그룹이 제작할 것이다. 12척을 건조하는 기간은 25년이므로 2030년 이후에야 전력화될 것이다. 사업 규모는 800억 호주달러로 평가된다.

나발그룹은 자체 개발한 공기불요기관인 MESMA를 사용하는 함정을 개발하여 제안한다. 이 기관은 폐쇄기관 내 에탄올과 산소를 혼합 및 연소시켜 증기터빈을 가동한다. 파키스탄용 개량형 아고스타 90B에 3세트가 공급되었다. 그러나 현재 나발그룹은 MESMA에 대한 마케팅을 거의 하지 않고 디젤유의 촉매개질을 이용한 신형 공기불요기관을 개발하고 있다(러시아와 인도에서 이 분야에 대한 최근 연구와 유사함).

2011년 러시아 국방부와 체결한 미스트랄 범용 상륙함 2척 계약이 최근 가장 중요한 프랑스 함정 수출이었다. 계약금액은 총 12억 유로였는데, 9억 8천만 유로는 함정 건조 비용이고 나머지는 기술문서 및 면허 비용으로 추정된다. 계약 내용은 나발그룹의 주도하에 프랑스 생나제르에 위치한 STX 유럽 조선소에서 2척이 건조되어 러시아로 인도하는 것이었다. 옵션으로 러시아로 추가 2척을 건조하기로 되어 있었다. 이 함정은 러시아 해군 편제에 상륙강습함 블라디보스토크(Vladivostok)함과 세바스토폴(Sevastopol)함으로 등재되었다. 결국, 알려진 바대로 2척 모두 건조가 완료된 2015년 8월 계약이 파기되었다. 이집트가 9, 500만 유로에 2척을 구매했다. 이 함정들은 가말 압델(Gamal Abdel)함과 안와르 알사다트(Anwar Al-Sadat)함이라는 이름으로 이집트 해군에 편입되었다.

프랑스가 수출하는 전투함은 예전부터 수출 전용 함정이 아니었고 프랑스 해군이 운용하고 있는 함정과 동일한 형상이었다. 프랑스 해군용 라파예트급 5척을 1990년대에 건조한 사업이 가장 규모가 컸다. 이 함정은 만재배수량 3,700t급에 세계 최초로 스텔스 기술을 폭넓게 적용한 대형 함정이었다. 개량형 라파예트급 호위함을 건조하는 3건의 대형 수출계약이 체결되었다.

- 대만 호위함 6척(계약액 28억 달러, 1996~1998년 함정 인도, 무장은 대만에서 탑재)
- 사우디아라비아 호위함 3척(계약액 34억 달러, F-3000S 3척 2002~2004년 인도)
- 싱가포르 호위함 6척[계약액 16억 달러, 델타(Delta)급 1척 2006년 인도, 나머지 5척은 2007~2009년 싱가포르에서 건조되어 인도]

2002년 모로코용으로 아틀랑티크 조선소(Chantiers de l'Atlantique)에서 만재배수량 2,950t인 플로레알(Floréal)급 순찰 호위함 2척이 1억 4천만 달러에 건조되었다. 이 함정은 이미 프랑스 해군이 운용하던 6척과 동일한 모델이었다. 나발 그룹은 잠재 구매국에 싱가포르에 수출했던 델타급을 기반으로 개발한, 만재배수량 4천t의 FM400으로 명명한 모듈식 모델을 제안하면서 라파예트급을 기반으로 하는 호위함에 대한 홍보를 지속하고 있다.

FREMM은 프랑스의 신형 호위함이다. 프랑스와 이탈리아가 2002년 공동 개발 및 건조 계약을 체결했다. 프랑스는 만재배수량 5,600t FREMM급 호위함 8척(최초 17척에서 감소함), 이탈리아는 10척을 건조하기로 계획했다. 초도함인 아키텐(Aquitaine)함은 2012년 프랑스 해군에 인도되었다. FREMM은 세계 시장에서 동급 함정 중 라파예트급을 넘어설 수 있는 강력한 모델로 인식된다.

2008년 계약에 따라 나발그룹은 모로코용 FREMM급 호위함 1척[모하메드 (Mohammed) IV]을 건조했다. 이 함정은 프랑스에서 건조된 두 번째 FREMM 함정이었고, 2014년 인도되었다. 2015년 체결된 계약에 따라 프랑스 해군용으로 건조한 FREMM급 두 번째 노르망디(Normandie)함은 다소 라팔 전투기 24대와 프랑스 유도무기를 도입하는 총 55억 5천만 유로 규모의 총 5건의 계약 중 하나로서 이집트 해군에 인도되었다. 노르망디함 구매가격은 9억 5천만 유로다 (승조원 훈련 및 보증수리 5년 포함). 또한 5건의 계약에는 4억 달러 규모의 호위함용 유도탄 계약이 포함된다[아스터 15 대공미사일, 엑조세(Exocet) MM40 블록 3 대함미사일]. '타야 미스르(Tahya Misr)'로 새로 명명된 이 호위함은 2015년 6월 이집트에 인도되었다. 계약상 FREMM급 호위함 1척을 추가 건조할 수 있는 옵션이 있었지만, 이행 여부는 불확실하다.

나발그룹은 현재 떠오르는 소형 전투함정 및 해안경비대 경비함정 시장에 만재배수량 1,000~2,500t 고윈(Gowind)급 계열 초계함으로 진출하려고 시도한다. 기술적으로 보면 고윈급은 FREMM급의 축소판으로 구매국의 요구에 따라 초계함과 경비함에 맞는 장비를 유연하게 탑재할 수 있다. 고윈급의 시장 진출을 촉진하기 위해 나발그룹은 자체적으로 경비함을 건조했다. 이 함정은 라드호아(L'Adroit)함으로 명명되었고, 임대 형식으로 프랑스 해군에 인도되었다. 2018년 아르헨티나는 라드호아함 구매와 추가로 3억 유로에 프랑스에서 동형 함정 3척을 건조하는 계약을 체결했다.

나발그룹은 말레이시아 2세대 초계함-연안전투함(Second-Generation Patrol Vessel – Littoral Combat Ship) 건조사업에서 고윈급으로 2011년 수주했다. 강화된 무장을 탑재하는 초계함(호위함) 24척을 말레이시아 국영 조선소에서 건조하기로 되어 있다. 계약에 따라 만재배수량 3,100t 고윈 2500 초계함 6척을 28억 달러에 말레이시아 조선소인 BNP에서 나발그룹의 협력하에 건조될 것이다.

선도함인 마하라자 렐라(Maharaja Lela)함은 2019년 인도하기로 되어 있었다.

2014년 나발그룹은 이집트 해군을 위한 만재배수량 2,600t 고윈 2500 초계함 4척을 약 10억 달러(유도탄 도입 비용은 제외)에 건조하는 계약을 체결했다. 선도함인 엘 파테(El Fateh)함은 프랑스에서 건조되어 2017년 인도되었다. 나머지 3척은 나발그룹의 참여하에 알렉산드리아의 이집트 해군 조선소에서 2019년 인도를 목표로 건조했다. 계약상 옵션으로 2척을 추가로 건조할 수 있다. 아랍에미리트는 나발그룹과 고윈급 초계함 2척을 구매하는 가계약을 체결했다.

CMN그룹은 소형 초계함, 경비함, 전투정 분야에서 전통적인 선두주자로서 다양한 함정을 수출한다. 이 회사는 2003년부터 아랍에미리트와 만재배수량 930t BR70(바이누나급) 소형 유도탄 초계함을 6억 6천만 달러에 건조하는 계약을 이행했다. 선도함은 CMN, 나머지는 아부다비의 국영 아부다비 조선소에서 건조되었다. 2015~2018년이 되어서야 모든 함정이 아랍에미리트 해군에 인도되었다.

2013년 체결된 계약에 따라 CMN은 모잠비크를 위한 오션 이글(Ocean Eagle) 43급 삼동선 소형 경비함 3척과 HSI 32 32m급 경비정 6척을 건조했다. 다른 여러 국가를 위해 소형 쾌속정도 건조한다.

2014년 CMN이 레바논과 체결한 라콩바탕트(La Combattante) FS 56 56m급 대형 유도탄정 3척을 건조하는 계약이 최근에 알려진 대형계약이다.

프랑스 회사인 르루 앤 로츠[Leroux & Lotz; 이후 STX 로리앙(Lorient)과 같은 STX 프랑스(France)의 자회사]는 레드코 마린 인터내셔널(Raidco Marine International)과 공동으로 다수의 중소형 경비함을 개발했다. 구체적으로 보면 800t급 OPV 70 경비함이 2011년 모로코로 인도되었고, OPV45 45m급 소형 경비함이 세네갈을 위해 건조되었다. 기타 아프리카 국가를 위한 경비정도 제작되었다.

레드코 마린과 보르도 해군 건조회사(Constructions Navale Bordeaux, CHB)사는 수출용 전투정을 건조한다. 2013년 나발그룹과 프랑스 민간기업 피리우(Piriou)사의 합작기업인 케르십(Kership)사는 최근 가봉을 위해 OPV50 58m 소형 경비함을, 모로코를 위해 LCT50M 50m급 소형 상륙함을 건조했다. 2014년에는 사우디아라비아 해군을 위해 신형 CPV 105 32.5m급 경비정 몇 척(25 이상 30척 미만에 추가 30척 옵션)을 5억 유로에 건조하는 대형 계약을 수주했다. 또한 모로코는 2016년 피리우사의 72m급 수로측량선을 주문했다.

최근 대기업이 아닌 프랑스 OCEA사가 함정 건조시장에서 상당한 성과를 거두었다. 자체 FPB 계열 경비정 다수가 알제리, 쿠웨이트, 나이지리아. 세네갈, 필리핀, 베냉, 리비아, 수리남을 위해 건조되었다. 2015년 OCEA는 인도네시아 해군의 OSV 190 Mk II (기뢰탐색이 가능한) 60m급 소형 수로측량선 2척을 인도네시아 해군에 인도했다. 그 후 이미 세네갈 해군을 위해 경비함 OPV 190 Mk I 과 유사한 함정을 건조했다. 필리핀 해안경비대는 OCEA와 알루미늄 선체의 OPV 270 신형 82m급 경비함을 건조하는 계약을 체결했다. 이 함정은 2018년 인도되었을 것이다. 2011년 체결된 계약에 따라 이라크 해군을 위해 50m급 연안 수송선 2척을 건조했다.

프랑스 소카레낭(Socarenam) 조선소는 2014~2015년 2,660만 유로에 벨기에 해군을 위한 55M 55m급 중형 경비함을 인도했다. 프랑스 중형 조선소인 쿠아크 플라스코아(Couach Plascoa)는 2016년부터 1억 3천만 유로 상당의 계약에 따라 사우디아라비아용 17m급 소형 고속단정 79척을 건조하고 있다.

프랑스는 여타 서유럽 국가와 달리 해군이 운용하던 함정을 판매한 사례는 많지 않다.

독일

독일은 지난 50년간 재래식 잠수함 공급원이라는 명성과 함께 세계 해군함정 시장에서 인정받는 국가다. 최근 티센크루프(ThyssenKrupp)그룹의 일부로 2003년 설립된 티센크루프 마린 시스템즈[ThyssenKrupp Marine Systems(TKMS)]가 현재 해군함정 시장을 주도하고 있다. 이 회사에는 블롬운트포스(Blohm+Voss), 호발트스베르크-도이치 베르프트[Howaldswerke-Deutsche Werft(HDW)]와 노르트제베르크(Nordseewerke) 같은 유명한 독일 조선소가 포함되어 있다. 소형함정만 제외하고 모든 함정을 건조하며, 인제니우르콘토르 루벡[Ingenieurkontor Lubeck(IKL)]이 잠수함을 설계한다.

중형 209급 잠수함이 거의 40년간 독일 잠수함 중 주력 수출 품목이었다. 1960년대 후반부터 209 계열의 잠수함 67척이 15개국 해군을 위해 독일 및 (독일의 협력하에) 외국에서 건조되었다. 이 국가들은 아르헨티나, 브라질, 베네수엘라, 그리스, 이집트, 인도, 인도네시아, 콜롬비아. 페루, 포르투갈, 터키, 칠레, 에콰도르, 한국 및 남아공이다. 지속적으로 성능이 개량되는 209급은 수출 잠재력이 높다. 2000년대 이후 체결된 몇몇 계약이 이를 증명한다. 남아공 해군을 위한 209/1400Mod 3척(2005~2007년 인도), 포르투갈 해군용으로 공기불요기관을 사용하는 209PN 2척이 건조되었다(2010년 인도). 이집트를 위해 2011년과 2014년 209/1400Mod 4척을 TKMS에서 건조하는 계약이 체결되었다. 1차분 2척은 9억 2천만 달러에 2016~2017년 이집트 해군에 인도되었고, 2차분은 2021년 인도가 예정되어 있다. 이집트 정부는 동급 함정 2척 또는 4척을 추가로 구매하는 협상을 진행하고 있다.

또한 한국의 대우조선해양[Daewoo Shipbuilding and Marine Engineering(DSME)]이 세계 시장에 209급 잠수함을 제안한다. 제안되는 모델은 독일 209/1200 개량형인 DSME 1400이다. 1980~1990년대 한국 해군을 위해 이 잠수함을 건조했고, 잠수함에 대한 면허도 보유하고 있다. 2011년 대우조선해양은 인도네시아 해군을 위해 DSME 1400급 3척을 11억 달러에 건조하는 계약을 체결했다. 2척은 한국에서 건조하여 2017~2018년 납품했고, 3번함은 한국 조선소의 도움을 받아 인도네시아에서 건조 중인데 2021년 이후에나 인도가 가능할 것으로 예상된다.

(전기화학적 발전기의) 연료전지를 기반으로 효율적인 잠수함용 공기불요 전기추진 체계가 세계 최초로 개발된 것은 독일 기술력의 눈부신 성과로 인정되며, 이 추진 체계를 장착하는 새로운 세대의 잠수함을 개발하는 것이 가능해졌다.

1998년부터 독일(TKMS가 2005~2016년 6척 건조함)과 이탈리아(2005~2015년 4척 건조, 2척 추가 주문) 해군을 위해 신형 212A급 대형 잠수함이 건조되고 있다.

노르웨이는 2017년 개량형 212A(212CD로 명명)를 기반으로 재래식 잠수함 4척(추가 2척은 옵션)을 건조하기로 결정했다. 이와 관련하여 40억 달러 규모의 독일-노르웨이 공동사업에 대한 계약이 2019년 체결될 예정이고, 잠수함은 2025~2030년 인도를 목표로 TKMS에서 건조될 것이다. 독일은 이 사업으로 212CD급 2척을 주문할 것이다.

출력이 감소된 공기불요기관을 사용하는 확장형 214급은 수출용으로 건조되는데, 주문한 국가는 다음과 같다.

- 그리스: 12억 달러 규모 계약(1척은 TKMS에서 건조 후 2010년 인도, 3척은 TKMS 소유의 그리스 조선소에서 건조되어 2015~2016년 인도)
- 한국: 2006~2017년까지 자국에서 면허생산
- 터키: 2009년 6척을 면허생산하기로 계약, 전력화는 2020년부터로 예상

TKMS는 IKL이 개발한 212A와 214급 잠수함으로 세계 시장에 공격적으로 진출하고 있다. 또한 신형 216급 대형 잠수함 마케팅을 시작했다. 재래식 잠수함 12척을 도입하는 호주 해군의 입찰에 참여했다.

214급 잠수함의 확장 발전형은 같은 공기불요기관을 사용하는 218급 잠수함이다. 2013년 TKMS는 싱가포르 해군을 위해 218SG급 잠수함 2척을 16억 달러에 계약했다. 2017년 수정계약으로 2척이 추가됐다. 킬(Kiel)에 위치한 HDW 조선소에서 2021~2024년 싱가포르에 납품을 목표로 건조 중이다.

IKL이 개발한 수출형 IKL 800 모델은 독일 잠수함의 또 하나의 줄기가 된다. 이스라엘을 위해 HDW에서 돌핀(Dolphin)급 대형 잠수함이 건조되었고, 1999~2000년 인도되었다. 전체 건조 비용 8억 7천만 달러 중 독일 정부가 7억 달러를 부담했다. 13억 달러 규모의 계약에 따라 TKMS는 이스라엘을 위해

IKL 800의 확장 개량형을 건조했다. 212A의 공기불요기관을 사용하는데, 이스라엘 해군에는 2014~2015년 전력화되었다.

독일은 건조 비용으로 이번에는 3억 7,500만 유로만 부담했다. 2012년 TKMS는 IKL 800 개량형 세 번째 잠수함을 7억 달러에 2019년 인도하는 계약을 체결했다. 독일 정부는 이 잠수함 건조비의 일부인 1억 3,500만 달러를 부담했다.

2017년 이스라엘 정부는 돌핀급 3척을 대체하기 위해 IKL 800 개량형 잠수함 3척을 추가로 건조하는 15억 달러 규모 계약을 독일과 체결했다. 이 잠수함은 2027년부터 전력화될 것이며, 독일은 건조 비용의 27%를 부담하기로 되어 있다.

수상 전투함정 수출 시장에서 독일이 확고한 입지를 다지게 된 것은 1970년대 말부터 블롬운트보스가 제안하는 다양한 '호위함-초계함'급 함정 덕분이다. 이 함정들은 혁신적인 모듈식 MEKO 개념으로 개발되었고, 이 개념에 따라 주문자의 요구대로 무장과 전자장비를 장착하고 탑재할 수 있었다. 지난 25년 동안 독일 및 구매국 조선소에서 다음에 나열하는 국가의 해군을 위해 1세대 MEKO 개념에 따라 호위함 36척이 건조되었다.

- 대형 MEKO 360 5척: 아르헨티나 4척, 노르웨이 1척
- 중형 MEKO 200 25척: 호주와 터키 각 8척, 그리스 4척, 포르투갈 3척, 뉴질랜드 2척
- 소형 MEKO 140 6척: 아르헨티나

MEKO 개념은 독일 해군의 123, 124와 125급 호위함 설계에도 적용된다.

1990년대에 블롬운트보스는 시장에서 어느 정도 인기를 얻은 MEKO 'A' 개념의 차세대 함정을 개발했다. 만재배수량 약 1,800t의 MEKO Λ100 초계함은 독일 자체 K130급 초계함 설계를 위한 원형으로 선정되었다(5척 건조 및 5척

추가 주문). 이 함정은 또한 폴란드에서 2010년부터 전력화된 슬라자크(Slazak) 초계함을 위한 원형이 되기도 했다(건조가 장기화되면서 2019년 인도를 목표로 경비함용으로 건조되었음). 말레이시아는 14억 달러 규모의 계약으로 경비함 형상의 MEKO A100급 함정[케다(Kedah)급] 6척을 주문했다. 이 중 2척은 TKMS에서 건조했으며, 2006년 인도했다. 나머지 4척은 말레이시아에서 건조되어 2009~2010년 인도했다.

만재배수량 3,600t의 더 큰 호위함인 MEKO A200은 남아공을 위해 12억 달러에 4척이 건조되어 2006~2007년 인도되었다.

2012년 TKMS는 알제리와 MEKO A200AN 호위함 2척, 옵션으로 추가 2척을 21억 7천만 달러에 건조하는 계약을 체결했다. 알제리가 주문한 2척은 TKMS가 외주를 준, 킬에 소재한 게르만 나발 야즈 킬(German Naval Yards Kiel) 조선소에서 건조되었다[이 회사는 국제 금융-산업 그룹인 프리빈베스트(Privinvest)의 게르만 나발 야즈 홀딩스(German Naval Yards Holdings)로 흡수됨]. 2척은 2016년 인도되었다.

2014년 독일과 이스라엘은 독일의 MEKO A100 개량형을 기반으로 이스라엘 해군용 신형 경비함 4척을 TKMS가 건조하는 계약을 체결했다(가끔 'MEKO 80'이라는 이름으로 언급되기도 함). 이스라엘에서는 자르(Saar) 6으로 지칭한다. 한편, 독일 정부는 이 함정 4척의 건조 비용 약 10억 달러 중 약 1억 1,500만 유로를 지원하기로 합의했다. 이 함정은 표준배수량 약 2천 t에 이스라엘에서 무장과 장비를 주로 탑재하는 강력한 대형 초계함이 될 것임이 분명하다. 이스라엘 해군의 자르 6은 TKMS가 게르만 나발 야즈 킬 조선소에 외주를 통해 건조한 알제리용 호위함과 유사한 형상으로 건조될 것이다. 선도함은 2019년 전력화될 것이다.

TKMS는 MEKO 개념 함정의 발전형으로서 차세대 함정을 개발한다. 구체적으로 보면, MEKO 기술을 바탕으로 미국의 LCS 개념과 유사한 모듈식 연안 전투함인 MEKO CLS와 MEKO 퓨전(Fusion)이 제안된다.

독일의 소형 전투함 및 소해함 설계와 건조는 전통적으로 아베킹운트라스무센(Abeking & Rasmussen)과 프리드리히 뤼르센 베르프트(Friedrich Lürssen Werft)사가 전문화되어 있다. 이들은 1970~1980년대 이 분야 세계 시장에서 선두주자였지만, 미사일정과 소해함 구매가 전반적으로 감소하면서 시장에서 지위를 상실했다. 두 회사는 현대적인 함정을 설계할 수 있었지만, 아베킹운트라스무센은 2005년 터키를 위한 332급 기뢰탐색함 1척만을 건조했고, 2007~2011년 인도된, 터키 조선소에서 동형 함 5척을 건조하는 데 협력했을 뿐이다. 2007년 약 8,800만 달러 계약에 따라 아베킹운트라스무센은 라트비아 해군을 위해 2013년까지 SWATH(Small Water Area Twin Hull, 최소수면쌍동선) 기술에 따른 쌍동형 125t급 경비함 5척을 건조했다. 3척은 리가에서 건조되었다. 프리드리히 뤼르센 베르프트사는 브루나이를 위해 표준배수량 1,625t PV80급[다루살람(Darussalam)급] 경비함 4척, FPB급 41m급 대형 경비정 3척, FIB25-012급 27m급 쾌속 경비정 1척을 건조했다. 모든 함정이 2009~2014년 인도되었다.

뤼르센 베르프트사는 2014년 사우디아라비아 해안경비대를 위해 경비정 3종 48척을 건조하는 15억 유로 규모의 대형 계약을 수주한 것이 가장 큰 성과다. 전장 35m TNC 35급 15척, 40m CSB급 30척, 60m CPV 60급 대형 경비정 3척과 소형 쾌속정 79척, 소형 고속상륙정 30척을 건조했다. 결과적으로 이 건조사업은 세계 군용함정 건조 사상 기록적인 계약으로 남게 되었다. TNC 35와 CSB 40급은 2016~2017년부터 인도되기 시작했다.

프리드리히 뤼르센 베르프트사는 2017년 표준배수량 1,700t PV80급 개량형으로 40억 호주달러 규모의 호주 해군용 경비함 12척을 건조하는 입찰에서 선정되었다. 이 함정들은 전량이 호주 조선소에서 건조될 것이며, 선도함은 2021년 나올 것이다.

또 다른 독일 기업인 파스머 베르프트(Fassmer Werft)사는 OPV80 설계를 바탕으로 칠레와 콜롬비아에서 1,850t급 경비함을 건조한다. 이 업체는 경비함정들을 수출하고 타 국가에도 제안한다. 또한 파스머사는 콜롬비아를 위해

2011년 CPV40 설계에 따라 40m급 초계정을 건조했다.

독일 해군에서 퇴역하는 함정에 대한 해외 수요는 충분히 많다.

이탈리아

이탈리아는 해군력을 건설하고 있지만, 세계 전투함 시장에서 오랫동안 이탈리아의 입지는 좁았다. 1980년대 말부터 2010년까지 이탈리아는 수출용으로 단 한 척의 대형 전투함이나 잠수함도 건조하지 않았고, 이탈리아 해군에서 퇴역한 함정을 인도한 적도 없었다. 예외적으로 최초에 이라크를 위해 1980년대 초반에 건조했으나 이탈리아에 관리대기 중이던 아사드(Assad)급 소형 유도탄 초계함 4척(다른 2척은 2016년에야 이라크에 인도되었음)을 1997년 말레이시아에 2억 5,300만 달러에 판매했다. 이후 2000년대에 디시오티(Diciotti)급 400t급 대형 초계정은 이탈리아 핀칸티에리(Fincantieri) 조선소의 가장 큰 수출계약이 되었다. 1척은 몰타, 4척은 이라크 신생 해군을 위해 건조되었다.

2000년 이후 핀칸티에리사가 수출용으로 다양한 최신 함정을 개발하고 알제리, 인도, 터키, 아랍에미리트, 카타르와 대형 함정 건조 계약을 체결하면서 상황이 변하기 시작했다. 인도에서 핀칸티에리사는 IAC 사업으로 추진되는 인도 최초 항공모함 및 17A급 차세대 호위함을 포함한 사업에 협력하고 있다.

2011년 이탈리아 회사는 만재배수량 8,800t 상륙강습함인 칼라트 베니 아브스(Kalat Beni-Abbes)함을 4억 유로에 건조하는 대형 사업을 수주했다. 2014년 함정은 알제리로 인도되었다.

핀칸티에리사는 2009~2010년 계약에 따라 아랍에미리트 해군용 만재배수량 1,650t 초계함 아부다비함과 신형 팔자(Falja) 2,600t급 소형 유도탄 초계함 2척을 건조했다.

핀칸티에리사는 터키와 2007년 계약에 따라 터키 해안경비대를 위해 1,730t급 경비함 4척을 건조해서 2012~2013년 인도되었다.

이탈리아 조선소들은 경쟁력 강화를 위해 노력하면서 최근 폭넓게 국제

협력을 추진하고 있다. 핀칸티에리사는 프랑스 DCNS사와 공동으로 호리즌 (Horizon)과 FREMM급 초계함을 개발 및 건조했다. 핀칸티에리사는 현재 (브라질 입찰에 참여하는 등) FREMM급 함정 수출을 추진하고 있다. 핀칸티에리사는 러시아 루빈(Rubin)사와 함께 특별히 수출용으로 S1000 재래식 잠수함 개발을 추진한 적이 있었다(2014년 정치적 이유로 중단됨). 주로 초계함 및 소형 호위함을 중심으로 수출용 수상함 개발이 활발하게 진행되었다.

핀칸티에리사는 최근 군수지원함 설계에 집중하고 관련 입찰에 참여하면서 해군함정 시장에서 앞서가는 회사가 되었다. 그리스의 엘렙시스 조선소(Elefsis Shipyard)는 2000~2003년 그리스 해군을 위해 핀칸티에리사와 1억 2,800만 달러에 면허 계약을 체결했고, 그에 따라 만재배수량 1만 3,600t인 군수지원함 프로메테우스(Prometheus)함을 건조했다.

2016~2017년 핀칸티에리사는 카타르를 위해 전투함 7척을 건조하는, 50억 유로 규모의 초대형 계약을 체결했다. 상륙강습함(알제리 칼라트 베니 아브스함과 유사) 1척, 3,250t급 대형 범용 초계함 4척, 670t급 경비함(실제는 강력한 유도탄을 탑재한 소형 초계함임) 2척이 건조되어 2021년 전력화가 예상된다.

이탈리아 정부가 통제하는 핀칸티에리 칸티에리 나발리 이탈리아니(Fincan-tieri Cantieri Navali Italiani) SpA 지주회사는 이탈리아 조선업에서 독보적이다. 핀칸티에리사는 이탈리아 조선소 대부분을 관리한다고 할 수 있다. 해군함정 건조회사인 디레지오니 나비 밀리터리(Direzioni Navi Military) 아래 제노바의 리바 크리고소와 라스페치아의 무드지아노 조선소에 함정 건조산업이 집중되어 있다.

한편, 이탈리아 함정 건조 산업에는 다른 회사도 있다. 크지 않은 이탈리아 회사인 인터마린(Intermarine)은 섬유강화플라스틱(FRP) 동체로 된 소해함 개발 및 건조 분야의 세계적인 회사다. 1990년대에 이탈리아 및 태국 해군을 위해 기뢰탐색소해함을 건조했고, 미국(오스프리급 12척)과 호주(6척)에서도 제작했다. 최근 인터마린은 핀란드를 위해 700t급 기본 기뢰탐색소해함 3척[카탄파(Katanpää)급으로 2012~2016년 인도됨], 알제리를 위해 1척(2017년 인도되었고, 1척을 추가 건조할 수 있는 옵션이 있음)을 건조했다. 2014년 인터마린은 대만을 위해 기뢰탐색소해함 1척을 건조(대만에서 면허생산 5척 추가)하는 계약을 체결했지만, 이행 여부에 대한 자료는 없다.

크지 않은 이탈리아 조선소인 칸티에레 나발레 비토리아(Cantiere Navale Vittoria)는 수출용 경비정을 건조하며, 최근에는 튀니지와 리비아에 공급했다.

스페인

스페인은 지난 15년간 군용함정 시장의 주도국으로 변모했다. 또한 스페인 조선업체인 나반티아사[Navantia, 2005년까지는 이자르(Izar), 2000년까지는 바잔(Bazan)이라는 업체명 사용]는 다양한 국제협력을 통해 적지 않은 성과를 거두었다.

나반티아사는 잠수함 건조 분야에서 프랑스 DCN사와 공동으로 추진한 스코르펜급 개발로 성공적인 첫걸음을 뗐다. 이미 언급한 대로 칠레, 말레이시아, 인도와 건조 계약을 체결했다. 그러나 현재 나반티아사는 독자적으로 개발한 S-80A급 대형 잠수함으로 세계 시장에 도전하고 있다. 이 잠수함은 연료전지를 이용하는 독일식 공기불요추진 체계를 채용한다. 스페인 해군을 위한 양산모델은 2005년부터 건조 중이지만, 2020년 이전에는 전력화가 어려울 것으로 예상된다.

수상함 건조 분야에서는 태국을 위해 바잔 조선소에서 표준배수량 9천 t급 경항공모함을 건조하는 1992년 계약은 스페인의 첫 대형 수주가 되었다. 차크리 나르벳(Chakri Naruebet)이라고 명명된 이 함정은 1997년 인도되었다. 2007년 나반티아사는 스페인 해군을 위해 표준배수량 2만 7,500t급 범용 강습상륙함인 BPE급 후안 카를로스(Juan Carlos) I을 성공적으로 건조(2010년 전력화됨)한 후 호주 해군을 위한 BPE급 함정 3척을 13억 5천만 달러에 계약했다. 상륙강습함 칸데라(Canderra)함과 아델라이데(Adelaide)함 선체는 스페인에서 건조되었고 나머지 작업을 위해 호주로 예인되었다. 이 함정들은 2014~2015년 호주 해군에 편입되었다. 결과적으로 스페인은 뜻하지 않게 세계적인 항공모함 건조국이 되었다.

후안 카를로스 I 함 설계에 따라 2021년까지 범용 상륙함을 건조하는 14억 달러 규모의 계약을 2015년 터키와 체결했다. 나반티아사의 협조하에 터키 조선업체인 Sedef Gemi inşaati Sanayii(이스탄불 소재)사가 건조했다.

스페인 해군용으로 미국 AEGIS 전투 체계를 채용하는 만재배수량 5,900t F-100급 호위함 건조를 위해 바잔(나반티아)사는 미국의 록히드마틴, 배스 아이언 워크스(Bath Iron Works; 제너럴다이내믹스 소유) 조선소와 협력했다. 이러한 협력 관계로 인해 1999년 AFCON(역자주: the Advanced Frigate Consortium) 컨소시엄에 참여한 적도 있었다. F-100급 호위함 5척 건조를 성공적으로 마친 후 이 컨소시엄은 노르웨이 해군용 만재배수량 5,100t(AEGIS 시스템 채용) 프리초프 난센(Fritjof Nansen)급 5척을 스페인에서 건조하는 20억 유로 규모의 계약을 체결했다. 이 함정들은 2007~20011년 인도되었다.

방공 구축함(Air Warfare Destroyer, AWD) 사업에 의해 만재배수량 5,900t에 AEGIS 체계를 탑재한 호바트(Hobart)급 구축함 3척을 호주 조선소에서 건조하는 계약이 2007년 체결되었다. 이 함정은 F-100 호위함을 기본으로 나반티아가 설계했다. 선도함은 2017년 인도되었다. 미국과 스페인 컨소시엄인 AFCON은 배수량 2,500t에 AEGIS 체계를 탑재한 다양한 호위함을 세계 시장에 내놓고 있다.

나반티아가 거둔 또 다른 성과는 표준배수량 1만 9,800t 서플라이(Supply)급 군수지원함 2척을 호주 해군을 위해 6억 4천만 호주달러 규모로 2016년 계약을 체결한 것이다. 이 함정들은 스페인에서 건조될 것이며, 2019~2020년 인도될 것으로 보인다.

2005년에 나반티아사는 베네수엘라와 경비함 8척을 17억 유로에 건조하는 계약을 체결했다. 4척은 각각 표준배수량 2,300t POV급(PVZEE 또는 Avante 2200)과 표준배수량 1,200t BVL급이다. 8척 중 7척은 2010~2012년 인도되었다. BVL급 4번함은 베네수엘라에서 면허생산 중이나 건조가 장기화되고 있다.

2018년 나반티아사는 사우디아라비아를 위해 아반테(Avante) 2200급 경비함을 기본으로 한 2,500t급 초계함 5척을 20억 유로 이상에 건조하는 계약을 체결했다. 건조는 5년이 소요될 것이다.

다수의 스페인 중소형 조선업체[특히 로드만(Rodman)사]가 수출용 경비정을 제작한다. 스페인 아스틸레로스 곤단(Astilleros Gondan) 조선소는 케냐를 위해 만재배수량 1,400t 자시리(Jasiri)급 경비함을 건조하여 2012년 인도했다.

중형 조선소인 Constrcciones Navales P. Freire 조선소는 최근 수출용 보조선박을 제작하는 대형 공급자로 떠올랐다. 인도네시아 해군용으로 전장 110m 대형 동력-범선 훈련함인 비마 수치(Bima Suci)함과 페루 해군용 극지연구선인 카라스코(Carrasco)함이 2017년 인도되었다. 2017~2018년 이 조선소는 쿠웨이트를 위해 55m급 수로측량선과 42m급 어업지도선을 건조하는 계약을, 사우디아라비아를 위해 43m급 수로측량선을 건조하는 계약을 체결했다.

네덜란드

본사가 네덜란드에 있는 국제적인 조선 업체인 다멘그룹(Damen Shipyards Group)은 2000년 이후 세계 시장에서 주요 전투함, 경비정, 보조선 공급자로 떠올랐다. 전투함 부문에서 다멘의 성공은 무엇보다 네덜란드 조선사인 Royal Shelde에 의해 개발된 SIGMA 초계함/소형 호위함 계열 덕분이다. 모듈형 개념이 적용된 SIGMA 시리즈는 독일의 MEKO에 가깝다. 그런데 다멘사는 선체 공급을 통해 자사의 조선소뿐만 아니라 주문국가의 조선소에서도 건조할 수 있도록 유연하게 대처했다.

표준배수량 1,700t, 총 규모 7억 달러 미만의 SIGMA 9113 초계함 4척이 다멘의 DSNS 조선소에서 인도네시아에 2007~2009년 인도를 목표로 건조되었다. 2008년 12억 달러 규모의 계약에 따라 다멘은 모로코에 공급하기 위해 더 큰 초계함 3척(SIGMA 9813급 2척, SIGMA 10213급 1척)을 건조했다. 이 함정들은 2011~2012년 건조에 착수했다. 2013년 베트남 해군을 위해 SIGMA 9814

급 초계함 2척 건조 계약을 체결했지만, 지금까지 이행되지 않고 있다.

2012년 계약에 따라 인도네시아 국영 조선사인 PT PAL 인도네시아의 수라바야 조선소는 다멘과 협력하에 2,600t급 SIGMA 10514 호위함 2척을 인도네시아 해군을 위해 건조했다. 이 함정들은 2017~2018년 인도되었다. 동형 함정의 추가 건조 계획이 발표되었다. 2017년 멕시코 조선소는 다멘과 SIGMA 10514 호위함 1척을 건조하는 계약을 체결했다. 함정 인도는 2018년 말로 계획되어 있다. 멕시코 해군은 총 6척 도입을 추진 중이며, 계획에 따르면 2024년까지 5척이 건조될 것이다.

다멘은 세계 시장에 초계함['콤팩트(Compact) SIGMA'라는 이름으로]과 OPV급 경비함정을 다양하게 제안한다. 한편 전반적으로 세계 시장에서는 경비정 수요가 더 많은데 다멘이 수출하는 경비함은 다멘의 루마니아 법인인 Shipyards Galati에서 제작된다. 최근 10년간 다멘이 이 조선소에서 건조한 함정은 다음과 같다.

- 앙골라: 62m급 경비함 2척(FISV 6210급, 2012년 인도)
- 아랍에미리트: 67m급 경비함 2척[시 액스(Sea Axe) 6711급, 2017~2018년 인도]
- 튀니지: 75m급 경비함 2척(MSOPV 1400급, 2018년 인도, 2척 추가 건조 예정)

2017년 파키스탄을 위한 OPV 1900급 경비함 2척 건조 계약이 체결되었다. 다멘은 호주를 위해 OPV 2300 경비함을 기반으로 개발된 MATV 2300 설계에 따른 3,300t급 헬기훈련함을 베트남 조선소에서 건조하여 2017년 납품했다. 또한 베트남 조선소에서 호주를 위한 잠수함 구조함 2척을 건조했다.

다멘그룹은 베트남에서 몇몇 합작기업을 설립하여 적극적으로 활동하고 있다. 이 기업에서 베트남 수출용으로 다양한 민간선박 및 전투함정을 건조한다. 다멘 OPV 9014를 기반으로 90m급 대형 경비함 4척(동형함 5척이 추가로 발주됨)과 다수의 소형함정 및 예인선이 베트남 해안경비대를 위해 건조되었다. 베트남 해군을 위해 Damen Survey Vessel 6613을 기반으로 66m급 수로측량선 2척이 제작되었다.

50m급 다멘 스탠 패트롤 5009가 소형 경비함 시장에서 성공을 거두었다. 2011년부터 세계적으로 총 21척이 건조되거나 주문이 들어왔는데 베네수엘라(6척), 카타르(6척), 트리니다드토바고(4척), 에콰도르(2척), 카보베르데(1척)가 대상국이다. 주문국가 미상으로 남아프리카공화국에서도 2척이 건조되었다. 이 함정의 수송형은 멕시코 해군 및 기타 국가를 위해 면허생산되고 있다. 2017년 남아공 해군은 62m급 다멘 스탠 패트롤 6211과 유사한 함정 3척을 주문했다.

다멘그룹은 세계 시장에서 경비정으로 인해 주요 공급자로 인정받았고, 지금도 수출을 위해 건조 중이다. 60척 미만의 43m급 다멘 스탠 패트롤 4207 경비정이 20개국에 수출하기 위해 2001년부터 건조되고 있다. 호주, 캐나다, 미국(해안경비대용)은 건조 면허를 받았다. 소형함정도 인기가 많다. 예를 들면, 26m급 다멘 스탠 패트롤 2600 경비정은 8개국 및 미국 해안경비대[1999~2009년 마린 프로텍터(Marine Protector)급 75척]를 위해 건조되었다.

다멘그룹은 전 세계에 소재한 협력업체를 통해 보조선박 수출에서도 역동적인 성장세를 보인다. 다멘과의 합작기업으로 쿠바에 있는 DAMEX사는 2009년부터 600t급 스탠 랜더(Stan Lander) 5612 램프형 다목적 연안 수송선 4척을 베네수엘라 해군을 위해 건조했다. 2013년 베네수엘라는 8척을 추가로 주문했고, 베트남에 소재하는 다멘 조선소 중 한 곳에서 건조되었다. 또한 2015년 바하마를 위해 동형함 1척을 건조했다. 2015년 오만을 위해서는 전장 87m 대형 동력 범선 훈련함 샤하브 오만(Shahab Oman) II 가 제작되었다.

또 다른 네덜란드 조선소인 메르베데 조선소(Merwede Shipyard)는 BAE 시스템즈와 호주의 테닉스(Tenix)사와 함께 세계 시장에 도크형 강습상륙함을 내놓고 있다. 설계는 이탈리아와 네덜란드가 공동으로 개발한 갈리시아(Galicia)[로테르담(Rotterdam)]급 강습상륙함을 기반으로 한다. 메르베데 조선소 설계를 바탕으로 베이(Bay)급 강습상륙함 4척이 영국 해군을 위해 건조되었다. 뉴질랜드 해군의 캔터베리(Canterbury) 강습상륙함은 테닉스사가 호주에서 제작했다. 메르베데 조선소는 팔콘 계열의 함정도 제안하고 있다.

네덜란드 해군의 중고 함정은 예전부터 다수 국가 해군에 인기가 많다. 결과적으로 네덜란드에서 도태된 거의 모든 대형 수상함은 해외로 판매되고 있다.

스웨덴

스웨덴의 코쿰스(Kockums)사(2014년까지 독일의 TKMS사 소유였으나 스웨덴의 사브사에 매각됨)는 재래식 잠수함 설계와 건조를 계속해왔다. 1996~2003년간 코쿰스의 설계와 협력하에 호주에서 콜린스(Collins)급 대형 디젤 잠수함 6척을 건조한 것이 이 업체가 거둔 가장 큰 성과로 기록된다. 그러나 후에 발견된 설계 결함으로 인해 스웨덴 잠수함의 명성에 금이 갔다. 하지만 도태하는 스웨덴 잠수함은 여전히 시장에서 관심의 대상이다. 1997~2001년 싱가포르는 스웨덴 해군의 소호르멘(Sjoormen)급(프로젝트 A12, 1척은 정비 대체용) 디젤 잠수함 5척 전량을 도입했다. 또한 2005년 스웨덴 해군의 베스테르예틀란드(Västergötland; 프로젝트 A17)급 신형 잠수함 2척을 획득하는 계약이 체결되었다. 이 잠수함이 인도되기 전에 스털링 공기불요기관을 추가로 장착했다(2012년 전력화됨). 스웨덴 해군에서 퇴역한 나켄(Nacken)함(프로젝트 A14)은 2001년 덴마크로 이전되었지만 덴마크에서 곧바로 퇴역했다. 2005~2006년 미국 해군은 신형 재래식 잠수함에 대한 대잠작전을 위해 최신형 A19 고틀란드(Gotland)급 스웨덴 잠수함을 임대했다.

현재 코쿰스사는 수출까지 염두에 두면서 프로젝트 A26 차세대 중간급 재래식 잠수함을 스웨덴 해군용으로 개발 중이다. 프로젝트 A26 잠수함 2척을 건조하여 2022년과 2024년 스웨덴 해군에 인도하는 계약을 2015년 사브사와 체결했다. 이 사업에 네덜란드와 폴란드를 포함해 여러 국가가 관심을 보였다. 스웨덴에서 개발된 모든 잠수함에는 스털링 기관을 기반으로 한 공기불요기관이 추가로 탑재된다.

선딘 도크스타바르베트(N. Sundin Dockstavarvet AB: 2017년부터 사브사로 편입됨)가 건조한 콤바트보츠(Combatboats) 90급 소형 다목적 고속 전투정은 스웨덴 연안 포병군이 상당수(147척)를 운영하며 세계 시장에서도 상당한 수요가 있다. 1990년대 말부터 이 전투정은 다양한 형상으로 미국을 포함해 약 20개국에 공급되었거나 면허생산되었다. 현재는 러시아에서도 전투정 파생형이 건조된다.

콤바트보츠 90급 계열의 개량형도 개발되고 있다. 2009년 체결한 2억 5,300만 달러 규모의 계약에 따라 스웨덴의 스웨드 쉽 마린(Swede Ship Marine) 조선소는 2012~2015년간 49t급 간나타(Ghannatha) 개량형(Transportbåt 2000, 콤바트보츠 90의 후기형) 소형 유도탄정 12척을 아랍에미리트 해군을 위해 건조했다. 이 중 9척은 아랍에미리트에서 건조되었다.

중국

중국의 조선 및 함정 건조 산업은 2010년 이후 수출이 시작되면서 붐이 일어나기 시작했다. 이전까지 수상 전투함정의 수출량은 그렇게 많지 않았다. 1998년 중국에서 미얀마를 위해 1,200t급 초계함[아나우라타(Anawrahta급)] 3척의 선체가 제작되었다. 이후 미얀마는 자국 조선소에서 서방 장비를 탑재한 후에 건조를 마무리했다. 2005~2006년 상하이에 위치한 후동조선소(후동중화조선소그룹의 핵심임)는 태국을 위해 만재배수량 1,440t 빠따니(Pattani)급 경비함 2척을 건조했다. 2002년 모리셔스 해군을 위해서는 소형 경비함인 리맘 엘 하드라미(Limam el Hadrami)함이 건조되었다.

표준배수량 2,500t 프로젝트 F-22P 호위함 4척을 파키스탄에 공급하는, 2005년 체결된 7억 5천만 달러 상당의 계약이 중국이 함정 건조 시장에서 거둔 가장 큰 성과로 보인다. 프로젝트 F-22P[줄피콰르(Zulfiquar)급] 선도함부터 3번함까지는 2009~2010년간 후동조선소에서 건조되어 인도되었으며, 4번함은 중국의 도움으로 현대화된 카라치 조선소에서 면허생산되어 2013년 인도되었다.

중국의 티안진신강 중공업(Tianjin Xingang Shipbuilding Heavy Industry Company)은 2011년 파키스탄을 위해 500t급 대형 유도탄 고속함인 아즈마트(Azmat)함을 건조했다. 추가로 3척이 2013년부터 카라치에서 면허생산되었다.

중국은 초계함과 경비함을 중심으로 최근 10년간 뚜렷한 수출 성장세를 보이고 있다. 중국 우한(Wuchan) 조선소는 2009년 맺은 계약에 따라 나미비아 해군에 배수량 2,830t 다목적 경비함인 엘리펀트(Elephant)급을 건조해 2012년 전력화했다. 이 함정은 훈련 및 수송용으로도 운용이 가능하다. 모리셔스는 2012년 중국에서 건조한 61m급 소형 경비함인 오카르(Awkar)함을 인수했다.

2012년 알제리에 초계함 3척, 방글라데시에 2척(2척 추가 옵션), 나이지리아에 경비함 2척과 같이 함정 수출 계약을 체결하는 성과를 냈다. 조선업체인 후동중화조선소그룹[이 회사는 중국 국영 중국선박공업집단(China Shipbuilding State Corporation, CSSC)에 속해 있음]의 중국 후동조선소는 알제리를 위해 상하이에서 각각 만재배수량 2,880t인 프로젝트 C28A[아드하피르(Adhafir)급] 대형 초계함 3척을 건조하여 2015~2016년 납품했다. 중국의 도움을 받아 동형 함정 3척을 알제리에서 추가 건조하는 방안에 대해 논의했지만, 알제리 측이 함정의 품질에 대해 만족하지 못 해 더 이상의 진전은 없었다.

우한에 위치한 우한 조선소는 나이지리아 해군을 위해 만재배수량 1,800t의 프로젝트 13A[센테너리(Centenary)급] 경비함 2척을 건조하여 2014~2015년 인도했다.

같은 조선소에서 방글라데시를 위해 1,300t급 프로젝트 13A 초계함[샤드힌노타(Shadhinnota)급] 2척을 건조하여 2015년 인도했다. 이후 방글라데시는 동형 함정 2척을 추가로 건조하는 계약을 체결했고, 선도함은 2018년 말에 인도될 것이다.

중국의 협조를 받아 호위함 몇 척이 미얀마에서 건조 중이다(선도함은 2011년 전력화됨). 방글라데시에서 최근 몇 년 동안 두르조이(Durjoy)급 650t 소형 초계함과 50m급 대형 초계정 5척이 건조되었다.

2015년 파키스탄은 1,550t급 중형 경비함 2척 및 600t급 소형 경비함 4척을 1억 3천만 달러에 건조하는 계약을 중국과 체결했다. 중형 1척과 소형 3척은 중국에서 건조되었고, 나머지 1척씩은 파키스탄 카라치에 있는 해군 조선소에서 건조된다. 이 계약에 따라 힌골(Hingol)급 소형 경비함 3척은 중국 조선업체인 시지엔 조선소(Xijian Shipbuilding Co.)가 류저우에서 건조하여 2016~2017년 파키스탄에 인도했다. 중형 경비함인 카슈미르(Kashmir)함은 광저우에 소재한 황푸 웬청 조선소(Huangpu Wenchong Shipbuilding Company Limited)가 광저우에서 건조하여 2018년 인도했다.

2017~2018년 파키스탄과 중국은 중국 프로젝트 054A 4천 t급 호위함 4척을 건조하는 계약을 체결했는데, 동형의 중국 함정과 동일한 무장과 장비를 탑재하는 조건이었다.

중국은 지원함정도 수출용으로 건조한다. 태국을 위해 후동조선소에서 1995~1996년 건조한 군수지원함인 시밀란(Similan)함이 가장 규모가 크다. 같은 조선소에서 대형 훈련함인 수맘(Soummam)함이 2004년 알제리와의 계약에 따라 건조되었다. 근래에 브라질과 콜롬비아를 위한 수로측량선이 중국에서 제작되었다.

중국은 신형 재래식 잠수함을 개발하고 건조하면서 잠수함 시장에도 본격 진출하기 시작했다. 최근에는 실적도 있다. 2015년 파키스탄 해군을 위해 중국 프로젝트명 S20 대형 재래식 잠수함 8척을 건조하는, 50억 달러로 평가되는 계약을 체결했다. S20 잠수함은 수출 모델로서 중국 해군의 프로젝트명 039A 잠수함의 축소형이라고 평가된다. 만재 잠수 배수량은 2,300t인 것으로 보인다. 4척이 2020년 이후 파키스탄에서 인도를 목표로 건조된다. 후속함 4척은 카라치의 파키스탄 해군 조선소에서 건조될 것이다. 이 계약은 중국 잠수함이 세계 시장으로 진출한다는 의미가 있으며, 중국 방산수출 역사상 가장 규모가 큰 것으로 보인다.

2017년 태국은 수상 배수량이 2,600t인 중국 수출용 프로젝트명 S26T 대형 디젤 잠수함 1척을 3억 9천만 달러에 계약했다(프로젝트명 039A와 거의 흡사한 것으로 보임). 잠수함은 2023년 인도될 것이다. 태국 해군은 2026년 전력화를 목표로 프로젝트명 S26T 3척 및 추가로 2척을 도입할 계획이다.

2016년 중국 해군은 프로젝트명 035G 잠수함(1991년 건조) 2척을 방글라데시 해군에 판매했다.

한국

한국은 일본, 중국과 함께 민수분야 3대 조선 강국이다. 최근 한국은 해군력 증강 및 전투함 건조에 주력하여 건조가 대규모로 이루어지고 있지만, 그에 비해 수출 규모는 작다. 하지만 한국의 함정 수출은 점차 증가하고 있다.

대우중공업이 1999~2001년 1억 달러에 건조한 프로젝트명 DW2000H, 표준배수량 2,170t급 호위함인 방가반두(Bangabandhu)함이 한국의 첫 대형 수출이다. 방글라데시가 무장 일부를 자체 장착했고 2007년 전력화를 완료했다. 1997년 이미 현대중공업은 방글라데시에 600t급 경비함인 시 드래곤(Sea Dragon)급을 납품한 바 있다. 현대중공업은 베네수엘라를 위해 2001년 5,700만 달러 계약에 따라 군수지원함인 시우다드 볼리바르(Ciudad Bolivar)를 건조했다.

2003년 한국의 대선조선은 5천만 달러 규모의 계약에 따라 인도네시아를 위해 헬기를 탑재하는 만재배수량 1만 1천t급 강습상륙함인 수하르소(Dr. Soeharso)함을 건조했다. 2004년 인도네시아와 위 함정의 파생형인 마카사르급 함정 4척을 1억 5천만 달러에 계약했다. 2척은 대선조선에서 건조하여 2007~2008년 인도되었고, 다른 2척은 인도네시아에서 면허생산되어 2009~2012년 납품되었다. 인도네시아 조선업체인 PT PAL[페르세오(Perseo)]은 필리핀 해군을 위해 8,700만 달러 계약에 따라 상기 함정과 유사한 도크형 함정을 건조해 2016~2017년 인도했다.

2012년 대선조선은 마카사르급 파생형인 헬기 강습상륙함 2척을 건조하는 계약을 체결했다. 선도함은 2018년 인도되었다.

2013년 대우조선해양(DSME)은 태국 해군을 위해 프로젝트명 DW3000H 호위함인 타친(Tachin)함과 옵션으로 1척을 더 건조할 수 있는 4억 6,800만 달러 규모의 계약을 체결했다. 선도함은 2018년, 옵션 함정은 2020년 인도될 것이다. 이 호위함은 2000년대에 한국 해군에 전력화된 KDX-Ⅰ을 기반으로 개발된 만재배수량 3,700t의 대형 함정이다.

또한 대우조선해양은 독일의 209급 잠수함 생산면허를 받아 2011년 인도네시아와 프로젝트명 DSME1400(독일의 프로젝트명 209/1200의 파생형임) 디젤 잠수함 3척을 건조하는 계약을 체결하면서 최근 세계 잠수함 시장에 뛰어들었다.

2012년 DSME는 영국 국방부와 영국 MARS 사업에 따라 차세대 대형 군수지원함 타이드스프링(Tidespring)급 4척을 총 계약금액 4억 5,200만 파운드에 계약했다. 이 함정들은 2017년부터 영국 해군에서 운용되기 시작했다.

2013년 DSME는 영국 BMT 설계에 따라 노르웨이 해군을 위해 만재배수량 2만 6천t급 군수지원함인 모드(Maud)함을 건조하는 총 계약금액 2억 1,800만 달러 계약을 체결했다. 노르웨이 해군에 인도하는 것은 계약기간보다 약 2년이 지연된 2018년으로 예상된다.

또한 한국의 현대중공업(HHI)은 2016년 필리핀 해군에 수출용으로 개발된 2,600t 경호위함 2척을 3,100만 달러에 계약했다. 필리핀 해군에 대한 선도함 인도는 2020년경이 될 것이다.

또한 HHI는 2016년 뉴질랜드 해군을 위한 전장 166m 대형 다목적 군수지원함인 아오테아로아(Aotearoa)함을 3억 5천만 달러에 계약했다. 이 함정은 강화된 쇄빙등급 선박으로 뉴질랜드 남극기지 보급지원을 위해 운용될 것이며, 2020년 전력화된다.

2013년 ㈜강남은 인도와 복합소재를 사용하는 900t급 대형 기뢰탐색함 건조 계약을 체결했다(8~12척, 대부분 인도에서 면허생산). 이후 이 계약은 여러 번 파기되었다가 다시 체결되었고, 현재는 계약 이행이 불확실한 상황이다.

한국의 STX그룹은 2014년 콜롬비아 해군에 250t급 경비정 2척을 인도했고, 건조 면허를 이전했다. STX의 면허를 받아 STX의 협력하에 2015년부터 500t급 경비함 5척(3척 추가 옵션)이 건조된다.

터키

터키는 1980년대부터 독일의 설계에 힘입어 경비정 및 상륙정을 수출하고 있고, 현재는 세계 소형함정 시장에서 주요 공급자가 되었다. 1990년대에 터키 욘카 오누크(Yonca-Onuk) 조선소는 독자적으로 개발한 MRTP(다목적전술플랫폼: Multi Role Tactical Platform, Kann이라는 이름으로 유명함) 설계에 따라 MRTP 48, 45, 42, 34, 33, 29, 24, 22, 20, 19, 16, 15(숫자는 선체 전장을 의미함)라는 독자 모델 고속정을 건조했다.

욘카 오누크가 최근 개발한 MRTP 42, 45, 48 유도탄정은 아직 판매 실적이 없다(MRTP 48은 터키 해군 입찰에 참가 중임). MRTP 34 대형 경비정 3척은 2012~2014년 카타르 해군을 위해 건조되었다. 2018년에는 파키스탄 해군을 위해 2척이 건조되었다. MRTP 33은 터키(22척), 조지아(2척) 해안경비대용으로, 파키스탄 해군용(2척, 유도탄정)으로 제작되었다.

MRTP 29 경비정은 터키 해안경비대를 위해 건조되었다(9척). MRTP 24/ U 경비정은 2018년 카타르가 주문했다. MRTP 22는 터키 해군을 위해 2척, MRTP 20은 터키 해안경비대를 위해 18척, 이집트 6척, 카타르 4척, 조지아용으로 1척이 건조되었다. MRTP 19는 터키 해안경비대에 18척, MRTP 16은 아랍에미리트 34척, 말레이시아 18척, 카타르 3척이 공급되었다. MRTP 15는 터키 해안경비대 18척, 터키 및 파키스탄 해군을 위해 각 2척이 건조되었다. 아랍에미리트, 말레이시아, 이집트는 건조 물량의 일부를 면허생산했다.

또한 터키의 데아흐산(Dearsan) 조선소는 터키와 투르크메니스탄 해군이 주문한 프로젝트 NTPB(YTKB-400, 우크라이나 참여로 개발) 400t급 대형 경비정을 건조했다(터키 12척, 투르크메니스탄 10척은 투르크메니스탄 우프르에 소재한 신규 수리조선소에서 제작함). 이 터키 조선소는 소형함정도 건조한다(투르크메니스탄은 33m급 유도탄정 6척, 15m급 경비정 10척을 획득함). 데아흐산 조선소는 2016년 투르크메니스탄을 위해 41m급 수로측량선을 건조했다.

영국 BMT 디펜스 서비스(Defense Services)사의 복합소재 동체로 된 함정 설계를 사용하는, 소형함정 건조 전문인 아레스 조선소(Ares Shipyard)는 2013~2014년 바레인 해안경비대를 위해 19m급 경비정, 나이지리아를 위해 35m급 관세선을 건조했다. 아레스사의 가장 중요한 고객은 카타르 해안경비대로 2014년부터 48m급 경비정 5척, 35m급 10척, 24m급 5척과 24m급 고속 상륙정 6척 등 총 26척이 계약되어 2016년부터 인도되고 있다.

터키는 점차 배수량이 더 많은 함정을 수출하려고 한다. 2018년 파키스탄 해군과 프로젝트 MILGEM[아다(Ada)급] 2,300t급 초계함 4척을 건조하는 약 10억 달러 규모의 계약을 체결했다. 1차분 2척은 이스탄불에 소재한 터키 해군 함정을 생산하는 이스탄불 해군 조선소(Istanbul Naval Shipyard)에서 건조되어 2023년 인도될 계획이고, 2차분 2척은 카라치에 소재한 파키스탄 국영 조선소에서 터키의 협력하에 건조되어 2024~2025년 전력화될 예정이다. 2017년 파키스탄 해군에 인도한 군수지원함도 카라치에서 터키의 설계에 따라 건조되었다.

터키 민간 조선소인 아나돌루 데니즈 인사트 키자클라리[Anadolu Deniz Insaat Kizaklari San. ve Tic. A.S(ADIK)]사는 2018년 카타르 해군을 위해 프로젝트 CTS 1,950t급 훈련함을 건조하는 계약을 체결했다.

이스라엘

이스라엘 조선업의 높은 명성은 세계 시장에서 이스라엘 해군함정 판매에 큰 도움이 되었다. IAI RAMTA가 건조하는 54t급 슈퍼 드보라(Super Dvora) 고속 경비정이 가장 인기가 높다. 1980년대 말부터 파생형인 Mk I 과 Mk II 를 인도 7척, 슬로베니아 1척, 에리트레아 6척, 스리랑카 5척 및 이스라엘 해군이 4척을 획득했다. 인도는 슈퍼 드보라 Mk Ⅱ를 면허생산했다. IAI RAMTA는 2004년부터 이스라엘 해군을 위해 72t급 슈퍼 드보라 Mk Ⅲ를 건조했다. 총 13척이 생산되는데, 6척이 스리랑카를 위해 더 건조된다. 최근 슈퍼 드보라 Mk Ⅲ 4척이 앙골라, 6척이 미얀마를 위해 건조되었다.

경비정 중 경쟁력이 있는 58t급 살다그(Shaldag)는 민간기업인 이스라엘 조선소(Israel Shipyards)에서 건조되어 이스라엘 해군(5척, 추가 5척 주문), 키프로스(1척), 나이지리아(5척), 적도기니(2척), 스리랑카(7척), 루마니아(3척), 아르헨티나(4척)에 공급되었다. 1996년부터 스리랑카에서 살다그 Mk Ⅱ급 32척 미만이 면허생산되었다.

2002~2004년 이스라엘 조선소는 이스라엘 자르 4.5 유도탄정을 기반으로 한 프로젝트 OPV 62(자르 62) 470t급 소형 경비함 3척을 8천만 유로에 그리스 해안경비대에 납품하는 계약을 체결했다. 2010~2011년 이스라엘 조선소는 같은 급인 프로젝트 OPV 62 소형 경비함 2척을 적도기니를 위해 건조했다. 2017년부터 동형 함정 4척이 키프로스에 인도되고 있다.

2011년 이스라엘은 아제르바이잔과 대형계약을 체결했다. 이 계약에 따라 이스라엘 조선소는 바쿠 외곽의 튀르칸에 위치한 아제르바이잔 국경수비대 소속 해안경비대 건조 및 수리 조선소(2014년 운영 시작)의 특별 건조시설에서 아제르바이잔 해안경비대를 위한 함정을 건조(실제로는 조립 수준)했다. 2014~2015년 여기에서 신형 살다그 Mk Ⅴ 고속경비정 6척이 조립되었다. 2015년부터는 프로젝트 OPV 62(자르 62) 소형 경비함 6척도 건조되었다. 이 밖에도 튀르칸에서 이스라엘 조선소의 지원하에 아제르바이잔 해군을 위한 자르 72 72m급 유도탄 초계함 2척을 건조할 계획이다.

인도

최근 인도 조선업은 어느 정도 수출실적을 올리고 있다. 그러나 이는 주로 인도가 외국 고객에게 재정지원을 하거나 차관을 제공하기 때문이다. 인도 함정 수출 대부분이 이런 방식에 의존한다. 인도에서 처음으로 수출된 대형 함정은 1,350t급 경비함인 바라쿠다함이다. 이 함정은 모리타니 해안경비대를 위해 프로젝트 MOPV에 따라 인도 국영 조선소인 GRSE(Garden Reach Shipbuilders and Engineers)가 건조하여 2014년 인도했다. 5,850만 달러 규모의 이 사업은 인도 정부가 재정적으로 지원했다.

또 다른 인도 국영 조선소인 GSL(Goa Shipyards Limited)은 2014년 1억 4,800만 달러 계약에 따라 스리랑카 해군을 위해 배수량 2,350t, 전장 105m AOPV급[사유랄라(Sayurala)급] 대형 경비함 2척을 건조해서 2017~2018년 인도했다. AOPV는 GSL이 인도 해안경비대를 위해 자체 설계로 6척을 건조한 사마라스(Samarath)급 대형 경비함의 파생형이다. GSL은 인도 정부의 재원을 이용하여 2016~2018년 모리셔스 해안경비대를 위해 배수량 260t 빅토리(victory)급 초계정을 건조했다. 모리셔스는 자국의 재원으로 GSL에 14.5m급 소형 쾌속정 11척을 주문한 후 2016년 인수했다. 카투팔리에 위치한 인도 민간기업인 라센앤투브로(Larsen & Toubro)그룹의 조선소는 2016년 베트남 해안경비대를 위해 알루미늄 선체로 된 35m급 초계정 10척을 9,970만 달러에 계약을 체결했다. 계약에는 베트남에서 해당 초계정 6척을 조립하면서 베트남 측에 건조기술을 이전하는 내용이 포함되어 있었다. 재원은 인도 정부가 제공한 차관으로 충당되었다.

기타 국가

이미 지난 수십 년간 세계 민간 조선 분야의 최강자이며 강력한 최첨단 해군을 보유하고 있는 일본은 정치적 특수성으로 인해 최근까지 무기, 특히 전투함을 수출하지 않았다. 일본 기업은 가끔 제3세계 국가로부터 초계 및 상륙·수송정, 수송 및 보조선박 같은 이중 용도도 볼 수 있는 선박을 소량 수주하기는 했다. 저팬 마린 유나이티드 주식회사(Japan Maritime United Corporation, JMUC)는 필리핀 해안경비대를 위해 일본 정부의 재원을 활용하여 2016~2018년 MRRV

44.5m급 대형 초계정 9척을 건조했다.

하지만 최근 상황이 변하고 있다. 일본은 베트남과 말레이시아에 경비함정을 이전하기 시작했다. 일본 회사들은 호주 해군의 재래식 잠수함 12척 건조사업 입찰에 참가했다. 일본은 향후 군함 수출을 확대하고 일본 해상자위대의 퇴역함정을 해외로 양도할 것으로 예상된다.

폴란드 회사들은 수출을 위해 다양함 함정을 제안하고 있다. 그러나 사회주의 시기 이후 전투함 수출성과는 크지 않다. 그디니아에 위치한 스토치냐(Stocznia) 해군 조선소는 2001~2002년 5천만 달러 상당의 계약이 성사되어 예멘을 위해 프로젝트 NS-722 중형 상륙함 1척, 프로젝트 NS-717 상륙정 3척을 건조했다. 폴란드 마린 프로젝트(Marine Projects) 조선소는 베트남 해군을 위해 만재배수량 865t 동력범선 훈련함인 레뀌돈(Le Quy Don)함을 건조해 2015년 인도했다. 또 다른 폴란드 조선소인 레몬토바(Remontowa) 조선소(2011년까지 Stocznia Połnocna라는 회사명 사용)는 2017년 1,820t 대형 동력범선 훈련함인 엘 멜라(El Mellah)함을 알제리 해군에 인도했다.

싱가포르 회사는 소형 전투함정 시장에서 눈에 띄는 공급자로 등장하고 있다. 싱가포르의 ST 마린(Marine)사는 2012년 체결한 7억 300만 달러 계약이 성사되어 오만 해군을 위해 1,250t 프로젝트 알 오프크(Al-Ofouq)[피어리스(Fearless) 75]급 경비함 4척을 건조해 2015~2016년 인도했다. 이미 ST 마린은 1억 3,500만 달러 규모의 계약에 따라 만재배수량 8,500t 소형 강습상륙함인 앙통(Angthong)함을 2012년 태국 해군에 인도했다.

최근 전투함정 건조시장에 브라질, 인도네시아, 아랍에미리트와 콜롬비아가 진출하기 시작했다.

4. 방공무기 체계

방공무기 체계 시장은 무기시장 중에서도 규모가 큰 편이다. 여러 평가기관에 따르면 전체 무기시장의 5~10%를 차지한다.

첨단 대공미사일은 동시에 다수 표적을 추적하고, 탄도미사일을 포함한 고속 표적에 대한 명중률이 향상되는 경향이다. 이로 인해 미사일 방어 임무가 가능해졌다. 중·장거리 대공미사일은 비대륙간탄도미사일(전술, 작전-전술 미사일 및 중거리 미사일) 및 순항미사일에 대한 방어수단으로 고려된다. 또한 다수의 항공 표적을 파괴하는 능력을 극대화하는 방향으로 개선된다. 근거리 및 단거리 체계는 주로 정밀유도무기, 포탄 및 단거리 미사일(다연장 포함)을 파괴하는 능력을 보유하는 방향으로 발전된다. 하나의 체계에 사거리가 다양한 미사일을 통합하는 것이 최근 경향이다. 근거리 및 단거리 미사일-대공포 복합 체계는 이러한 경향이 반영된 것이다.

대공무기 체계에 대한 대응수단이 개발되어 수동 탐색 및 항법과 '발사 후 망각(Fire & Forget)' 개념을 구현할 수 있는 적외선 및 능동레이더 추적 방식의 근·단거리 미사일 체계 개발에 대한 관심이 더 높아졌다. 한편, 고정익기와 헬기의 수동방어 체계가 발전함에 따라 교란탄에 기만되지 않는 원격조종 대공미사일 체계에 대한 관심도 높아지고 있다.

대유도탄 방어에 대한 소요로 인해 지난 20년간 중·장거리 미사일 체계 [MEAD, THAAD, SAMP/T, 애로(Arrow) 2, 바락 8, KM-SAM, 03식, 중국제 체계]가 개발되고, 기존 중·장거리 미사일 체계에 대한 전면적인 개량(PAC-2, PAC-3)이 이루어졌다. 미국과 나토 동맹국이 대공방어 임무는 전투기에 부여하고 어떠한 분쟁에서도 제공권 확보가 가능하다는 확신이 생기면서 서방 국가에 지상형 대공미사일은 부차적인 성격이 되었다는 점이 언급되어야 한다. 또한, 미사일 방어 체계 및 헬기에 의한 미사일과 기관포 사격에 대응하기 위한 목표물 방어 체계의 개발이 활발하다.

반대로 분쟁 시 서방의 우월한 공군력과 공중공격을 받게 되는 국가들(예: 중국)은 지상형 대공무기 체계 개발에 우선순위를 둔다. 따라서 지상형 대공무기 체계를 개발하고 생산하는 국가는 점차 증가하고 있다.

대공포 분야에서는 사격통제 체계를 보유한 저가형 자동포 생산은 점차 중단되고 있으며, 대공포의 역할은 휴대용대공미사일로 넘어가고 있다. 비행체뿐만 아니라 정밀무기와 박격포탄 및 포탄과 미사일을 파괴할 수 있는 우수한 사격통제 체계를 갖춘 첨단 대공포 체계는 개발의 큰 흐름이다. 포탄과 정밀무기로부터 목표물을 보호하는 것이 차세대 대공포의 주된 임무가 될 것이다. 사실 지상형 대공포는 구조적으로 함상형과 유사하므로 대공미사일 및 대공포 복합 체계 개발 분야에서 혁신이 지속될 것이다.

미국

중·장거리 대공무기 체계 개발과 성능개량의 기본 방향은 대미사일 방어다. 미국의 전략 및 '전략미사일 전(前) 단계'로 볼 수 있는 대미사일 방어 체계(GBI, SM-3)를 고려하지 않는다면 록히드마틴 주도로 개발된 사거리 200km 이상의 미사일을 사용하는 THAAD(Terminal High Altitude Area Defense) 전역 미사일 방어 체계가 가장 강력하다고 할 수 있다. 미군에는 2008년부터 현재까지 6개 포대가 공급되었다.

2011~2013년 아랍에미리트(46억 1,500만 달러 규모 3개 포대, 2014년 공급 시작), 카타르(65억 달러 규모 3개 포대), 오만(2개 포대)에 THAAD를 공급하는 계약이 체결되었다. 2017년 사우디아라비아에 7개 포대(15억 달러 규모)를 공급하는 정부 간 가계약이 체결되었으며, 한국과는 협의가 진행 중이다. 앞으로도 미국의 동맹국에 대한 THAAD 공급은 계속될 것으로 보인다.

록히드마틴은 좀 더 무겁고 사거리가 증가한 개량형 THAAD-ER을 개발하고 있다. 이 미사일은 차세대 초음속미사일을 포함한 미사일 대응에 최적화되어 있다. 개발비 투자가 원활할 경우 THAAD는 2022년 양산단계까지 갈 것이다.

오랫동안 미국의 중·장거리 대공방어 체계는 MIM-04 계열 미사일을 사용하는 패트리어트였다. 이 미사일 체계를 생산한 주 협력업체는 레이시온사다. 이 체계는 미국을 비롯한 11개국(독일, 그리스, 이스라엘, 요르단, 스페인, 쿠웨이트, 네덜란드, 사우디아라비아, 대만, 한국, 일본)에서 운용 중이며, 일본에서는 면허생산된다. 2018년까지 230개 포대가 생산되었다. 1989년부터 사거리 160km 미만 MIM-104C 대공미사일을 사용하는 작전·전술 미사일을 파괴하는 PAC-2형이 생산되고 있다. 1994년부터 MIM-104E 대공미사일, 2002년부터 MIM-104E GEM+와 GEM-T가 생산되었다. 모든 개량은 탄도탄을 파괴하는 능력을 확장하는 방향으로 진행된다. 사거리 20km에 능동레이더 유도방식을 사용하는 록히드마틴의 신형 미사일을 도입한 PAC-3는 원칙적으로 완전히 새로운 대미사일 방어 체계다. 이 미사일은 종말단계에 있는 전술 및 작전-전술 미사일을 파괴하는데, GEM 계열 대공미사일이 함께 운용된다. 완전히 성능 개량된 PAC-3는 1997년부터 미군에 공급되고 있다. 현재까지 독일, 그리고, 이스라엘, 쿠웨이트, 네덜란드, 한국, 일본(최근 PAC-3 대공미사일이 면허생산됨)이 주문했다. 사우디아라비아와 쿠웨이트는 PAC-2를 PAC-3로 개량하는 사업을 시작했다. 패트리어트 대공미사일 체계를 운용하는 모든 국가는 PAC-3 대공미사일을 점진적으로 도입할 것으로 예상된다.

최근 PAC-3와 GEM-T 유도탄을 사용하는 패트리어트 대공미사일 체계를 주문한 국가는 쿠웨이트(9개 포대), 카타르(11개 포대)이며, 2017년 폴란드(2개 포대)와 루마니아(3개 포대)도 주문했다. 스웨덴도 도입을 계획하고 있다. 위의 패트리어트 체계는 세계 시장에서 상업구매 방식으로 획득할 수 있는 가장 성능이 우수한 기종이다.

유럽 국가

현재 유럽 방공무기 주요 사업은 MBDA사로 집중되어 있다. MBDA사는 탈레스(Thales)와 함께 아스터(Aster) 계열 미사일을 기반으로 다수의 첨단 함정 및 지상형 대공미사일을 개발했다. 아스터 대공미사일(사거리 15km 미만의 아스터 15 단거리 대공미사일 및 사거리 50km 미만의 아스터 30 중거리 대공미사일)을 사용하는 FSAF 대공미사일 체계 개발 및 생산은 현재 탈레스와 MBDA가 된 유럽업체들이 1989년 동일한 비율로 설립한 유로샘(Eurosam) 컨소시엄이 맡았다. 이 사업에는 프랑스, 이탈리아, 영국의 주요 업체들이 참여했다. 아스터 15 양산은 2002년 초, 아스터 30은 2005년 양산이 시작되었다. 작전-전술 미사일 요격이 가능한 아스터 30 INT 블록 1NT가 2010년부터 개발되며 중거리 탄도탄 대응이 가능한 블록 2에 대한 연구가 진행 중이다. 아스터 미사일을 사용하는 체계의 수출잠재력은 높다. 함상형은 이미 10개국 해군에 판매가 확정되어 있다.

아스터 30 대공미사일을 사용하는 지상형 대공미사일 체계는 프랑스와 이탈리아군을 위해 개발된 SAMP/T이다[프랑스는 맘바(Mamba)라는 이름으로 11세트, 이탈리아는 6세트를 도입함]. 시험평가는 2005년 시작되었고 2016년 납품되었다. SAMP/T는 세계시장에서 적극적으로 홍보된다. 2013년 싱가포르가 SAMP/T의 첫 구매국이 되었다. 터키와 MBDA의 계약에 따라 SAMP/T를 기반으로 터키군을 위한 체계가 개발 중이다.

MBDA 프랑스 법인이 개발한 단거리(20km 미만) 대공미사일 체계는 적외선 및 능동 추적방식의 프랑스 공대공 MICA 미사일을 기반으로 수직 발사되는 VL MICA이다. 이 체계는 지상형과 함상형이 제안된다. 발사시험은 2001년부터 진행되었다. 함상형은 오만, 모로코, 이집트, 인도네시아, 베트남이 주문했다. VL MICA 지상형은 오만, 사우디아라비아, 보츠와나에 공급되었고 최근에는 루마니아가 주문했으며 일부 자료에 따르면 조지아도 주문한 것으로 보인다. 앞으로 프랑스 공군도 구매할 계획이다.

영국 국방부의 주문에 따라 MBDA UK는 지상형은 셉터[Ceptor(FLAADS)], 함상형은 시 셉터(Sea Ceptor)라고 명명된 사거리 25km 미만의 소구경 단거리 CAMM(Common Anti-Air Modular Missile) 대공미사일 체계를 개발했다. CAMM

대공미사일은 MBDA의 ASRAAMM 단거리 공대공미사일을 기반으로 개발되었는데, 공대공미사일과는 달리 2채널 데이터링크 추적장치와 결합된 능동추적 탄두가 장착되었다. 영국 해군을 위한 시 셉터는 2016년부터 생산되었는데, 영국 외에도 이미 4개국이나 주문했다. 영국 육군은 2018년을 납기로 하는 랜드 셉터(Land Ceptor) 알려지지 않은 수량(5세트 미만)을 2014년 주문했다. 지상형 체계는 이탈리아 공군용으로 선정되기도 했다.

MBDA 이탈리아 법인은 지상 견인형 스파다(Spada) 2000 중·단거리(2 미만) 대공미사일 체계의 성능개량과 함께 마케팅을 지속한다. 이 체계는 애스피드(Aspide) 대공미사일을 사용하는, 명성이 높은 이탈리아 스파다 대공미사일 체계의 개량형이다. 스파다 2000 개발사업은 1994년 시작되었다. 신형 애스피드 2000 미사일을 사용하는 스파다 2000 체계는 스페인과 파키스탄 공군이 획득했다. 이탈리아 공군의 스파다 체계 16개 포대 및 이집트와 쿠웨이트의 스카이가드/애스피드(Skyguard/Aspide) 체계가 애스피드 2000 미사일을 사용하는 방식으로 개량되었다. 스파다 2000의 최신 개량형인 아라미스(Aramis) 대공미사일 체계는 수출이 추진되었으나 주문 실적은 없었다.

MBDA사는 적외선추적방식인 프랑스 휴대용대공미사일 체계인 미스트랄(Mistral)을 지속하여 생산한다. MBDA 프랑스 법인이 2000년부터 미스트랄2 모델, 2015년부터 미스트랄3이 생산된다. 휴대용 모델과 함께 견인형(ATLAS), 자주형(ASPIC) 그리고 다양한 해상형이 제안된다. 현재 미스트랄은 28개국에서 운용된다. 최근 미스트랄2 휴대용대공미사일 체계 구매국은 에스토니아, 인도네시아, 아랍에미리트, 사우디아라비아다. 사우디아라비아는 자주형 플랫폼을 포함하여 미스트랄을 대량으로 도입하고 있다.

탈레스그룹은 프랑스, 핀란드, 그리스 공군을 위해 구매되고 한국에서 면허생산된, VT-1 미사일을 사용하는 지상형 크로탈(Crotale) NG 단거리(사정거리 11km 미만) 대공미사일 체계를 프랑스에서 지속하여 개량한다. 러시아 파켈 기계설계국(MKB Fakel)과 함께 수직발사형 체계가 개발되었다. 2008년 이후 사정거리 15km 미만의 신형 VT-1 Mk3 대공미사일이 개발되었다. 이 미사일은 사우디아라비아가 보유한 샤힌[Shahine(Crotale)] 체계 개량사업의 일환으로 사우디에 공급되었을 가능성이 있다.

탈레스 에어 디펜스(Thales Air Defense) 영국 법인[구 쇼트 브라더스(Short Brothers)사]이 1997년부터 레이저 유도방식의 스타스트리크(Starstreak HVM) 휴대용 및 이동식 대공미사일 체계(사정거리 7km 미만)를 생산한다. 이 체계는 영국과 남아공군이 구매했다. 2010년부터 최근 태국, 말레이시아, 인도네시아에 공급된 사거리가 늘어난 스타스트리크 Mk Ⅱ 대공미사일 생산이 시작되었다.

독일 디엘 BGT 디펜스(Diehl BGT Defense)사는 적외선 추적방식의 공대공 IRIS-T 미사일을 기반으로 중·단거리 대공미사일 체계를 개발했다. 수직발사형 대공미사일은 IRIS-T-SL(사정거리 30km 미만)과 IRIIS-T-SLS(사정거리 10km 이상) 두 종류로 개발되었다. 이 미사일은 별도의 이동식 체계와 독일 MEADS 대공미사일 체계에서 운용되는 것이 분명하다. 스웨덴과 노르웨이가 IRIIS-T-SLS 미사일을 이용하는 체계 소량을 주문했다. 독일 정부가 IRIS-T를 기반으로 하는 대공미사일 체계를 구매할지 여부는 아직도 불분명하다.

디엘 BGT 디펜스사의 다른 체계로는 LKF사(현재의 MBDA 독일)와 함께 독일연방군의 주문에 따라 개발한, 사정거리 10km 미만의 근거리, 적외선 추적방식의 지상형 LeFla NG가 있다. LeFla NG 휴대용, 견인형, 자주형(수직발사형 포함)이 제안된다. 이 체계의 전력화는 2020년 이전에는 어려울 것으로 예상된다.

라인메탈(Rheinmetall)사는 스팅거(Stinger) 대공미사일을 사용하는, 근거리 이동식 체계인 ASRAD를 생산한다. 이 체계는 독일[비젤(Wiesel2) 상륙장갑차를 기반으로 한 오젤롯(Ozelot) 50세트], 그리스[험비(HMMWV) 차량을 기반으로 54세트], 폴란드가 구매했다. 이글라 미사일을 포함한 다양한 휴대용대공미사일을 사용하기 위해 몇몇 모델이 개발되었다. 스웨덴 RBS-70 휴대용대공미사일 체계의 볼리드(Bolide) 미사일을 사용하는 ASRAD-R은 핀란드가 구매했다. MBDA 독일 법인은 독일군에게 스팅거 또는 이글라 미사일을 사용하는 LLADS와

MADLS 이동식 대공발사체계(Mobile Air Defense Launching System)를 제안한다.

이탈리아 오토 멜라라(Oto Melara)사는 40mm 견인형 쌍열 대공포인 트윈 패스트 팩토리(Twin Fast Factory) 수출을 추진한다. 함상형 체계와 유사한 이 체계의 구매국은 찾지 못했다. 전차 차체에 함포를 기반으로 한 자주대공포인 오토매틱(OTOMATIC)에 대한 마케팅은 중단된 상태다. 그러나 오토 멜라라는 켄타우로(Centauro) 차륜형 장갑차체를 이용하여 차세대 드라코(Draco) 76mm 자주대공포를 개발한다.

스웨덴에서는 사브 보포스(Saab Bofors)사가 오랫동안 견인형 단거리(18km) 대공미사일 체계인 RBS-23 BAMSE를 개발했다. 그러나 2007년 스웨덴 정부는 재정상의 이유로 구매를 거부했고 스웨덴군에 공급되어 있던 양산 전 물량 3세트는 치장되었다. RBS-23은 수출을 위해 홍보된다.

레이저 유도 방식의 사브 보포스 RBS-70 휴대용대공미사일 체계는 지속적으로 수요가 많다. 이 체계는 스웨덴뿐만 아니라 33개국에서 운용된다. 최근 아일랜드, 라트비아, 체코, 핀란드, 파키스탄에 공급되었다. 1999년부터 사정거리 7km 미만의 Mk2 모델이 생산되고 2002년부터 차세대 Bolide 대공미사일(사정거리 9km 미만)이 제작된다. 2015년부터 RNS-70NG 모델이 나오고 있다. 호주, 핀란드, 대만이 구매했다.

BAE 시스템즈 보포스사는 40mm와 57mm 공중폭발탄을 개발하면서 최근 대공포 발전에 큰 역할을 했다. CV90 전투보병장갑차 차체를 이용한 CV9040AVV(Lvkv90) 40mm 단열 대공포는 독특한 체계다. 이 모델은 스웨덴군을 위해 30대가 제작되었다.

구 스위스 회사인 오리콘 콘드라베스(Orelikon Contraves)는 오랫동안 세계적인 대공포 생산업체로서 명성이 높았다. 이 회사는 2000년 라인메탈그룹[현재는 라인메탈 에어 디펜스(Rheinmetall Air Defence)]에 편입된 후에도 이러한 평판을 이어갔다. 30개국 이상에서 전력화되어 있으며 자주대공포[게파르트(Gepard), 막스맨(Marksman), 로아라(Loara), 87식]와 함정 대공포 체계로 운용되는 오리콘 GDF

35mm 쌍열 대공포는 새로운 이름으로 마케팅을 지속하고 있다. 몇몇 국가에서 이 계열 모델이 면허생산된다. GDF-005와 GDF-007(태국이 2017년 몇 대 도입) 모델은 라인메탈 에어 디펜스가 생산하고 여러 국가에서 GDF-005와 GDF-007 수준으로 개량이 진행된다. 2015년부터 신형 모델인 GDF-009가 선보였다. 이 모델들을 위해 공중폭발 신관이 장착된, 35mm AHEAD(역자주: Advanced Hit Efficiency And Destruction, 전방 확산탄) 포탄이 개발되었다.

분당 1천 발을 발사하는 35mm KDG35/1000 발칸포는 라인메탈 에어 디펜스가 개발한 35mm 구경의 신형 장비다. 이 모델을 기반으로 스카이쉴드(Skyshield) 대공포(견인형, 고정형)가 개발되었다. 이 대공포는 곡사포, 박격포 및 로켓 사격으로부터 목표물을 방어하는 수단으로 제안된다. 스카이쉴드는 세계적으로 많은 관심을 받고 있다. 만티스(MANTIS)라는 이름으로 반고정형 모델 2종은 독일이 획득하고 스카이쉴드 2세트는 인도네시아가 도입했다. 스카이쉴드를 기반으로 피라냐(Piranha) 장갑차 차체를 이용한 스카이레인저(Skyranger, 2010년부터 사우디아라비아에 약 20세트 공급됨)와 라인메탈 ASRAD 체계를 기반으로 35mm 자주대공포와 대공미사일이 결합된 복합체계가 개발되었다.

폴란드에서는 소련 9K310 이글라-1 체계 면허생산품의 개량형인 그롬(Grom) 대공미사일 체계를 자클라디 메탈로베 메스코(Zaklady Metalowe MESKO)사가 생산한다. 그롬1은 1995년부터 생산되었고, 9K38 이글라와 성능이 유사할 것으로 보이는 그롬2는 2000년부터 생산되고 있다. 그롬의 휴대용 모델은 조지아, 라트비아, 인도네시아에 수출되었다. 3SU-23-4MP에 설치된 모델, 폴란드에서 생산되는 3U-23-2[ZUR-23-2KG 조덱(Jodek)-G], 폴란드군이 구매한, 자동차 차체를 이용한 포프라트(Poprad) 대공미사일 체계와 같이 그롬 미사일을 사용하는 여러 체계가 개발되었다. 포프라트 체계를 ZUR-23-2KG에 설치하는 코브라(Kobra) 자주복합대공 체계를 라드와르(Radwar)사에서 개발했다. 2005년 2개 포대를 인도네시아가 구매했다. 현재 폴란드에서는 그롬 미사일의 개량형인 피오룬(Piorun) 휴대용대공미사일이 개발되어 폴란드군을 위해 주문되었다.

폴란드의 가장 야심찬 방공무기 사업은 라드와르(Radwar)와 부마르(Bumar)가 공동으로 개발한 35mm 쌍열 자주대공포 PZA 로아라(Loara)다. 외형적으로 게파르트(Gepard)를 닮았지만 PT-91 전차 차체를 이용한다. 후타 스탈로바 볼라(Huta Stalowa Wola)사는 오리콘 콘드라베스 KDA 35mm 포를 면허생산한다. 그러나 기술 및 재정적인 이유로 이 자주대공포의 계획된 양산분 48~72대가 납품되지 않았다. 이후 인도와 이 물량에 따라 판매 협상이 진행되었다. 이전에 대공미사일[로아라(Loara)-M] 및 대공미사일포 모델도 개발 중이었으나 현재는 중단되었다.

이스라엘

이스라엘은 현대 대공방어 체계 개발에서 선도적인 위치에 있다. 그런데 대다수 사업은 외국과의 협력과 자금지원으로 수행된다. 이스라엘의 체계 중 애로 2[헤츠(Hetz)] 대미사일 방어 체계를 가장 성공적이라고 할 수 있다. 애로 2는 이스라엘 항공우주산업[Israel Aerospace Industries(IAI)]과 다른 이스라엘 기업들이 보잉과 록히드마틴을 비롯한 미국 기업들과 공동으로 개발했다. 미국이 사업 금액의 80%를 지원했다. 2000~2012년 이스라엘은 사거리 150km 미만의 대미사일 방어 체계를 갖춘 3개 포대를 배치했다. 이 미사일로 사거리 1천 km 작전-전술 미사일을 요격할 수 있다. 중거리 탄도탄 요격 능력 확보를 주목표로 애로 2의 성능개량이 지속적으로 이루어지고 있다. 구체적으로 보면 현재까지 애로 2는 블록 4.1과 블록 5까지 개량되었다. 2017년부터 외기권에서 요격이 가능한 애로 3 신형 미사일방어 체계가 배치되기 시작했다. 인도, 터키, 한국이 오랫동안 애로 2 도입에 관심을 보였다. 그러나 미국은 지금까지 이 체계의 수출을 금지하고 있다. 2001년부터 인도는 대미사일 방어를 위해 애로 2 체계의 일부인 엘타 그린 파인(Elta Green Pine) 다기능레이더를 도입했다. 최근에는 한국(2대), 아제르바이잔(1대)이 레이더를 구매했다.

팔레스타인 및 레바논 무장조직의 미사일 공격으로부터 이스라엘 영토를 방어하기 위해 2006년 긴급하게 2개 사업이 시작되었다. 대부분 미국 자금이 활용되었는데, 이스라엘 라파엘사는 미국의 레이시온사와 공동으로 소구경 스터너(Stunner) 미사일을 사용하는 다비즈슬링[Davis's Sling, 켈라 다비드(Kela David)] 전술용 대미사일 방어 체계를 개발했다. 스터너 미사일은 사거리 40~400km의 적 전술 및 작전-전술용 미사일을 요격할 수 있다.

사거리 70km 미만 비유도로켓를 방어하기 위해 사거리 40km 미만의 저가형 타미르(Tamir) 미사일을 사용하는 이동식 아이언 돔[Iron Dome, 킵팟 바젤(Kippat Bazel)] 체계를 개발했다. 2010년부터 15개 포대가 배치되었고, 팔레스타인의 로켓 공격에 대해 만족스러운 성능을 보였다. 싱가포르, 인도, 한국, 루마니아가 도입 관련 가계약을 체결했으나 아직까지 공급이 시작되지 않았다. 미군은 스터너와 아이언 돔에 큰 관심을 보인다.

이스라엘이 처음으로 자체 생산한 대공방어 체계는 IAI와 라파엘이 생산한, 사거리 10km 미만 근거리 함상형 체계인 바락 1이다. 상당한 수출실적을 보이는 가운데 인도(인도 해군용은 현재도 생산됨), 칠레, 싱가포르가 구매했다. 함상형을 기반으로 자주식 ADAMS와 렐람파고(Relampago)를 포함한 여러 지상형이 개발되었으나 소요는 제한적이다. 칠레에 ADAMS 일부 수량이 공급되었다고만 알려져 있다. 베네수엘라와의 2006년 계약에 따라 베네수엘라를 위해 특별히 개발된 바락 1 미사일을 사용하는 견인식 디펜더(Defender) 체계 3개 포대가 공급되었다.

2006년 라파엘과 IAI는 인도의 DRDO(역자주: Defense Research and Development Organization, 국방연구개발기구)와 신형 중·장거리 대공미사일 체계 바락 8(인도는 바락 2라고 명명)을 사거리 80km 미만의 바락 8MR(MRSAM), 사거리 150km 미만의 바락 8LR로 개발하는 계약을 체결했다. 함상형과 지상형으로 개발되었고, 시험발사는 2010년부터 시작되었다. 2016~2017년 바락 8 지상형 대공미사일 체계의 첫 구매국은 아제르바이잔이었다. 이스라엘과 인도 해군은 2017년 처음으로 함상형 체계를 도입했다.

　라파엘은 수출용으로 SPYDER 대공미사일 체계를 독자적으로 개발했다. 적외선 추적방식의 단거리 파이톤(Python) 5(15km 이상) 미사일과 능동레이더 추적방식의 중거리(35km 이상) 더비(Derby) 미사일이 공대공미사일을 사용한다. 2007년부터 스파이더(SPYDER) 대공미사일은 다양한 형상으로 조지아(최소 1개 포대), 싱가포르, 베트남에 공급되었고 페루도 주문했다. 인도는 오랫동안 스파이더 18개 포대 미만을 도입하기 위해 협상했지만, 현재까지 6개 포대만 계약했다.

　라파엘사는 구소련 및 러시아제 미사일을 사용하는 근거리 자주식 대공미사일 체계를 위한 ADMS 발사대를 개발했다. 이 체계는 루마니아 포함 일부 국가에 공급했다. IMI는 '레드 스카이(Red Sky)'라는 이름의 유사 체계를 제안한다. IAI사는 스팅어(Stinger) 대공미사일을 사용하는 자주식 이글 아이(Eagle Eye) 체계를 제안한다.

　라파엘사는 대박격포(와 무인기) 대응 체계로서 사거리 7km 미만이라고 알려진 지상 고정형 레이저 체계인 아이언 빔[Iron Beam; 케렌 바젤(Keren Bazel)]을 개발한다. 이 체계의 배치는 2020년 이후에나 가능할 것이다.

중국

중국은 거의 모든 종류의 대공방어 체계를 개발한다.

　중국이 독자적으로 개발한 첫 중거리 대공미사일 체계는 사거리 50km 미만 고체연료를 사용하는 HQ-12(KS-1)다. 현재 발전형인 KS-1A가 생산되며, 1990년대 말부터 상대적으로 많지 않은 수량이 배치되었다. 2010년 이후에는 신형 KA-1C가 개발되었다. 최근 이 체계는 미얀마, 태국, 투르크메니스탄에 수출되었다.

　2000년 이후부터 생산된 소련의 S-300PMU-1과 유사한 HQ-9(FD-2000)은 중국의 최첨단 중·장거리 대공미사일 체계다. HQ-9 성능은 어느 모로 보나 S-300PMU-1과 가까우며, 사거리는 120km가 넘는다. 중국 방산업체는 HQ-9 개발 및 생산에서 오랫동안 어려움을 겪었다. 2000년 이후에야 상당량이 배치되기 시작했다. 가장 흥미로운 이 체계의 개량형은 조기경보통제기를 격추하기 위해 수동탐색기 대공미사일을 이용하는 단순화된 FT-2000이다. FT-2000A와 유사한 미사일(S-75 유사형)이 HQ-2 체계에서 사용하기 위해 개발되었다.

HQ-9은 세계 시장에 적극적으로 제안된다. 2013년 터키의 T-LORAMID 사업에서 선정되었다. 터키는 약 30억 달러 규모의 HQ-9 12개 포대를 구매할 것으로 예상되었으나 미국과 서방 국가들의 압력으로 중국과의 계약은 이행되지 못했다. 결국 터키는 러시아의 S-400 대공미사일 체계를 도입하기로 결정했다. HQ-9을 구매한 첫 국가는 2016년 이후 우즈베키스탄과 투르크메니스탄이었다. 파키스탄도 주문한 것으로 보인다.

HQ-9 체계는 지속적으로 성능이 개량되고 있다. 중국은 HQ-19라고 명명한, 대미사일 방어 능력을 보유한 HQ-9 개량형을 개발한다고 알려져 있다.

신형 중거리 대공미사일 체계로는 수직 발사되고 러시아 9M17E 계열 미사일을 사용하는 HQ-16 미사일 체계가 있다. 이 체계는 러시아의 참여하에 개발되었고, 중국에서 생산된다. 2012년경부터 중국군에 전면적으로 전력화되고 있다. 2016~2017년 LY-80이라는 이름의 수출형은 방글라데시와 파키스탄(6개 포대 주문함)이 도입했다.

2008년 LS-II 이동형 대공미사일 시제품이 공개되었다. 이 체계는 러시아의 협력으로 개발되었는데, 사거리 30km 능동레이더탐색기가 장착된 신형 중국 공대공 PL-12(SD-10) 미사일을 사용한다. 또한 공대공급 대공미사일로서 적외선 탐색 방식 단거리(15km 미만) PL-9C 미사일도 사용할 수 있다. 수직발사형의 컨테이너형 PL-12(SD-10) 미사일을 사용하는 대공미사일 체계를 개발한다고 알려져 있다.

중국 최초의 근거리 및 단거리 미사일은 독자 개발해 소량 생산한 HQ-

61A(사거리 12km 미만)와 HQ-7(FM-80과 FM-90, 표준형 기준 사거리 12km 이하)이
다. HQ-7은 프랑스 구형 크로탈(Crotale) 체계의 복제품이다. 사거리 15km 미
만의 개량형 FM-90은 중국의 제식 단거리 대공미사일 체계로 지금도 생산된
다. 수출도 추진되어 최근 파키스탄, 방글라데시, 투르크메니스탄이 획득했다.
FM-90은 1990년대 후반 들어 이란에 공급되었고, 현지에서도 생산되었다.

1990년대에 면허생산된 이탈리아 애스피드(Aspide) 공대공미사일을 사용하
는 사거리 18km 미만의 HQ-64(LY-60) 단거리 대공미사일 체계가 개발되었
다. 이 체계는 중국군에 일부 수량이 전력화되었고 파키스탄, 모로코, 에티오
피아에 공급되었다. 중국 육군, 파키스탄, 방글라데시, 모로코에 견인 및 자주
식(WZ551 장갑차 차체 사용) DK-9 체계가 일부 공급되었다. DK-9은 적외선 탐
색 방식의 단거리(15km 미만) 공대공 PL-9C를 미사일로 사용한다. 2000년 이
후 적외선 탐색 방식, 사거리 6km 미만의 근거리 체계인 TY-60을 시장에 내놓
고 있다. 체계는 견인식과 자주식(장갑차 및 차량 차체 사용)으로 제안된다. 그러나
공개자료에 따르면 중국군에는 일부 수량만 공급된 것으로 되어 있다. TY-90
을 미사일로 사용하는 체계는 최근 탄자니아와 에티오피아에 판매되었다.

중국이 최근에 개발한 체계로는 HQ-17로 명명된, 이미 러시아로부터 도입
한 토르(Tor)-M1 대공미사일 체계의 복제품이 있다. HQ-17은 2013년경 생산
이 시작되었는데, 아마도 중국 최초의 현대식 근거리 대공방어 체계일 것이다.

중국의 휴대용대공무기 체계는 1970년대에 소련의 9K32 스텔라(Strela)-2
를 복제하면서 시작되었다. 이 체계는 NH-5라는 이름으로 최근까지 중국에
서 다양한 파생형이 생산되었다. 이 체계의 발전형은 NH-6(FN-6) 체계이며,
1990년대부터 상대적으로 적은 수량이 생산되어 수출되었다. 2008년 성능이
개량된 FN-16이 선보인 후 중국군을 위해 양산되었다.

중국의 차세대 휴대용대공무기 체계는 QW-1[뱅가드(Vanguard) 1)]으로
1990년대 말부터 생산되었는데, 소련의 9K310 이글라-1 기술이 이용되었다.
성능 개량 과정에서 수없이 많은 파생형이 개발되었다. 여기에는 QW-11(또

한 일부 개량형), QW-18(이중 적외선 탐색) 및 개량된 탐색기를 장착한 이글라-1 복제품인 QW-2(Vanguard 2)가 포함된다. 최근 개량형은 QW-4로서 IIR급 적외선 탐색기가 사용된다. 이 밖에도 레이저 반능동 탐색 방식, 사거리 8km 미만의 더 큰 미사일을 사용하는 QW-3 견인식 대공미사일 체계가 개발되었다. 중국은 이 휴대용대공미사일을 이용하여 차량과 장갑차 차체를 활용한 몇몇 이동식 모델을 개발 및 생산한다. QW-4 계열 미사일을 사용하는 자주식 TD2000 모델의 양산에 대해 알려져 있다. NH-5와 QW-1 체계는 수출되었고, 신규 개발된 모든 체계도 수출이 추진되었다.

중국은 지금도 다수의 견인식 대공포를 생산한다. 여기에는 90식 35mm 쌍열포(면허생산된 스위스 오리콘 콘트라베스 GDF-002), 87식 25mm 쌍열포, 80식 23mm 쌍열포(오리콘 25mm탄을 사용하는 소련산 3U-23-2의 완벽한 복제품)가 포함된다. 87식과 80식을 기반으로 휴대용대공무기 체계를 활용해 다수의 복합대공무기 체계가 개발되었다. 중국군 제식 자주식 대공포는 83식 152mm 자주포 차체를 이용한 25mm 4연장 자주대공포다. 순수한 의미의 대공포인 90식이 일부 생산된 후 QW-2 대공미사일이 추가된 95식 복합 체계(PGZ-95)가 생산되었다. 최근 신형 WZ123 차체를 활용한 개량형인 PGZ04가 생산되고 있다. 2010년경 중국은 PGZ04 같은 차체를 사용하여 독일 구형 게파르트와 유사한 구조의 07식 쌍열 대공포를 개발 및 양산하고 있다. 차세대 09식 장갑차를 기반으로 30mm 대공포인 DP-30을 개발한다. 중국이 개발한 또 다른 신형 체계는 일부 수량만 생산된 LD-2000 이동식 대공포 체계다. 이 체계는 730급 30mm 7열 함정용 대공포 체계[네덜란드 골키퍼(Goalkeeper)의 중국식 모델]를 차량에 설치한 것이다.

한국

한국에서는 최근 20년 동안 대공방어 체계를 독자 설계 및 개발하는 사업이 본격적으로 진행되었다. 여기에는 외국 연구진이 폭넓게 참여했다. 중거리 대공미사일 체계인 철매사업(KM-SAM 또는 철매-II로 알려짐)이 대표적이다. 삼성탈레스와 러시아 알마즈안테이(Almaz-Antey)사의 참여하에 한국의 LIG가 개발했다. 러시아 회사는 2001년 계약에 따라 다기능레이더와 지휘소 개발을 담당하는 방법으로 사거리 40km 미만의 지대공미사일 개발에 협력했다. 이 체계는 개념적으로 알마즈안테이사가 개발한 S-350 비티아즈(Vityaz)에 가까울 것 같다. 철매 양산은 2012년 시작되었고, 군에는 2015년부터 공급되기 시작했다. 총 32개 포대 구매가 계획되어 있다. 개량형은 대공미사일 사거리가 100km 미만까지 이를 것으로 보인다. 한국은 전역 대미사일 방어 체계를 독자 개발하려고 한다.

러시아 회사들(적외선 탐색기를 개발한 LOMO사와 기타)의 협력하에 LIG는 2006년 양산된 사거리 7km 미만의 신궁[Chiron(카이론)] 휴대용대공미사일 체계를 개발했다. 수출을 적극적으로 추진한 결과, 최근 인도네시아에 판매했고 다른 여러 국가도 관심을 보인다.

두산인프라코어는 1999년부터 한국군에 사거리 11km 미만 단거리 자주대공미사일 체계인 천마(Pegasus, K-SAM)를 한국군에 공급했다. 이 체계는 프랑스 탈레스그룹의 참여하에 개량하여 면허생산된 크로탈 NG 체계의 VT-1 미사일을 이용하여 개발되었다. 총 114대가 주문되었고, 차륜형 차체를 이용한 모델을 포함하여 수출이 추진된다. 두산이 개발한 또 다른 체계로는 1998년부터 전용 궤도형 차체를 사용하는 30mm 쌍열 자주포인 비호(Flying Tiger) 167대가 공급되었다.

기타 국가

터키에서는 국영기업인 아셀산(Aselsan)이 터키군용으로 중·단거리 히사르(Hisar)를 개발한다. 여기에는 히사르 중거리 대공미사일(히사르-O 미사일) 체계, 히사르-A 단거리 대공미사일 체계, 사격통제장치가 포함된다. 두 체계를 위한 미사일은 터키의 로켓산(Roketsan)에서 생산한다. 부대방호를 위한 히사르-A

대공방어 체계에는 최대 사거리 15km 미만의 로켓산 히사르-A(AISHF)와 최대 사거리 25km 미만의 로켓산 히사르-O 대공미사일이 사용된다. 양 체계의 미사일 연동 발사시험은 2013~2014년 시작되었고, 공급은 2020~2021년으로 계획되어 있다.

이미 아셀산사는 스팅어 미사일을 이용한 자주식 근거리 대공미사일 체계를 위한 발사대를 종류별로 개발했다. 2004년부터 터키군에 집킨(Zipkin: 차량 설치식 88대)과 아틸간(Atilgan: AIFV 보병전투차량 설치식 70대)이 납품되었다. 페넥(Fennek) 장갑정찰차량에 설치하기 위해 SLS 체계 18대가 네덜란드에 공급되었다.

아셀산은 FNSS ACV-30 궤도형 차체에 설치하는 35mm 쌍열 코르쿠트(Korkut) 대공포를 개발했다. 대공포로는 오리콘사의 면허를 받은 35mm 대공포 2문이 사용된다. 2014년 터키 육군을 위해 14개 소대분(1개 소대는 자주대공포 3대와 통제차량 1대로 구성)이 주문되어 2018년 공급이 시작되었다.

이란은 1990년대에 유명한 대공미사일 체계 복제품을 다수 생산했다.

- 샤하브 타케브(Shahab Thaqeb), 야자흐라(Ya-zahra)로도 알려져 있음. 사거리 12km 미만으로 프랑스 크로탈 및 중국 유사 기종인 FM-80의 복제품
- 사야드(Sayad) 1: 소련 S-75 및 더 유사 기종인 HQ-2의 복제 개량품
- 영국 래피어(Rapier) 근거리 대공미사일 체계의 복제품(최신형은 자주형으로 생산됨)

최근 이란은 구형 미국 호크 중거리 대공미사일 체계[복제품은 메르사드(Mersad) 또는 샤힌(Shahin)으로 불림]의 MIM-23 미사일의 복제품을 생산한다. 이란이 개발한 다른 미사일로는 '메흐라브(Mehrab)'라고 불리는, 미국 스탠더드(Standard) MR-1 함대공 미사일 체계의 미사일 파생형이 있다. 이 미사일의 발전형은 사야드 2 고체연료 미사일의 크기를 확대한 것으로 지상형 중·장거리

(100km 미만으로 추측) 대공미사일 체계로 사용된다. 양산은 2013년 시작되었다.

최근 몇 년 사이 이란은 S-300과 유사한 바바르(Bavar) 373 중거리 대공미사일 체계를 개발한다고 발표했다. 아마도 북한에서 개발된 체계의 이란형 모델이라고 추측된다. 이 북한 체계는 서방에서는 KN-06라고 부르며 외관상 소련의 S-300P와 흡사하다. 이란과 북한 체계의 성능에 대해서는 알려진 바 없다. 2012년 이란에서 처음으로 타에르(Taer) 미사일을 사용하는 중거리 라드(Ra'ad) 대공미사일 체계가 선보였다. 이 체계는 외형적으로 러시아의 9K317E Buk-M2E 복제품을 연상하게 한다. 2014년 타에르 2B 미사일을 사용하는 라드 개량형이 등장했다.

이전에 이란에서는 이미 중국의 QW-1과 유사한 미샤(Misagh) 1 휴대용 대공미사일이 생산되었다(아마도 중국의 면허를 받은 것 같음). 2006년부터 미샤 2(QW-1과 유사)로 교체되었다.

파키스탄에서는 IICS 연구소가 1989년부터 중국의 협조하에 안자(Anza) 계열의 대공미사일 체계가 생산된다. 안자 Mk I 체계는 중국 HQ-5(소련의 9K32 스텔라-2의 복제품)의 면허생산 모델이다. 1994년부터 안자 Mk II 체계가 생산된다(중국 QW-1과 유사). 2009년부터는 안자 Mk III가 생산된다(중국 QW-2와 유사, 일부 수정). 안자 체계는 다수 국가에 수출되었고, 미사일을 사용하여 여러 자주식 체계 모델이 개발되었다. 최근 파키스탄은 자국산 중거리 대공미사일 체계 개발에 대해 발표했다. 이 체계의 미사일 시험은 2005년 시작되었으나 사업 현황에 대해서는 알려져 있지 않다.

1980년 초부터 인도 DRDO는 자국산 아카쉬(Akash) 중거리 및 트리슐(Trishul) 근거리 대공미사일 체계 개발 사업을 야심 차게 수행해왔다. 사거리 30km의 아카쉬 체계 미사일은 소련의 2K12 크바드라트(Kvadrat) 대공미사일 체계 3M9 대공미사일을 기반으로, 사거리 9km 미만의 트리슐 미사일은 9K33 오사(Osa) 체계의 9M33 대공미사일을 기반으로 개발되었다. 새롭게 다중 화력통제 체계가 개발 중이었다. 기술 실증 단계로 알려졌던 트리슐 사업은 현재 중단되었다.

아카쉬 체계는 상당히 오랜 기간 개발되어 최근에서야 양산단계에 돌입했다. 2008년 인도 공군이 초도양산분 2개 대대를 구매했다. 2008년 추가로 6개 대대를 주문했다고 발표했다. 2011년 이들 체계를 위한 미사일이 추가로 주문되었다. 2010년에는 인도 육군용 12개 대대(2개 연대) 아카쉬 대공미사일 체계 주문이 확정되었다. 인도 공군과 육군에 대해 완전하게 양산된 아카쉬 체계는 2015년 시작되었지만, 그 속도는 매우 느리다.

인도에서 방공무기 체계 개발은 DRDO가 이스라엘과 협력하에 바락 8 중거리 대공미사일(바락 2) 사업을 기본으로 진행된다. 지상형 체계 전력화는 2018년부터 예상된다. DRDO는 2007년 계약에 따라 유럽의 MBDA사와 함께 인도 육군을 위한 마이트리(Maitiri; SR-SAM) 차세대 단거리 대공미사일 개발을 추진했으나 2015년 사업이 중단되었다.

또한 DRDO는 독자적으로 개발한 미사일방어 체계 시험을 진행한다. 이 체계는 1990년대 말부터 개발되었고, 이스라엘 기술[이스라엘에서 획득한 그린 파인 레이더와 스워드피시(Swordfish)]이 적용되었으며, 작전-전술 미사일 대응을 목적으로 한다. 처음부터 이 체계는 인도 프리트비(Prithvi) 작전-전술 미사일(사거리 1,500~2,000km 탄도탄 대응용, 요격 고도 100km 미만)을 기반으로 한 PAD[프라디움나(Pradyumna)]와 대미사일 방어 미사일로 개발된 AAD[애쉬윈(Ashwin), 요격 고도 30km 미만]라는 두 종류의 미사일을 사용하도록 되어 있다. 2014년 사거리 5천 km 미만의 탄도탄에 대응하기 위해 요격 고도 150km 미만의 신형 대미사일 방어 미사일 PDV에 대한 시험이 시작되었다. PDV가 PAD와 AAD 복합 체계를 교체할 수 있다고 알려졌다. 인도의 대미사일 방어 체계는 단기간 안에 전력화될 가능성은 적다.

대만에서는 CSIST 연구소가 미국 레이시온사와 협력하에 티엔 쿵[Tien Kung, 스카이 보(Sky Bow)] 중·장거리 대공미사일을 개발했다. 이 체계는 성능으로 보면 미국의 패트리어트 체계와 유사하다. 1989~1996년 사거리 70km 미만의 반능동레이더 탐색 방식의 유도탄을 사용하는 개량형 티엔 쿵 I 6개 포대가 대만군에 공급되었다. 1996년부터 이 6개 포대는 사거리 160km 미만의 능동레이더 유도방식의 유도탄을 사용하는 견인식 티엔 쿵 II 가 추가되었다. 이 체계는 실제로 고정형인데, 포대별로 설치된 창 베이(Chang Bei) 다기능레이더가 고정형으로서 방호된 장소에 설치되어 있기 때문이다.

2006년부터 대만은 포대별로 16기가 있는 티엔 쿵 I / II 미사일을 견인식이 아닌 지하발사/수직발사 모듈에서 발사하고 방호력을 높이기 위해 티엔 쿵 I / II 대공미사일 체계 기존 6개 포대를 개량했다. 모든 포대의 레이더는 방호력이 강화된 반지하 진지에 설치되어 포대는 완전히 고정형이 된다. 이 밖에도 2012년부터 티엔 쿵 II 신형 견인식 대공미사일 체계 12포대가 공급되기 시작했다.

대미사일 방어 능력이 향상된 신형 티엔 쿵 체계가 개발되었다. 티엔 쿵 III 라고 명명된 이 체계는 사거리 200km 미만이며, 미국 PAC-2 체계의 GEM 대공미사일과 유사한 유도방식을 사용한다. 티엔 쿵 III은 이동이 가능하며 견인식 수직발사 발사대가 있다. 기존에 배치된 티엔 쿵 포대의 티엔 쿵 I 대공미사일을 교체하며 2010년부터 전력화된다.

대만 CSIST가 개발한 또 다른 체계로는 대만 공군에 많지 않은 수량이 공급된 이동식 근거리(9km 미만) 대공미사일 체계인 앤틸로프(Antelope)가 있다. 이 체계는 적외선 탐색기를 사용하는 티엔 치엔(Tien Chien) I 공대공미사일을 사용한다. CM-32 수송장갑차 차체를 활용한 체계가 대만 육군에 공급되었다. 2015년 티엔 치엔 I 을 기반으로 개량된 대공미사일을 사용하는 시 오릭스(Sea Oryx) 함정용 대공미사일 체계가 선보였다. 최신형 능동형레이더 탐색기가 장착된 중거리(20km 미만) 공대공 티엔 치엔 II 미사일을 기반으로 신형 미사일을 사용하는 앤틸로프 대공미사일 체계가 개발 중이지만 사업의 미래는 불투명하다.

북한은 최근 10년 동안 상대적으로 현대적이라고 할 수 있는 중거리 대공미사일을 독자적으로 개발했다. 서방 제식명은 KN-06이고, 외형상 소련의

S-300P 대공미사일 체계를 연상하게 한다. KN-06은 열병식에서 몇 번 공개되었지만, 실질적인 성능 및 개발현황에 대해서는 알 수 없다.

일본은 다수의 방공 체계를 독자적으로 개발하고 생산한다. 보안 유지를 조건으로 미국의 협조하에 일본의 미쓰비시중공업은 03식(Chu-SAM, SAM-4, M-SAM이라는 이름으로도 알려짐) 중거리대공미사일 체계를 개발했다. 이 체계는 사거리 50~60km 유도탄 발사를 위한 고정형 수직발사 발사대가 포함된다. 2007년부터 2015년까지 일본 자위대에 16개 포대가 공급되었다. 2017년부터는 개량형 03-Kai 모델이 구매되기 시작했다. 현재 2개 포대가 계약되었다.

도시바사가 생산하는 81식 대공미사일 체계가 일본의 주력 근거리 자주대공미사일 체계로, 사거리 7km 미만 적외선 유도방식의 유도탄을 사용한다. 1996년부터 개량형 Tan-SAM-Kai가 생산된다. 2005년 이후 Tan-SAM-Kai II 수준으로 성능이 개량되었다.

일본이 새로 개발하는 단거리대공미사일 체계로는 도시바사가 개발한 능동레이더 유도방식의 미사일을 사용하는 11식이 있다(사거리는 공개되지 않았지만 20km에 달할 것으로 예상됨). 2013년 공급이 시작되었으며, 일본 육상 및 항공자위대를 위해 2018년 11식 체계 16개 포대가 계약되었다.

도시바사는 미국 스팅어 휴대용대공미사일 체계와 유사한 적외선 유도방식의 91식(Kin-SAM, SAM-2)과 경차량에 장착한 이동식 모델[미국의 어벤저(Avenger)와 성능이 유사하며 2010년까지 113대가 공급됨]인 93식을 생산한다. 2007년부터 91 Kai(SAM-2B)식으로 불리는 개량형 모델이 생산되고 있다.

남아공의 켄트론(Kentron)사[지금은 데넬(Denel)사로 흡수됨]는 무선유도방식의 사거리 12km SAHV-3 유도탄을 사용하여 차륜형 루이카트(Rooikat) 보병전투장갑차 차체를 활용하는 ZA-HVM 자주대공미사일 체계를 개발했다. 하지만 예산상 제약 때문에 남아공군은 이 체계를 구매하지 못했다. 같은 SAHV-3 유도탄이지만, 이중대역 적외선 유도 탐색기가 장착된 견인형 모델인 SAHV-IR은 수출형으로 제안된다. 이 체계의 발전형은 수직발사형 움콘토(Umkhonto) 대공미사일 체계로, 2005년부터 데넬사가 함상형 모델을 남아공, 핀란드, 알제리 해군에 공급한다. 2013년부터 사거리 15~19km 적외선 탐색기를 장착한 움콘토-IR 블록 2 미사일을 사용하는 지상형 움콘토 GBL 모델이 개발되었다. 이 체계는 차세대 방공 체계 GBAD 사업에 따라 남아공군이 획득할 계획이다. 데넬사는 사거리 30km 미만 움콘토-IR-ER 미사일과 선유도 방식의 움콘토-CLOS 및 사거리 60km 미만의 능동레이더 유도방식의 움콘토-R 개발을 수행한다.

5. 전차 및 중(重)장갑차

전차와 중(重)장갑차는 상당히 복잡한 체계다. 이를 독자적으로 생산할 수 있는 능력은 한 국가의 방위산업 발전 정도를 가늠할 수 있는 척도가 된다.

개발도상국 중 일부 국가도 자국의 전차산업을 일으키려고 노력하며, 주요 전차 생산국도 주력 전차 생산을 지속한다는 점이 2000년 이후 세계 전차산업 발전의 주요 특징이다. 그런데 지난 20년간 세계 시장에서 주로 판매된 전차는 중고 전차였다.

설계 측면에서 거의 모든 전차 생산국은 가장 최근까지도 1970~1980년대에 개발된 3세대 전차의 성능을 개량하는 데 중점을 두었다. 거의 새로운 전차라고 할 수 있는 러시아의 중(重)전차 아르마타(Armata; T-14 전차)가 선보이고 러시아 전차산업이 활기를 띠면서 이러한 상황이 바뀌기 시작한 것 같다. 러시아 신형 전차는 아마도 서방 주요국의 차세대 중(重)전차 개발에 자극을 준 것으로 보인다.

전반적으로 아르마타 전차는 러시아 이외의 주요 전차 생산국이 차세대 전차를 개발하는 데 기본적인 방향을 제시했을 것이다. 충분한 중량과 함께 방호력이 강화된 궤도형 전차 개발이 추진된다. 강력한 구조적 방호력, 능동방어 체계 정착, 승무원의 생존성 향상, 주포 및 전자광학 장비를 갖춘 무인포탑, 유도탄 장착, 관측 및 정찰 체계의 사용 범위 확대, 네트워크 중심 체계로의 통합이 특징이다.

그러나 이러한 특성을 가진 서방 전차 시제품은 2025년이 되어야 등장할 것이다. 따라서 향후 10년간 모든 전차 생산국은 기존 3세대 전차를 개량할 수밖에 없을 것이다.

미국

미 육군은 2002년 제너럴다이내믹스사의 M1 에이브람스(Abrams; M1A2 모델) 구매를 중단했다(1980년 시작된 양산 초기부터 M1 계열 전차 총 8,100대 이상이 미군에 공급됨). 1994~1996년 사우디아라비아(315대), 쿠웨이트(218대)에 M1A2를 공급하는 계약을 체결했다. 그런데 미국에서 완성품 생산은 중단되었다. 1992년부터 현재까지 지속적이지는 않지만, 이집트에서 M1A1을 조립하기 위한 구성품이 생산되고 있다(총 1,300대, 추가로 25대가 미군 보유분에서 공급됨). 현재는 쿠웨이트에 공급된 M1A2 전차 218대를 M1A2-K로 개량하는 사업이 계획되고 있다. 이 모델은 거의 신품과 동일한 수준이다. 왜냐하면 미군이 사용하던 M1A1 차체에 새로 생산된 포탑을 설치할 것이기 때문이다.

지난 10년간 미국에서는 운용 중인 M1A1/A2 전차를 M1A2 SEP로 개량하는 사업이 진행 중이다. 2008년부터 M1A2 SEP v.2, 2017년부터 M1A2 SEP v.3로 개량된다. 2017년 8월 미군은 에이브람스 M1A1/A2 2,361대를 운용하고 있었는데, 이 중 1,605대가 M1A2 SEP v.1과 SEP v.2였다. 이 밖에도 M1A1 3,500대가 보관 중이다. 2018년부터 미군이 운용 중인 M1A2에 이스라엘제 트로피(Trophy) 능동방어 체계가 설치되기 시작했다.

M1A3라는 이름의 에이브람스 전차 개량형 개발은 이미 오랜 기간 동안 진행 중이다. 그러나 작전요구성능 미확정 등의 이유로 진행 속도는 매우 더디다. 따라서 M1A2의 차세대 개량형(이미 SEP v.4) 개발에 초점이 맞추어진다(개

량사업은 2022년부터 계획됨). 그러나 러시아의 아르마타 전차 개발은 기술적인 형상이나 기간 문제와 관련하여 M1A3 사업에 분명히 영향을 줄 수 있다. 현재로는 정해진 것이 아무것도 없다고 말할 수는 없지만, M1A3은 계열의 고유 형상을 유지해야 할 것이다.

한편 미군이 보유한 M1 전차의 수출이 늘어나고 있다. 2005년 이후 호주(M1A1 59대), 사우디아라비아(M1A1 84대, 사우디아라비아군이 이미 보유한 M1A2 전차 315대를 M1A2SA로 개량하는 29억 달러 규모의 계약이 2006년 체결됨), 이라크(개량형 M1A1M 모델 152대, 추가로 175대 공급이 예상됨), 모로코(M1A1 222대)에 M1A1이 공급되었다. 대만에 M1A2 108대(기존 보유한 전차를 M1A2 수준으로 개량 포함)를 판매하는 협상이 진행된다고 알려져 있다.

영국

1980년대 영국 육군은 영국업체[비커스 디펜스 시스템즈(Vickers Defense Systems), 2002년부터 앨비스 비커스(Alvis Vickers)로 사명 변경, 2004년부터 BAE 시스템즈로 편입]로부터 챌린저(Challenger) 1 주력전차 420대, 1994년부터 2002년까지 챌린저 2 386대를 도입했다. 이들 전차는 세계 시장에서 성과를 거두지 못했다. 유일한 구매국은 오만으로 챌린저 238대, 구난전차 4대, 훈련전차 2대를 구매했다. 영국 육군의 감축 기조하에 1999~2004년 보유 중인 챌린저 1 전량을 요르단에 매각했다. 훈련전차 3대를 포함해 챌린저 1 총 404대와 치프틴(Chieftain) 전차를 기본으로 한 구난전차 6대가 대상이다.

현재까지 영국에서 전차 생산은 완전히 중단되었고, 가까운 시일 내에 재개될 가능성 또한 거의 없다. 챌린저 2 전차는 2035년까지 운용될 계획이다. 120mm 강선포를 독일제 활강포로 교체하는 것을 포함하여 이 전차를 전면 개량하는 사업은 취소되었다. 현재 제한적으로 개량하는 사업에 대한 입찰이 진행되고 있다. 2003년부터 2008년까지 챌린저 2를 기반으로 개발된 트로얀(Trojan) 공병전차(33대)와 타이탄(Titan) 교량전차(33대)가 영국군에 공급되었다.

최근 영국 차세대 전차 선행연구에 대한 보도가 있었는데, 이 전차는 2035년 이후에야 전력화될 것이다.

프랑스

프랑스는 3세대 르클레르(Leclere) 전차로 넘어가는 시기가 지체되었다. 프랑스 육군은 상대적으로 적은 수량을 주문했다. GIAT사[2006년부터 넥스터 시스템즈(Nexter Systems)]는 1991년부터 2007년까지 르클레르 406대, DCL 정비-구난전차 30대, 훈련전차 2대를 양산했다. 동시에 1994년부터 2005년까지 아랍에미리트로부터 유일하게 르클레르 전차에 대한 수출 주문을 받았다. 주문에 따라 일반전차 338대, 훈련전차 2대, 정비-구난전차 46대(이 중 18대는 공병전차로 개조되었음)가 공급되었다. 프랑스는 특히 중동을 중심으로 수주를 기대하며 르클레르의 수출을 추진하고 있지만, 수출 가능성은 높지 않다.

현재 프랑스군이 보유한 르클레르 전차는 254대까지 감소했으며, 앞으로 200대까지 줄어들 것이다. 2015년 넥스터 시스템즈는 프랑스군이 보유한 르클레르 전차 200대와 정비-구난전차 18대를 르클레르 R 수준으로 개량하는 사업을 3억 3천만 유로에 수주했다. 사업에 따라 르클레르 전차에는 불(Bull)과 탈레스사가 스콜피온(SCORPION) 사업으로 개발한 전술 네트워크 중심 정보체계인 SICS 및 탈레스사가 컨택트(CONTACT) 사업으로 개발한 신형 디지털 통신기, 방호 체계가 장착된다. 업체는 시가전 최적화 모델(AZUR)을 포함한 르클레르 개량사업을 제안한다.

독일

1992년 크라우스마파이[Krauss-Maffei: 지금의 크라우스마파이 베그만(Krauss-Maffei Wegmann, KMW)]와 MaK[현재는 라인메탈(Rheinmetall)그룹 소속]사가 생산한 레오파르트(Leopard) 2 전차의 독일연방군에 대한 공급이 완료되었다. 2006년까지 초도양산분 350대를 레오파르트 2A5으로 개량한 후 225대는 55구경 라인메탈 L55 120mm 포를 장착한 레오파르트 2A6으로 개량했다. 또한 네덜란드 전차 180대가 레오파르트 2A6으로 개량되었다. 그 후 독일의 레오파르트 2A6 50대가 A6M로 수준으로 성능이 개량되었다. 레오파르트 2를 기반으로 버펠(Buffel) 정비-구난전차 75대와 훈련전차 22대가 생산되었다. 최근 최신형 레오파르트 2(무엇보다 다양한 파생형의 A6 모델)는 가장 우수한 서방 전차로 명성을 얻고 있으며, 대다수 나토 국가에 전력화되어 있다. 최근에는 나토 외에도 레오파르트 2 수출을 활발히 추진할 뿐만 아니라 기존 보유분도 판매하고 있다. 이것은 2010년 수립된 독일연방군 발전 계획에 따라 기존에 구매한 2,125대 중 225대만(레오파르트 2A6과 A7) 운용하기로 한 것과 관련이 있다.

그러나 2015년 국제정세가 악화되면서 2019년까지 레오파르트 2를 328대까지 늘리기로 했다. 이를 위해 레오파르트 2,104대가 추가로 필요했다. 일부는 업체 저장물량 및 스웨덴군(레오파르트 2A4 68대)과 네덜란드 보유분(레오파르트 2A6 16대)을 구매할 것이다.

네덜란드(2018년까지 추가로 개량된 레오파르트 2A6 16대만 남음)와 스위스(보유한 380대 중 134대만 보유하기로 함)는 보유한 레오파르트 2 전차를 판매했다.

레오파르트 2A7(KMW가 개발함)과 레오파르트 2 레볼루션(Revolution: 기존 전차를 개량하는 방식으로 라인메탈그룹이 개발함)이 최근 개량된 레오파르트 2 모델이다. 2014~2015년 독일연방군은 네덜란드군이 운용했던 레오파르트 2A6을 개량한 레오파르트 2A7을 인수했다. KMW사가 개발한 더 강력한 L55A1 120mm 주포를 장착한 레오파르트 2A7V가 최신 모델이다. 2017년 라인메탈과 KMW가 독일연방군을 위해 104대의 전차를 레오파르트 2A7M으로 성능 개량하는 독일 국방부 사업을 수주했다. 대상을 구체화하면, 이미 레오파르트 2A7로 개량된 20대, 위에 언급한 스웨덴군이 운용한 레오파르트 2A4 68대, 네덜란드가 보유된 레오파르트 2A6 16대다. 전체적으로 독일연방군은 레오파르트 2A6 155대, 레오파르트 2A6M 50대, 레오파르트 2A5 19대를 유지할 것이다.

1980년대에 레오파르트 2는 네덜란드(445대)와 스위스(35대)에 공급되었다. 스위스에서는 345대가 면허생산되었다. 1992년 이후 레오파르트 2가 공급된 국가는 다음과 같다.

- 호주: 네덜란드군 보유분에서 114대
- 그리스: 독일연방군 보유분에서 183대, 신품 레오파르트 2 HEL 30대, 면허생산된 레오파르트 2 HEL 추가로 140대
- 덴마크: 독일연방군 보유분에서 63대
- 스페인: 독일연방군 보유분에서 108대, 신품 레오파르트 2E 30대, 레오파르트 2 HEL 추가로 189대 면허생산 예정
- 캐나다: 독일연방군 보유분 레오파르트 2A6 20대, 네덜란드 보유분 레오파르트 2A6 20대 및 레오파르트 2A4 100대, 정비전차로 개조하기 위해 스위스군 보유분에서 12대
- 노르웨이: 네덜란드 보유분에서 52대
- 폴란드: 독일연방군 보유분 레오파르트 2A4 142대와 레오파르트 2A5 105대
- 포르투갈: 네덜란드군 보유분 레오파르트 2A6 38대
- 싱가포르: 독일연방군 보유분에서 96대
- 터키: 독일연방군 보유분에서 345대
- 핀란드: 독일연방군 보유분 레오파르트 2A4 148대 중 24대는 정비전차로 개조, 네덜란드군 보유분 레오파르트 2A6 100대
- 칠레: 독일연방군 보유분에서 140대
- 스웨덴: 독일연방군 보유분에서 160대, Strv 122로 명명된 신품 레오파르트 2S 120대가 스웨덴 회사의 참여하에 제작

레오파르트 2는 최근까지도 생산이 지속되었고, 스페인에서 면허생산되었

다. 이 전차는 대규모 수출사업을 수주할 수 있는 유일한 서방 전차로 남아 있다. 2013년 카타르는 신품 레오파르트 2A7+ 62대를 주문하면서 새로운 구매국이 되었다. 2015~2017년 독일에서 생산이 완료되었다. 사우디아라비아가 레오파르트 2A7+(독일에 주문) 또는 레오파르트 2E(스페인 면허생산) 획득 관련 협상을 진행했으나 정치적인 이유로 공급이 거부되었다.

중고 레오파르트 2는 세계 시장에서 아직도 상당한 수요가 있다. 인도네시아는 독일로부터 레오파르트 2 레볼루션(라인메탈사가 기존의 레오파르트 2A4 중 일부 개량)에 가까운 개량형 레오파르트 2 IRI 모델 61대, 레오파르트 2A4 42대, 마르더(Marder) 1A3 전투보병장갑차 50대, 교량전차 및 정비-구난전차 10대를 도입했다. 독일이 보유한 레오파르트 2A4 전차 물량이 거의 소진되어 제3국에서 레오파르트 전차를 구매해야 하는 제약이 있지만, 여전히 여러 국가가 레오파르트 2 구매에 관심을 보인다. 현재는 호주, 스페인, 스웨덴이 보유 중인 레오파르트 2A4를 시장에 내놓고 있다.

레오파르트 2 차체를 이용한 특수목적 전차 수출이 활발하게 추진된다. 버펠 정비-구난전차(스페인에서 추가로 12대가 제작됨) 92대와 훈련전차 24대가 수출되었다. 스위스와 함께 코디악(Kodiak) 공병전차 생산이 시작되었고(스위스 12대, 네덜란드 10대, 스웨덴 6대, 인도네시아 3대 주문), 타 모델도 개발되었다.

2015년 프랑스와 독일의 주요 장갑차 생산업체인 넥스터 시스템즈와 KMW는 KNDS사를 설립했다고 발표했다. 이 회사를 설립한 주요 목적은 프랑스와 독일연방군을 위한 차세대 전차 개발이다. 이 전차의 전력화는 2030년 중반에 가능할 것이다. 프랑스와 독일 정부는 2018년 이와 관련된 협정을 체결했다. 독일이 개발에 핵심적인 역할을 맡을 것이다. 2018년 KNDS사는 레오파르트 2A7V의 기동부 및 차체에 르클레르 전차 포탑을 설치한 하이브리드 전차 모형을 공개했다.

중국

중국 전차 생산은 1958년 바오터우에 위치한, 소련과 협력으로 건설된 № 617 제작공장[지금의 내몽골제일기계그룹(Inner Mongolia First Machinery Group; NORINCO 그룹에 편입]에서 소련의 도움을 받아 59식 전차로 명명된 소련 T-54 전차를 면허생산하면서 시작되었다. 1970년대 초부터 개량형인 69식 전차가 생산되었다(중소 분쟁 시 노획한 소련의 T-62 전차의 구성품 활용). 이후 79, 80, 85, 88식이 개발되었다. 이 전차들은 더욱 현대적인 소련 및 서방의 기술을 복합적으로 적용하고 영국의 105mm 포를 설치한 발전된 모델이다. 59식의 다양한 개량형이 1990년대까지 생산되었다. 이 전차들은 지금까지 중국 전차전력의 적지 않은 부분을 차지하며 여러 개발도상국에도 수출되었다. 1995년부터 중국은 105mm 포, 신형 사격통제장치, 동적 방어 체계 장착을 통해 59식 전차를 59D 모델로 개량했다. 보통 59G식으로 불리는 좀 더 개량(125mm 포 장착)된 모델이 중국군을 위해 개발되었고 수출도 추진된다. 폴리테크놀로지(Poly Technologies) 사는 수출을 위해 이 전차의 개량형(59P식)을 개발했다. 125mm 포를 장착한 85-IIAP식 전차는 1991년부터 파키스탄에 공급되었다(총 400대 미만). 또한 2000년 이후 미얀마, 수단, 우간다에 동적 방어 체계를 갖춘 개량형 85-III식 전차가 공급되었다.

85-III식 전차를 기반으로 96식(ZTZ96, 88C식으로도 알려짐) 전차가 개발되었다. 1997년부터 № 617 공장에서 중국군을 위해 양산되었다(생산량은 2,500대 미만까지 평가됨). 2005년부터 생산되는 96A식이 가장 최근에 양산된 개량형이다. 2016년 최신 모델인 96B식이 선보였다. 지금 96A식은 저렴한 가격을 내세워 수출이 추진되고 있다(수단이 대량 구매함). 96식 전차는 중국산 780~1,000마력의 12150ZL 디젤엔진을 장착했다. 이 엔진은 소련 B-2 엔진 계열의 발전형이다.

차세대 전차로 소련 T-72의 구조를 이용하여 개발된 90-II식(MBT-2000)에서 발전한 전차가 선보였다. 이 전차는 처음에 수출용으로 개발되었고, 파키스탄이 '알 칼리드'라는 이름으로 도입했다. 동시에 이 전차는 중국의 완전한 3세대 전차인 98식(ZTZ98, 40대 미만이 몇 차례로 나누어 생산)과 99식(ZTZ99, WZ123) 전차의 원형이 되었다. 99식 전차는 96식 전차와 함께 중국군의 주력 전차로서 2001년부터 바우터우에서 생산되고 있다. 현재까지 99식 전차 1,200대 미만이 생산되었다. 이 전차가 생산되는 기간 동안 몇 차례 성능이 개량되었다. 2011년부터는 99A식이 생산된다. 99식 전차는 WR703/150HB 계열의 1,200~1,300마력 디젤엔진을 장착한다. 독일 MTU사의 참여하에 면허를 받아 생산된 엔진이라는 점이 전차 생산을 제약하는 하나의 요인이 된다.

MBT-2000의 VT1과 VT1A 전차가 중국의 주력 수출 모델이다. 그런데 이 전차는 우크라이나의 6TD-2 계열의 엔진을 수입하여 장착한다. 2009년 이후 VT1 전차는 모로코(150대 미만), 미얀마(최소 50대), 방글라데시(44대)에 공급되었고 스리랑카가 22대를 주문했다. VT1A에서 더 개량된 모델은 수출형 VT2 전차다(MBT-3000, 96식과 거의 유사하며 중국산 엔진 장착). 그러나 수출실적은 없다.

신형 수출 모델은 VT4로서 구조적으로 99A에 가깝고 1,300마력 엔진이 장착된다. 2017년 태국이 VT4 38대를 주문했다. 이 전차는 파키스탄군에 도입하기 위해 선정되었다고도 한다.

중량을 33~36t으로 줄이고 105mm 포를 장착한 중간급 전차로 'VT5'라고 불리는 신형 전차가 개발되었다. VT5 전차는 2016년부터 중국군에 도입되기 시작했고 수출도 추진되고 있다.

한국

한국에서는 1984년부터 2010년까지 로템사(현재는 현대자동차 일부인 현대로템)가 미국 제너럴다이내믹스사의 참여하에 개발된 K1 주력 전차를 생산했다. 105mm 주포를 장착한 K-1 1,027대, 120mm 주포를 장착한 개량형 K1A1 484대, 이 전차를 기반으로 한 정비-구난전차 193대, 교량전차 56대가 제작되었다. 한국은 K1 전차를 수출하려고 했지만(예: 말레이시아), K1 계열의 수출실적은 없다.

2000년 이후 현대로템은 일반적인 형상의 신형 K2 흑표전차(Black Pander)를 개발했다. 이 전차는 약 400대 미만이 제작될 것 같다. K2 전차의 마무리 단계의 어려움으로 인해 양산이 줄곧 연기되어왔다. 2012~2015년이 되어서야 양산 전 생산물량인 XK2 15대와 K2 초도양산물량 100대가 생산되었다. 이렇게 생산된 전차에는 독일 엔진과 변속기가 장착되었다. 2017년 현대로템은 2차 양산분 106대를 생산했을 것이다. 이 전차에는 한국산 엔진(두산인프라코어 DV27K, 1,500마력) 및 변속기가 장착되었다. 그러나 한국산 변속기 결함으로 독일산으로 교체되었고, 2차 생산분 인도는 2020년까지 연기되었다.

2015년 한국에서 K3라고 불릴 수 있는 차세대 전차 사업이 시작된다는 정보가 있었다. 이 전차는 분명히 무인포탑을 장착하게 될 것이다.

이스라엘

이스라엘 국영 방산업체는 1970년부터 독자적으로 개발한 메르카바(Merkava) 전차를 텔아쇼머의 공장에서 생산한다. 이 전차는 엔진과 변속기가 앞쪽에 위치하고, 방호력이 한층 강화되었다. 메르카바 Mk1, Mk2, Mk3 모델의 뒤를 이어 2002년부터 전면 개량된 Mk4가 생산된다. 지금까지 생산된 메르카바 모델은 총 2천 대 이상으로 이 중 450대 정도가 Mk4다. 메르카바는 예전부터 외국의 관심을 많이 받았지만, 가격이 높고 이스라엘의 전차 생산능력이 충분하지 않은 점이 수출을 제약하는 요인이 된다. 2014년 싱가포르에 Mk4 50대를 공급하는 계약이 체결되었다는 소식이 있었지만, 계약 이행 여부는 알려지지 않았다.

2008년부터 이스라엘군을 위해 메르카바 Mk4M이 생산되기 시작했다. 이 전차에는 라파엘사가 개발한 트로피 능동방어 체계가 장착된다. 이 전차는 능동방어 체계를 장착한 세계 최초의 3세대 전차가 되었다. 현재까지 생산되는 모든 메르카바 Mk4 전차에는 트로피 능동방어 체계가 장착된다. 2021년부터 신형 트로피 능동방어 체계가 장착된 개량형 메르카바 Mk4 바라크이 생산될 계획이다.

이스라엘에서는 궤도형 카멜(Carmel) 장갑 차체의 개량형 개발의 일환으로 차세대 전차 개발이 진행된다. 그러나 이상적인 사양인 전투중량 40t 미만을 원한다는 사항을 제외하고는 사업에 대한 신뢰할 만한 정보가 없다.

이스라엘에서는 이스라엘군이 운용하는 외국산 전차를 전면 개량하는 사업이 다수 진행되었다. 1990년 말에 모든 미국산 M60 계열 전차는 MAGACH 6과 7 모델로 개량되었다(그러나 현재 이 전차들은 거의 도태되었음). 2000년대에 IMI는 터키군의 M60A3 전차 170대를 사브라(Sabra) MkⅢ 모델로 개량하는 대대적인 사업을 추진했다. IMI는 소련제 장갑차 개량사업 사업을 다양하게 제안한다(현재는 T-54/T-55 전차의 성능 개량 사업을 실시하고 있음). 그러나 전반적으로 볼 때 이스라엘 업체들의 세계 전차 개량시장 참여는 의미를 둘 정도는 아니다.

다수의 군사 전문가로부터 많은 관심을 받는 이스라엘 장갑차는 이스라엘군을 위해 구형 전차를 개조한 고방호력의 중(重)수송장갑차다. 센추리언(Centurion) 전차를 기반으로 나그마쇼트(Nagmashot), 나그마혼(Nagmachon), 나크파돈(Nakpadon), 푸마(Puma)가 개발되었다. 노획한 T-55 전차로 유명한 아크자리트(Achzarit)를 개발했다. 2008년부터 메르카바 Mk4를 기반으로 개발한 네메라(Nemera) 중(重)수송장갑차가 양산되고 있다(2027년까지 531대가 제작될 계획임). 일부는 이스라엘에서, 일부는 이스라엘에 대한 군사원조를 위해 미국에서 제작된다(2018년까지 총 200대 미만이 제작됨).

기타 국가

이탈리아 오토멜라라(Oto Melara)와 이베코(Iveco) 컨소시엄은 3세대 아리에테(Ariete) 전차를 개발했다. 이탈리아군을 위해 총 200대가 제작되었다. 이 전차는 외국으로 수출된 바 없고, 수출 가능성도 거의 없다. 현재는 마케팅조차 중단되었다. 개량형 아리에테 2 개발사업은 진전이 없다.

일본 미쓰비시중공업은 지난 50년 동안 자국산 3세대 전차인 61, 74 및 90식을 차례대로 개발해왔다. 세계 3세대 전차 중 가장 현대적이라고 인식되는 90식 주력전차는 천천히 생산되었고, 2010년 생산이 종료되었다(전차 341대, 이를 기반으로 한 90식 정비-구난전차 22대가 제작됨). 2010년부터 90식 전차는 90식 전차와 구조가 유사하지만 중량(총 44t)과 크기가 작은, 생산 중인 10식 전차로 교체된다. 10식 전차 생산물량은 많지 않다(연간 5~10대 미만). 2018년 93대가 양산 또는 주문될 것이다.

인도에서는 1965년부터 1987년까지 인도 아바디의 전차공장에서 영국 면허를 받아 비커스 Mk1 전차를 '비자얀타(Vijayanta)'라는 인도명으로 생산했다(2,200대 미만). 1982년부터 2005년까지 같은 회사에서 소련산 T-72M1 전차를 인도식 '아제야(Ajeya)'라는 이름으로 면허생산했다[1,300대가 조립되었고, 이 중 175대는 우랄바곤자보드(Uralvagonzavod) 공장에서 공급된 구성품으로 생산되었음]. 2001년부터 T-90C 전차를 면허생산하는 사업이 진행되고 있다.

1974년부터 인도에서는 3세대 독자 모델인 아준(Arjun) 전차를 개발하는 야심 찬 사업이 추진되었다. 설계결함과 다수의 기술적 문제로 인해 2003년부터 2013년까지 양산 전 15대와 양산품 아준 Mk1 전차 124대만 생산했다. 이 전차들은 아직도 보수 및 마무리 작업을 하고 있다. 2011년부터 개량형 아준 Mk2 전차 시험이 진행된다. 118대를 제작하는 계약이 체결되었지만, 이전과 마찬가지로 완전하게 양산 및 전력화하기가 쉽지 않을 것이다. 이런 상황에서도 인도는 FMBT 차세대 전차 개발사업을 시작한다. 2025년 이후에야 전차가 완성될 것이다.

폴란드 부마르 와벤디(Bumar Łabędy)사는 1978년부터 1993년까지 폴란드 자클라디 메하니치네(Zakłady Mechaniczne) 공장에서 소련 T-72M(총 1,610대)을 면허생산했다. 이 중 상당수는 바르샤바조약기구 국가와 중동에 수출되었다. 1991년 이후 폴란드는 T-72 개량형 여러 모델을 개발했고, 이 중 PT-91

트바르디(Twardy)를 양산했다. 폴란드군을 위해 1991년까지 신품 PT-91 98대가 제작되었고, 구형 T-72M1 전차 중 135대를 개량했다. PT-91을 기반으로 WZT-3M 정비-구난전차 29대와 MID 장애물개척전차 8대를 제작했다. 2003년 폴란드는 말레이시아와 3억 7,500만 달러 규모의 계약을 체결했다. 이계약에 따르면 신품 개량형 PT-91M 전차 48대, WZT-4 정비-구난전차 6대, PMC 교량전차 5대, MID-M 장애물개척전차 3대를 공급한다. 이 계약의 이행은 순탄하지 않았고, 2009년이 되어서야 종료되었다. PT-91 개량형에 대한 적극적인 판촉에도 또 다른 수주는 없었다. 지난 몇 년간 우크라이나와 부분적인 협력하에 PT-16, PT-17, PT-91M2라는 이름으로 개발된 PT-91 개량형이 선보였다(PT-91M2는 폴란드군을 위해 생산될 계획임).

폴란드 차세대 전차사업은 성공 가능성이 분명하지 않은 상황에서도 진행되고 있다. 기본적인 개발 방향은 중량 30~40t급의 중간 크기의 무인포탑 전차로 생각된다. 2013년 OBRUM이라는 폴란드 그룹은 BAE 시스템즈와 공동으로 개발한 스웨덴의 CV90 보병전투장갑차의 차체에 120mm 주포를 장착한 PL-01 실물 모형을 공개했다.

폴란드는 T-72 차체를 기반으로 개발한 WZT-3 정비-구난전차를 판매하는 데 성공했다. 1999년부터 2007년까지 인도에 352대를 공급했다. 2010년에는 인도에 WZT-3 204대를 추가로 공급하는 계약을 체결했다(물량 대부분은 인도에서 조립). 그러나 폴란드 측의 기술 및 경제적 문제로 계약은 실질적으로 효력을 잃었다.

터키에서는 2007년부터 독자 모델로 알타이(Altay) 전차 사업을 진행한다. 터키의 파트너[오토카르(Otokar)사가 주 계약자임]는 독일의 KMW사와 한국의 현대로템이다. 현재 기술실증품과 시제품 각 2대가 제작되었다. 그런데 사업 도중에 정치적인 이유로 또 다른 터키회사인 BMC사가 계약을 승계했다. 초도생산분 250대는 2020~2025년 공급될 것이다. 전체 양산물량은 1천 대 미만까지 증가할 수 있다. 알타이 양산품에는 터키에서 면허생산하기로 한 영국의 퍼킨스(Perkins) CV12 계열의 디젤엔진이 장착될 것이다(초도물량 250대는 독일 MTU 엔진을 장착함).

2001년부터 파키스탄 국영 탁실라 중공업(Heavy Industries Taxile)은 알 칼리드 주력전차를 양산한다. 이 전차는 중국 90-Ⅱ(MBT-2000) 전차로, 우크라이나에서 수입한 하리코프 디젤엔진 6TD-2가 장착된다. 이 전차는 중국에서 공급된 구성품을 조립하는 방법으로 생산된다. 2018년까지 알 칼리드 415대가 전력화되었으며, 알 칼리드 Mk2가 개발될 예정이다. 파키스탄은 이 전차의 수출도 추진하지만, 가능성은 높지 않다.

1996년부터 2000년까지 이란 도루드에 있는 전차공장에서 러시아에서 공급된 구성품으로 T-72S 300대가 조립되었다. 1991년 계약에 따라 이란에서 T-72S 1천 대를 생산할 계획이었다. 하지만 고어-체르노미르딘 합의의 결과에 따른 미국의 압력으로 계약이행이 중지되었다. 2000년 러시아 측이 미국-러시아 합의를 파기한 후에도 계약은 다시 이행되지 않았다.

2000년대에 이란은 독자 모델인 줄피가르(Zulfiqar)를 개발해서 소량 생산했다. 이 전차에 대해 공개된 정보에 의하면 T-72와 미국 M-60을 합쳐놓은 형상이다. 최신 개량형인 줄피가르 3은 외형상 미국의 M1 전차와 유사하다. 줄피가르의 완성도나 생산 대수와 관련된 신빙성 있는 정보는 없다.

T-72S를 구조적으로 전면 개량한 신형 이란 전차 카라(Karrar)는 외형상 러시아의 T-90MS에 가깝다. 2018년 이란은 카라를 양산하기로 하고 800대를 제작한다고 알려졌다.

6. 경(經)장갑차

세계적으로 종류가 다양하고 생산량이 많은 반면, 상대적으로 높지 않은 가격에 제작 또한 어렵지 않아서 경장갑차 시장은 역동적으로 발전하는 부문이다.

경장갑차는 거의 모든 나라의 정규군 및 준군사조직이 운용하는 장비다.

1980년대 말부터 방호력이 한층 강화된 신형 장갑차가 개발되기 시작했다. 2000년 이후에는 대다수 국가에서 신형 장갑차 교체 수요가 발생하기 시작했다. 이로 인해 경장갑차에 대한 연구개발 및 구매 사업이 활기를 띠게 되었다.

미국의 '테러와의 전쟁'과 이라크와 아프가니스탄 군사작전은 경장갑차 발전의 동력이 되었다. 이들 국가에서 대게릴라전을 수행하면서 인원 및 장비의 방호력에 대한 요구도가 대폭 상향되었다. 더 많은 군 장비에 장갑화가 확대되었으며, 군용차량도 장갑화되기 시작했다. 수송장갑차, 보병전투장갑차 및 기타 장갑차량에 구조적 방어에 대한 요구가 급속하게 증가했다. 이로 인해 지속적으로 차중이 증가했고, 주력 전차의 구조적 방호도 계속 강화되었다.

2000년대 서방의 군사작전 경험에 따라 경장갑차 방호에서 우선순위를 지뢰 및 폭발물에 두었다. 이런 경향으로 인해 이전까지 부차적인 위치에 머물렀던 경장갑차가 완전히 새로운 수준으로 발전하게 되었다. 미국과 그 동맹국의 장갑차량에 대한 소요로 인해 장갑차와 유사한 차량을 대규모로 구매하게 되었다(가까운 예로 미국의 MRAP 사업이 있음). 나토 국가의 뒤를 따라 다른 국가들도 경장갑차를 개발하고 획득했다. 세계 도처에서 내전, 미국과 나토 국가의 원정작전 증가, 군 전투임무 중 대게릴라전의 중요성 증대, 국제평화유지작전 확대 등으로 인해 방호력이 강화된 경장갑차에 대한 관심이 높아지고 지속적인 성능개량이 이루어지게 되었다.

경장갑차에 대한 관심이 높아지게 된 또 다른 이유는 다수 국가가 원정작전에 비중을 두기 시작했기 때문이다. 이로 인해 경장갑차의 기동성 및 항공수송성에 대한 요구가 높아지면서 관련 연구개발 및 구매사업이 진행되고 있다. 미국은 스트라이커(Stryker) 전투장갑차를 보유한 스트라이커 여단을 편성하기 시작했다. 중간급 차륜형 장갑차 개념은 최근까지 세계적으로 널리 받아들여졌다. 이를 토대로 여러 국가(우선적으로 미국)에서 향후 주력전차를 포함하여 중(重)장갑차를 완전히 배제하고 30t 미만의 장갑차로 교체하는 개념이 등장했다. 이 장갑차의 방호력은 정보전의 우세와 능동방어 체계로 확보하는 것으로 검토된다. 이러한 개념이 구현된 가까운 예는 2009년까지 추진되었던 미국 FCS 사업(Future Combat Systems)이다. 하지만 방호력이 강화된 차세대 장갑차 개발 계획으로 인해 취소된 바 있다.

구조적인 방호력 증가가 경장갑차 분야에서 기술적인 발전 경향으로 볼 수 있다. 무장 강화와 사격통제장비의 발전은 또 다른 방향이다. 결론적으로 장갑차에 주·야간 사격통제장비를 갖춘 원격포탑 설치가 대세가 되었다.

현재 차륜형뿐만 아니라 궤도형을 포함해 중량 18~40t의 중간급 보병전투장갑차와 수송장갑차라는 새로운 세대가 등장했다는 점을 언급해야 한다. 이 장갑차는 우수한 기동성, 상대적으로 높은 방호력과 첨단 사격통제장비와 정보·통신장비를 보유하며 강력한 화력을 겸비한다. 이 차세대 장갑차는 최근 몇 년 동안 거의 모든 선진국 연구개발 사업이 추구하는 방향이었다. 따라서 의미 있는 군사력을 보유한 거의 모든 국가는 차세대 장갑차를 도입하기 시작했다. 전력의 균형을 위해 궤도형과 차륜형을 동시에 개발 및 구매하려는 노력이 엿보인다.

105~125mm 구경 포를 탑재하는 중무장 장갑차 개발이 활발하게 진행되고 있다. 이 포들은 기동전력에 대한 주 화력지원과 경전차와 부분적으로 주력전차를 대체하는 수단으로 검토된다.

군용차량 또는 일부 민수차량을 기초로 지뢰 및 폭발물에 대한 방호력을 확보한 차륜형 장갑차량 개발은 현대 경장갑차의 주요한 발전 방향이다. 이 차량은 도로로 이동하기 위해 개발되었고, 저렴한 가격과 높은 범용성을 갖추었다. 전투 중량은 2t부터 30t까지 범위가 넓다. 경장갑차량은 군용지프의 대체 대상으로도 고려된다.

미국

미국 유나이티드 디펜스(United Defense)사(현재는 BAE 시스템즈사의 일부)가 맡았던 M2 브래들리(Bradley) 보병전투장갑차와 M3 정찰장갑차 생산이 1995년 중단되었다. 미 육군은 M2 보병전투장갑차와 M3 정찰장갑차 총 6,785대를 도입했다. 이 중 M2/M3(A0과 A2 모델) 3천 대 미만은 장기보관 상태에 있다. 사우디아라비아에 대한 M2 400대 판매가 유일한 수출실적이다. 지금은 운용하던 M2를 타국(레바논에 32대 공급, 사우디아라비아와는 공급 협상 중)에 양도하고 있다. 기존에 미군이 보유한 M2/M3에 대해 방호력 강화를 포함한 성능개량 사업이 진행되고 있다. 최신 개량형은 2015년부터 운용되는 M2A4 모델이다. 운용 중인 보병전투장갑차에 능동방호 체계를 설치하는 계획도 있다. 브래들리 장갑차를 전면 개량하는 계획도 검토되고 있다.

2014년부터 BAE 시스템즈는 미 육군을 위해 장갑화된 궤도형 수송장갑차인 다목적장갑차(Armored Multi-Purpose Vehicle)를 개발하고 있으며, 보관 중인 구형 M2 보병전투장갑차를 활용하게 될 것이다. GPV 수송장갑차, BMV 120mm 자주박격포, BCP 지휘장갑차, AMTV 의무장갑차, AMEV 의무-구난 장갑차 양산 전 모델 AMPV 5종 29대가 2018년 말까지 납기로 주문되었다. 2019~2020년 M113 궤도형 장갑차 전량을 교체하기 위해 AMPV 양산이 예상되며(13년간 2,907대 획득하기로 함), 사업 규모는 약 130억 달러다.

미 육군은 여단급 이상(Echelons Above Brigade) 부대에서 운용되는 M113 수송장갑차 1,993대에 대한 교체를 검토하고 있다. 이 사업에서는 AMPV 사업 시 제안했던 BAE 시스템즈와 제너럴다이내믹스 제안서로 경쟁할 것으로 예상된다.

2009년까지 미국 경장갑차 분야에서 기본적인 줄기는 FCS(Future Combat Systems) 사업이었다. 이 사업은 시스템의 시스템화라는 개념에 따라 육군 무기 체계를 네트워크 중심으로 통합된 체계를 개발하는 원대한 시도다. 주 계약자와 체계통합 업체는 보잉과 SAIC다. FCS에는 하나의 차체를 이용하는 전투보병장갑차 및 정찰장갑차, 120mm 주포를 가진 MCS 경전차, 155mm 자주포, 120mm 자주박격포, 지휘장갑차, 의무장갑차, 구난장갑차 등 8종의 궤도형 장갑차가 포함된다. 3종(포를 장착한 장갑차인 경전차, 정찰장갑차, 구난장갑차)은 제너럴다이내믹스, 나머지 5종은 BAE 시스템즈가 개발했다. FCS 체계의 일부로 무인차량 3종과 무인기 3종 및 NLOS-LS 차세대 미사일 체계를 포함하도록 계획되었다. FCS 장갑차는 거의 모든 장갑차(M1 에이브럼스 전차 포함)와 미 육군의 대구경 포를 대체한다. 2030~2035년까지 FCS 체계는 76개 여단까지 확대하기로 되어 있었다. 미군에 대한 FCS 체계 공급은 2014년 시작되었고, 전체 사업 규모는 최소 2천억 달러로 평가된다.

그러나 2009년 FCS 사업은 개념 및 재정적인 이유로 취소되었다. 그 대신 조금 덜 야심 차게 보이는 지상전투차량[Ground Combat Vehicle(GCV)] 사업으로 대체되었다. GCV 사업은 방호력이 강화된 보병전투장갑차 형태의 새로운 플랫폼을 개발하고, 이후 이를 기반으로 특수목적 장갑차를 개발하기로 되어 있었다. BAE 시스템즈와 제너럴다이내믹스가 GCV 시제품 개발로 경쟁했다. 2020~2030년 기간 동안 280억 달러 규모의 신형 전투보병장갑차 1,847대를 잠정 구매하기로 되어 있다. 그러나 GCV 사업도 취소되었다.

2016년 미 육군은 차세대 보병장갑차인 차세대전투차량[Next-Generation Combat Vehicle(NGCV)]을 개발하는 신규 사업에 착수했다. SAIC와 록히드마틴, 다수의 미국 회사로 이루어진 컨소시엄과 NGCV 1.0 시험-실증품 2대를 개발하고 제작하여 2023년 시험에 착수하는 7억 달러 계약이 체결되었다. NGCV 양산이 가능한 시기는 2035년으로 보고 있다. 이 장갑차에는 50mm 자동포, 능동방어 체계, 1,000마력 엔진이 탑재될 것으로 보인다.

처음부터 이라크와 아프가니스탄에서 군사작전 수행을 목적으로 미국에서 2006년 이후 차륜형 장갑차가 대량으로 생산되었다. 텍스트론(Textron)사는 13t급 4×4 장갑차량인 M117 가디언(Guardian, ASV150)을 생산한다. 이 차량은 유명한 코만도(Commando) 수송장갑차의 발전형이다. 애초에 M117은 헌병용으로 개발되었지만, 최근 HMWVV 차량을 교체하기 위해 미 육군에 의해 대량으로 생산되었다(현재까지 M117 1,836대 및 추가로 M117을 기반으로 한 공수용 M1200

84대가 구매됨). 또한 M1117 70대가 이라크 보안군에, 7대가 불가리아에 공급되었다. M1117을 기반으로 차체가 더 길어진 ICV 수송장갑차(APC)가 수출형으로 개발되었다(이라크에 324대, 콜롬비아에 67대가 공급됨). 새롭게 창설된 아프가니스탄 군용으로 MSFV 모델이 개발되었다. 미국 재원을 이용한 아프간에 대한 공급은 2011년 시작되었는데, 이미 689대가 계약되었으며 총 1천 대 이상이 공급될 것으로 보인다. M1117의 또 다른 모델로는 캐나다군 입찰에서 선정된, TAPV 강화 장갑을 채용한 정찰장갑차량이 있다. 캐나다 측과 텍스트론사 캐나다 법인에서 조립하는 조건으로 500대(100대는 추가 옵션 가능)를 공급하는 계약을 체결했다.

미 육군과 해병대는 이라크와 아프가니스탄에서 작전 중인 부대에 대지뢰방호력이 강화된 장갑차량을 신속하게 공급하기 위해 2006~2007년 MRAP(내지뢰매복방호차량: Mine-Resistant Ambush Protected Vehicle) 입찰을 신속하게 진행했다. 미국 및 외국 업체의 여러 모델이 선정되었다. I형(전투중량 13~15t), II형(전투중량 15~25t), III형(25t 이상의 공병장갑차)의 3종으로 구분된다. MRAP 사업에 따라 미군에는 다양한 장갑차량 총 2만 7,740대가 공급되었다. 2007~2008년 생산량이 최고치에 달했을 때 월간 1,300대에 이른 적도 있다. MRAP 사업 규모는 500억 달러를 넘는다.

포스 프로텍션(Force Protection)사가 4×4와 6×6(중량 12~24t) 쿠거(Cougar) 장갑차와 25t급 버팔로(Buffalo) 지뢰제거장갑차를 개발하면서 미국 내에서 대지뢰 방호력이 강화된 장갑차가 이미 공급되기 시작했다. MRAP 사업에 따라 미국방부는 4×4 M56 쿠거 H 2,500대 이상 및 6×6 쿠거 HE 1,349대를 주문했다. MRAP III에 해당하는 유일한 기종인 버팔로 200대도 구매되었다. 포스 프로텍션사와 제너럴다이내믹스사의 합작기업에서 쿠거를 생산한다. 2011년 제너럴다이내믹스사는 포스 프로텍션사를 합병했다. 쿠거 장갑차는 창설된 이라크 육군(쿠거 H 400대), 영국[매스티프 리지백(Mastiff Ridgback)이라는 이름으로 개량형 700대 미만]이 주문했다. 미국은 일부 수량을 획득해서 양도하거나 기존 보유분을 양도하는 방법으로 여러 국가에 쿠거를 제공했다. BAE 시스템즈는 창설된 이라크 육군을 위해 특별히 제작된 19t급 ILAV(Badger) 생산을 시작했다. 포스 프로텍션 쿠거 계열의 이 장갑차는 이라크에 1,149대가 공급될 것으로 보이며, 예멘에는 18대가 공급된다.

포스 프로텍션사의 뒤를 이어 다른 미국 회사들도 유사한 자체 모델을 개발했다. 나비스타 인터내셔널(Navistar International)사는 MRAP 사업에 따라 14t 및 18t 두 가지 형상으로 맥스프로(MaxxPro; 4×4) 총 9천 대 이상을 공급했다. '허스키(Husky)'라 불리는 제식명 MXT-MV의 개량형 351대가 영국에 공급되었다. 아머 홀딩스(Armor Holdings)사(2007년 BAE 시스템즈사로 흡수)는 MRAP 사업에 따라 4×4 카이만(Caiman) 장갑차(중량 14t) 1,154대와 6×6 카이만 장갑차(중량 24t) 1,708대를 생산하는 계약을 수주했다. 2010년부터 카이만 1,700대가 카이만 MTV 모델로 개량되었다. BAE 시스템즈는 MRAP 사업의 일환으로 RG-31E 790대와 신규 개발된 RG-33(4×4, 중량 14t) 529대 및 미국에서 전체를 조립하는 RG-33L(6×6, 중량 22t) 2,041대를 수주했다.

2008년 별도의 사업으로 육군이 188대를 주문함에 따라 RG-33L을 기반으로 MMPV 지뢰제거장갑차가 개발되었다. 2015년까지 2,500대를 도입하기로 되어 있었다. 같은 차체를 기반으로 업체는 MRRMV 40t급 중(重)기뢰제거장갑차를 제안한다. 미 해병대는 MRAP 사업으로 오쉬코쉬(Oshkosh)사에 불(Bull) 장갑차(4×4, 중량 20t) 106대, 프로텍티드 비클즈(Protected Vehicles)사와 공동으로 개발한 13t급 알파(Alpha) 장갑차(4×4) 100대를 주문했다. 프로텍티드 비클즈사는 이스라엘 라파엘 골란(Golan; 4×4) 수송장갑차 60대를 조립하는 사업을 수주했다. 현재 아카데미(Academi)사로 바뀐 블랙워터스(Blackwaters)사[이라크에서 블랙워터스 직원들이 그리즐리(Grizzly) 장갑차 운용], 그라니트 택티클 비이클즈(Granit Tactical Vehicles)사[록(Rock) MB 장갑차], 테크니컬 솔루션 그룹(Technical Solution Group)사[템페스트(Tempest) 장갑차, 영국군에 8대 공급] 같은 미국 업체들은 대지뢰방호력이 강화된 장갑차를 제안한다. 오쉬코쉬사가 개발한 상대적으로 경량인 4×4 차륜형 14t급 M-ATV 장갑차량은 MRAP 사업의 다음 단계가 되었다. 이 차량을 개발하면서 MARAP 차륜형 장갑차 부피가 상당히 증가한 반면, 기동성은 감소했다. 미군이 2009년부터 M-ATV 차량 8,700대를 주문했고, 2013년까지 공급되었다. 2012년 아랍에미리트와 750대, 사우디아라비아와 450대를 계약했다. 다수의 M-ATV가 미국의 동맹국(아랍에미리트, 사우디아라비아, 폴란드, 루마니아, 크로아티아, 이라크, 우즈베키스탄)에 공급되기 시작했다.

이라크에서 미군이 철수하고 아프가니스탄에서 작전이 시작되면서 미국은 MRAP 다수를 유지할 필요성이 사라졌다. 현재는 1만 2천 대를 보관함과 동시에 양도하거나 판매하기 시작했다. 2018년 운용하던 MRAP 차량 3,600대 미만이 타국에 양도되었거나 양도할 계획이다(주로 쿠거 H와 맥스프로 모델). 2014년 미군이 보유하던 MRAP 장갑차 4,569대를 아랍에미리트에 이전할 것이라고 알려졌다. 구체적으로 보면 나비스타 디펜스 인터내셔널사의 차륜형 4×4 맥스프로 다양한 개량형 3,360대, BAE 시스템즈의 차륜형 6×6 카이만 다지형차량[Multi-Terrain Vehicles(MTV)] 1,150대, 오쉬코쉬사의 M-ATV 44대, 기종이 알려지지 않은 MRAP 정비-구난 장갑차량 15대로 총 25억 달러 규모다.

2014년 계약에 따라 미군은 운용 중인 전체 MRAP 장갑차량 중 8,585대를 개량 후 계속 운용하고 남은 7,458대는 도태시키기로 했다. 미군에서 보관하기로 한 MRAP 차량 8,585대 중에서 2,476대만 배치하고 1,073대는 훈련용으로 운용할 것이며, 남은 5,036대는 해외 기지에 보관할 것이다. 앞으로 MRAP은 오쉬코쉬사의 M-ATV(구매한 8,700대 중) 5,651대, 나비스타 맥스프로 대시(Navistar MaxxPro Dash) 2,633대, 의무용 맥스프로 301대로 3종만 유지할 계획이다.

위의 언급된 프로텍티드 비클즈(Protected Vehicles)사가 MRAP 사업으로 개발한 알파(Alpha)와 아르구스[Argus: 발전형은 골란(Gplan)임] 장갑차량은 최근 미국 사법기관이라는 수요처를 찾았다. 몇몇 자료에 따르면 미국 연방기관이 처음에 미 해병대가 주문한 알파 장갑차량 100대를 구매했고, 아르고스 2,500대 미만을 계약했다고 한다.

포스 프로텍션사는 대지뢰방호력이 강화된 여러 수출형 모델을 개발했다. 수출되지는 않았지만 6t급 치타(Cheetah) 장갑차량(4×4)과 '폭스하운드(Foxhound)'라는 이름으로 영국군에 공급(400대 주문)된 7.5t급 오슬로(Ocelot)를 예로 들 수 있다. 오슬로는 2014년 사우디아라비아와 다수물량을 계약하여 캐나다에서 조립했을 가능성이 있다.

미국의 차세대 차륜형 장갑차량은 JLTV 사업에 따라 개발되었다. 이 사업은 HMMWV 차량(14만 대)의 일부를 교체하기 위한 6t급 경차량 개발을 목표로 한다. JLTV 사업 시 처음부터 장갑 및 높은 수준의 대지뢰방호력이 요구되었다. 2012년 JLTV 2단계 사업 과정에서 개발 진행을 위해 록히드마틴 JLTV, 오쉬코쉬 L-ATV, AM 제너럴(General) BRV-O의 3종이 대상으로 선정되었다.

2015년 오쉬코쉬 L-ATV가 최종 선정되었다. 오쉬코쉬사는 2018년 중반까지 미 해병대와 육군에 공급하기 위한 JLTV 차량 5,004대를 수주했다. 2016년 공급이 시작되어 2018년 초에 이미 1천 대가 넘었다. 2019년 말에 미 육군은 JLTV 전체를 생산하는 계약을 체결한 것이 확실하다.

계획에 따라 미 육군은 2040년까지 JLTV 4만 9,099대, 미 해병대는 2022년까지 4,483대(해병대 소요는 5,500대임)를 획득하려고 검토했다. 사업 규모는 300억 달러 이상이 될 것으로 평가된다. 오쉬코쉬 L-ATV 장갑차량은 2인승 운송형(JLTV-UTL), 4인승 다목적형(JLTV-GP) 및 무장탑재형(JLTV-CCWC), 견인형(JLTV-T)과 같이 4종으로 생산된다. 영국은 2017년 JLTV 2,747대를 도입하기로 결정했다.

Ford F550 픽업트럭을 기반으로 여러 미국 업체가 사법기관들을 위한 경장갑차량을 생산한다. 이 차량들은 여러 국가의 구매대상으로서 큰 인기를 누리고 있다. 오쉬코쉬사는 이스라엘의 플라산(Plasan)사와 공동으로 동일한 차체를 이용해 샌드캣(SandCat)을 생산한다. 이 차량은 6개국(이스라엘 포함, 멕시코가 가장 많이 구매)에서 구매했다. 렌코(Lenco)사는 모로코가 구매하는 비어캣(BearCat)

장갑차량을 제작한다.

그렇게 크지 않은 미국의 GPV사는 4×4부터 10×10까지 차륜형 수송장갑차류를 개발했다. 하지만 터키의 FNSS에 판매한 이후 구매자를 찾지 못했다. 최근 어드밴스드 디펜스 비이클 시스템즈[Advanced Defense Vehicle Systems(ADVS)]로 사명을 바꾼 GPV사는 쿠웨이트의 요청에 따라 4×4부터 10×10까지 데저트 카멜레온(Desert Chameleon) 차륜형 장갑차량을 개발했다. 2010년부터 다수의 데저트 카멜레온 장갑차량이 쿠웨이트에 공급되었다.

미국에서는 해병대용 궤도형 대형 상륙돌격장갑차를 위한 생산라인이 유지된다. AAV7A1 장갑차(이전에는 LVTP-7이라고 부름)는 지금까지도 BAE 시스템즈가 수출용으로 많지 않은 물량을 생산한다. 2000년 이후 이탈리아, 브라질, 칠레에 판매되었고 한국에도 조립을 위한 160대 분량이 공급되었다. 현재 AAV7A1은 일본이 주문했고(54대 미만) 브라질, 터키, 필리핀도 도입할 계획이다. 미 해병대의 AAV7A1을 교체하기 위해 제너럴다이내믹스사는 상륙정과 전투보병장갑차를 결합한 35t급 EFV 상륙돌격장갑차를 오랫동안 개발했다. 그러나 2011년 이 사업은 취소되었다. 대신 미 해병대는 AAV7A1의 운용 기간을 더 늘리기로 하고 해병수송차량[Marine Personnel Carrier(MPC)] 사업에 따라 8×8 차륜형 수송장갑차를 경쟁입찰로 구매하기로 했다. 이후 사업명을 '상륙전투차량(Amphibious Combat Vehicle)'으로 변경했다.

2018년 해병대 ACV 사업에서 긴 입찰 기간을 거쳐 이탈리아 이베코사의 VBA 수송장갑차를 기반으로 개발된 LW-1이 선정되었다[이탈리아군이 구매한 프레차(Freccia) 수송장갑차를 기반으로 제작된 SUPERAV 수송장갑차 개량형]. 미 해병대는 2009년을 납기로 하여 옵션 30대와 함께 초도양산분 30대를 구매했다. APC 1차 사업(APC 1.1)에서 MPC 프로그램 기준에 부합하는 수송장갑차 총 204대를 120억 달러에 구매한다. 2차 사업(APC 1.2)에서는 화력지원 장갑차를 포함하여 다양한 형태의 개량형 장갑차 666대를 구매한다.

미국에서는 2007년부터 MRAP 사업으로 장갑차 및 유사한 장갑차(M-ATV,

M1117)가 대규모로 공급되고 앞으로 진행되는 JLTV 사업에 따라 경장갑차량이 대량 생산되므로 미국 장갑차 생산량은 미국을 제외한 세계 모든 국가의 장갑차 생산량을 넘어설 것이다. 미국 업체들은 무기시장 중 가장 활발한 경장갑차 시장에서 다양한 기종을 제안할 수 있다.

영국

영국은 제2차 세계대전 이후 경장갑차를 많이 개발하고 생산하는 국가였지만, 지난 20년간 이러한 지위를 잃었다. 워리어(Warrior) 보병전투장갑차는 1997년 생산이 중단되었다. 다만 쿠웨이트 육군만이 구매한 실적이 있다(254대가 공급됨). 2003년 이후에는 스위스 MOWAG의 면허를 받아 사우디아라비아, 카타르, 오만을 위한 피라냐(Piranha) II의 영국 내 조립이 종결되었다. BAE 시스템즈사는 스웨덴의 헤글룬스(Hägglunds)사, 예전 남아공의 OMC사, 지상무기 분야 미국의 대형업체인 유나이티드 디펜스사와 함께 인정받는 현대적인 장갑차 생산업체다. 그러나 최근 영국 경장갑차 수출실적은 구 앨비스 비커스(Alvis Vickers)가 생산하는 택티카(Tactica) 정찰-경찰 장갑차(4×4, 6×6)가 거의 유일하다.

2018년까지 택티카 장갑차량은 12개국을 위해 600대 미만이 제작되었다(사우디아라비아를 위한 262대 포함). BAE 시스템즈는 영국 육군을 위해 '팬터(Panther)'라는 이름으로 이탈리아 이베코 LMV 경장갑차 면허를 받아 조립했다(408대). 영국 중소업체들[펜먼 엔지니어링(Penman Engineering), NP 에어로스페이스(Aerospace)]은 랜드로버(Land Rover) 차량의 장갑형을 계속 공급한다. 맥네일리(MacNeillie)사는 10t급 MACS(4×4) 정찰 수송장갑차를 개발했다. 영국 육군은 이라크와 아프가니스탄에서 운용하기 위해 호주-영국 회사인 펀즈가우어(Punzgauer)로부터 이 회사의 유명한 자동차 차체를 이용하여 개발한 6×6 형식의 6t급 벡터(Vector) PPV 징칠 수송장갑차 162대를 도입했다.

영국 국방부는 FRES(Future Rapid Effects System) 차세대 장갑차 계열 개발사업

을 수행했다. FRES 사업으로 수송장갑차와 정찰장갑차를 대체하기 위해 다양한 신형 차륜형 및 궤도형 장갑차가 개발되었다. 처음 계획에는 영국에서 3,775대 미만을 생산하기로 되어 있었다. 체계통합 업체로 탈레스와 보잉이 선정되었다. FRES UV(Utility Vehicles) 사업에 따라 차륜형 장갑차 기본 모델로 경쟁입찰을 거쳐 MOWAG 피라냐 V(8×8) 28t급 차륜형 수송장갑차가 선정되었다.

그러나 2009년 FRES UV 사업은 재정적인 문제로 중단되었다. 궤도형 장갑차를 개발하는 FRES SV(Specialist Vehicles) 사업에 더 우선순위를 두었다. 이 장갑차를 기본으로 스카우트(Scout) 정찰장갑차, 궤도형 장갑차 및 화력지원장갑차(120mm 주포 포함)가 생산된다. 중량 30~40t ASCOS2 궤도형 자체를 공급한 제너럴다이내믹스사가 2010년 경쟁입찰을 통해 선정되었다. 2014년 제너럴다이내믹스사는 영국 육군에 스카우트 SV(Ajax) 계열 589대를 공급하는 35억 파운드 규모의 계약을 수주했다. 2018년부터 2024년까지 정찰장갑차[신형 CTA 40mm 포를 장착한 에이잭스(Ajax) 정찰장갑차 198대 포함]를 기반으로 한 245대와 아레스(Ares) 수송장갑차 개량형을 기반으로 한 344대를 포함할 것이다.

프랑스

프랑스는 차륜형 장갑차 분야에서 세계적인 생산 국가다. 르노트럭디펜스[Renault Truck Defense(RTD), 현재의 아르쿠스(Arquus)사로서 볼보(Volvo) 그룹에 편입됨]는 2012년 자사의 유명한 VAB 차륜형 수송장갑차 신형 모델인 20t급 6×6 VAB Mk3을 공급했다. 2018년 사우디아라비아를 위한 110대 중 1차 생산분 공급이 시작되었다(처음에는 레바논이 주문했음). 볼보에 흡수된 미국의 맥트럭(Mack Truck)사는 '라카타(Lakata)'라는 이름으로 이 수송장갑차에 대한 판촉활동을 한다(상당량이 튀니지에 공급됨).

ACMAT사(2006년부터 RTD에 편입, 현 아르쿠스사)는 TPK 420BL(4×4) 경찰용 수송장갑차를 생산하며 아프리카 7개국과 사우디아라비아에 판매했다. 또한 스콜피언(Scorpion) 신형 모델(차드에 22대가 공급됨)과 같이 장갑화된 다양한

VLRA 경전술차량을 생산한다. 바스티온(Bastion; 4×4) 경수송장갑차는 새로운 모델로서 2010년부터 아프리카 여러 나라에 공급되었다.

아르쿠스사는 경장갑차 중 '셰르파 라이트(Sherpa Light)'라는 경전술차량의 다양한 모델을 제안한다. 지난 몇 년 동안 이집트, 인도네시아, 카타르, 튀니지와 최소 2개국이 일부 수량을 구매했다. 또한 인도 경찰에도 공급되었다. 카자흐스탄이 이 차량의 조립에 대해 관심을 보인다. 셰르파 라이트(4×4) 차체를 기반으로 한 경수송장갑차는 프랑스 헌병군이 도입할 계획이다. 2018년 아르쿠스사는 VAB Mk3 수송장갑차 및 셰르파 장갑차량 총 300대를 공급하는 계약을 마무리했다.

아르쿠스사는 셰르파 10 트럭을 기본으로 대지뢰방호력이 강화된 하이가드(Higuard) 장갑차량(MRAP 형태)을 개발했다. 2011년 카타르가 22대를 주문했다. 2014년부터 싱가포르가 'PSV'라는 이름으로 면허생산한다. 아라비스(Aravis)는 프랑스의 또 다른 MRAP 형태의 차량이다. 넥스터 시스템즈(2006년까지 GIAT였음)가 개발했으며, 독일의 유명한 유니목(Unimog) 차량 차체를 이용했다. 2009년부터 아라비스 15대가 프랑스군에 공급되었고, 200대 미만을 사우디아라비아가 주문했다.

2018년 아르쿠스사는 2025년부터 VBL 경장갑차를 교체하기 위해 프랑스 육군의 향후 입찰에 제안되는 신형 차세대 장갑차 스카라베(Scarabee; 4×4)를 소개했다.

인기 있는 3.5t급 VBL(4×4) 경장갑차는 20개국에서 운용되며, '파나드(Panhard)'라는 이름으로 계속 수출된다. 최근 방호력이 강화된 VBL Mk2가 제안되고 있다(일부 수량이 쿠웨이트와 아랍에미리트에 공급됨). 프랑스 육군을 위해 4.5t급 개량형인 VB2L 정찰장갑차가 생산되었다(91대). 러시아 내무부도 VB2L에 관심을 보였다. 파나드는 2015년 프랑스 육군과 VBL 800대 미만을 개량하는 계약을 체결했다. 이 업체는 유사하지만 더 무거운 9t급 VBR 장갑차량도 개발했다.

2007년부터 프랑스 육군에 파나드 PVP 5톤급 장갑차량이 공급된다(1,183 대가 공급됨). 일부 수량이 루마니아, 칠레, 토고에 판매되었다. 파나드사는 2010년 17t급 스핑크스(Sphinx; 6×6) 정찰장갑차를 선보였다. EBRC 사업에 따라 프랑스 육군에 제안되었으나, 사업 추진에 대한 정보는 없다.

넥스터 시스템즈 그룹이 RDS와 공동으로 개발한 VBCI 28t급 차륜형 수송 장갑차(8×8)가 프랑스 육군이 보유한 가장 최신형 장갑차로서 2008년부터 생산이 시작되었다(2018년까지 총 700대가 주문됨). VBCI 모델은 영국 육군의 FRES 사업 입찰에도 참가했는데, 수출 잠재력이 높다고 알려져 있다. 2017년 VBCI를 처음으로 구매한 국가는 카타르로 CTA 40mm 포를 탑재한 모델 490대를 공급받는 계약에 서명했다.

넥스터 시스템즈 그룹과 RTD사는 AMX-10RC 정찰장갑차를 대체하기 위해 CTA 40mm 포를 장착한 중량 25t EBRC 재규어(Jaguar; 6×6) 차륜형 정찰장갑차를 개발했다. 이 모델을 기반으로 VBA 대체를 위한 수송장갑차를 포함하여 25t 중간급 VBMR 그리폰(Griffon) EBM 차륜형(6×6) 장갑차 계열 개발을 시작했다. 2014년 프랑스 육군은 EBRC 재규어 248대와 VBMR 그리폰 1,722 대를 공급받는 계약을 체결했다(2020년부터 공급이 시작됨). 2030년까지 EBRC 재규어 300대와 VBMR 그리폰 1,822대를 도입할 계획이다.

2017년 벨기에 정부는 2025~2030년 기간 동안 벨기에 육군을 위해 EBRC 재규어 67대와 VBMR 그리폰 417대를 도입하기로 했다. 프랑스 국방부는 VBCI, EBRC, EBM 및 향후 개발되는 체계를 'SCORPION'이라는 하나의 네트워크 중심 체계로 통합을 추진한다.

SCORPION 사업의 대상이 되는 또 다른 모델은 15t급 VBMR 레저(Leger; 4×4) 경장갑차다. 2018년 개발 및 생산 계약이 체결되었고, 2030년까지 978대가 공급될 계획이다.

2010년 넥스터 시스템즈는 중량 18~24t인 XP2 차세대 차륜형 장갑차(6×6) 시제품을 공개했다. 이 모델은 VBMR의 대상 시제품 중 하나로 고려됐다.

넥스터 시스템즈사는 XP2를 기반으로 타트라(Tatra)사의 기동 구성품을 활용하여 TITUS 27t급 차륜형 장갑차(6×6)를 개발했다. 이 장갑차는 다축(多軸) 수송장갑차와 MRAP급 차량의 특징을 모두 갖추고 있다. 2016년 TITUS 차량은 사우디아라비아와 칠레 군용으로 선정되었다. 하지만 구매 계약이 체결되었다는 정보는 알려져 있지 않다.

독일

독일은 다양한 신형 장갑차를 개발하면서 최근 장갑차 개발에 가장 선도적인 위치에 올라섰다. 이 장갑차는 높은 수준의 구조적인 방어에 초점이 맞춰져 있다.

크라우스마파이 베그만[Krauss-Maffei Wegmann(KMW)]과 라인메탈사 컨소시엄은 오랜 개발 끝에 2015년 푸마 보병전투장갑차를 독일연방군에 공급하기 시작했다. 현재까지 총 350대가 주문되었고, 2018년 초까지 190대가 납품되었다. 이 장갑차는 모듈형 장갑을 사용한다는 특성이 있다. 설치된 방호 체계를 제외한 중량은 32~43t이다.

2010년부터 위에 언급된 회사들의 ARTEC 컨소시엄과 네덜란드 스토크사(현재 이 회사의 지분은 라인메탈사로 넘어감)는 강력한 방호력 때문에 세계에서 가장 무거운 차륜형 장갑차인 GTK 복서(Boxer) 중(重)차륜형 장갑차(8×8)를 독일 육군을 위해 생산한다. 현재 2020년 납기를 목표로 408대가 주문되었다. 스토크사(라인메탈사의 네덜란드 지사)는 2018년까지 네덜란드 육군을 위해 추가로 200대를 제작했다. 지난 2년 동안 라트비아(88대 계약, 2018년 공급 시작)와 슬로베니아(56대)가 다양한 모델의 복서 장갑차를 구매한다고 발표했다.

2018년 복서 CRV 모델은 호주 육군에 정찰장갑차를 공급하는 입찰에서 승리했다. 2019년부터 2026년까지 221대를 공급하도록 되어 있다(대다수는 호주에서 조립). 2018년 영국은 복서 수송장갑차 사업에 다시 참여하고(영국은 2003년까지 연구개발 단계에 참여했음), 영국의 MIV 사업에 따라 이 모델을 구매하기로 결정했다, 영국 육군을 위해 900대 미만(8×8 차륜형)을 구매할 계획이다. 1차분 300대 미만 공급은 2023년부터 시작될 것이다. 알제리를 비롯한 여러 국가가 복서 구매에 관심을 보인다. 푸마와 복서는 끊임없이 개량되고 있어 아마도 향후 20년간 동급에서 가장 경쟁력 있는 기종이 될 것으로 보인다.

라인메탈사가 수출 경쟁력이 있는 링스 신형 궤도식 보병전투장갑차를 개발해서 KF31과 KF41(숫자는 순수한 차량 무게를 톤으로 표시한 것임)의 두 가지 모델로 수출을 추진한다.

독일에서는 일반차량 차체를 활용한 장갑차량 개발도 활발하게 진행된다. KMW는 5t급 장갑차량 뭉고(Mungo)를 생산하며(독일군을 위해 450대 미만 공급) 현재는 방호력이 강화된 뭉고 2 모델이 제안된다(독일군이 31대 주문). KMW가 개발한 또 다른 모델은 13t급 딩고(독일군에 147대 공급)와 대지뢰방호력이 강화된 딩고 2가 있다(독일군에 595대, 벨기에 220대, 이스라엘 60대, 룩셈부르크 48대, 오스트리아 81대, 노르웨이 30대, 체코 21대, 사우디아라비아에 20대 공급). 6×6 차륜형 딩고 2 HD는 신형 모델이다(카타르에 14대 공급).

KMW는 이탈리아 이베코그룹과 함께 4×4 차륜형(전투중량 18t)과 6×6 차륜형(전투중량 25t) MRAP급 MPV VTTM 장갑차량을 개발했다. 축이 2개인 이 차량은 2011년부터 이탈리아(76대)와 레바논군(10대)이 구매했다. '그리즐리'라는 이름의 3축 차량은 독일군이 시험평가를 했으나 구매하지 않기로 했다. 현재 KMW는 프랑스 넥스터 시스템즈와의 협력하에 대지뢰방호력이 강화된 신형 장갑차량을 개발하고 있다.

경쟁력 있는 독일의 라인메탈사는 독자적으로 25t급 중장갑차량인 비젠트를 개발했다(8×8과 10×10). 라인메탈사는 다른 업체들과 함께 독일군에게 13t급 야크(Yak) 6×6 차륜형장갑차량(MOWAG DRRO3 모델, 독일군이 296대 주문, 브루나이에 45대 공급), 7t급 카라칼 경장갑차량(이베코 LMV), 5t급 가비알(Gavial; 파나르 PVP)같은 외국 모델의 개량형을 제안한다. 이 밖에도 라인메탈은 자체적으로 지뢰 및 폭발에 대한 방호력을 강화한, 완전히 새로운 모듈형 18t급 GEFAS

장갑차(4×4)를 개발 및 개량하고 있다. 폭스바겐(Volkswagen)사[프렛첸(Frettchen) 차량] 및 다임러(Daimler)사[아프리카 아흐라이트너(Achleitner)사와 공동으로 개발한 서바이버(Survivor) 차량, 독일군이 162대를 구매하고 스위스도 도입한 LAPV 5.4 에보크(Evok), 49대가 구매된 더 무거운 LAPV 6.1]는 자사의 지프를 기반으로 5t급의 독자적인 경장갑차량을 개발했다.

독일 국방부는 4륜형 장갑차를 선정하는 GFF 사업을 추진했다. 5~7t급 장갑차량 2,000~3,000대, 7~9t급 1,000~2,000대, 25t급 650대를 구매하도록 되어 있다. GFF 사업 입찰에서 상기 언급된 모든 기종이 경쟁하고 있지만, 지금까지도 기종 결정을 하지 못하고 있다.

라인메탈그룹은 지난 10년간 훅스(Fuchs) 2를 기반으로 한 화생방 정찰차량을 아랍에미리트와 쿠웨이트에 공급한 후에도 콘도르(Condor; 4×4) 및 훅스(6×6) 차륜형 수송장갑차 개량형을 계속 생산한다. 2011년 알제리에 54대를 공급하고, 현지에서 1,000대 미만을 최종 조립하는 계약을 체결했다. 라인메탈은 비젤(Wiesel) 2 4t급 궤도형 상륙장갑차를 계속 생산한다(독일군이 150대 주문).

KMW사는 2004년부터 독일과 네덜란드가 공동으로 개발한 10t급 정찰장갑차(4×4)인 페넥(Fennek)을 생산했다(독일군에 222대, 네덜란드에 410대 공급). 2016년 카타르가 페넥 32대를 도입했다.

독일의 FFG(Flensburger Fahrzeugbau Gesellschaft mbH)사는 레오파르트 1 차체를 이용하여 방호력이 높은 G5 2t급 궤도형 정찰장갑차를 공급했다. 2018년 노르웨이가 G5를 기본으로 다양한 모델인 ACSV 차량 몇 대를 주문했다. KMW는 마르더 보병전투장갑차 차체를 이용한, 독특한 31t급 상륙수송장갑차 APVT를 선보였다.

이탈리아

최근 이탈리아 방산업체들은 경쟁력 있는 장갑차를 다수 개발하면서 세계 장갑차 시장에서 영향력이 커지고 있다. 이탈리아 장갑차 개발 및 생산은 오토

멜라라[현재의 레오나르도(Leohardo)사]와 이베코의 CIO 컨소시엄에 집중되어 있다. 2002~2006년 컨소시엄은 이탈리아 육군에 24t급 다르도(Dardo) 보병전투장갑차 200대를 공급했다. 그러나 추가 구매로 이어지지는 않고 있다. 2007년부터 이탈리아 육군이 250대를 주문한 8×8 차륜형 26t급 VBC 프레차 장갑차 생산이 시작되었다. 프레차는 105mm 포를 장착한 유명한 이탈리아의 켄타우로(Centauro) 장갑차의 발전형으로 개발되었다. 켄타우로 장갑차는 이미 이탈리아군에 4천 대, 스페인군에 84대가 공급되었다. 켄타우로 개량형(120mm 주포 탑재형 포함)은 수출이 계속 추진된다(120mm 주포장착 모델 9대를 오만에 공급). 알려진 대로 러시아 국방부도 켄타우로와 프레차(Freccia)에 관심을 보였다.

이탈리아 육군을 위해 프레차 개량형을 기반으로 120mm 주포를 탑재한 차세대 차륜형 장갑차 켄타우로 Ⅱ가 개발되었다. 1차분 10대는 2018년 주문했고, 총 138대가 도입될 계획이다.

CIO 컨소시엄은 최근 프레차 플랫폼을 기반으로 수상운행이 가능한 SUPERAV(8×8) 수송장갑차와 이어서 개량형 24t급 VBA를 개발했다. VBA 모델은 BAE 시스템즈와 협력하여 미 해병대 사업 입찰에 선정되었다. 브라질의 주문에 따라 이베코사는 17t급 6×6 차륜형 VBTP-MR[과라니(Guarani)]을 개발했다. 이 모델은 SUPERAV의 축소형이라고 볼 수 있다. 브라질에 있는 이베코사는 2012년 과라니 생산을 시작했다. 브라질 육군은 2030년까지 총 2,044대를 도입할 계획이다. 또한 8×8 차륜형 모델도 개발된 것으로 예상된다(2018년까지 300대 이상이 공급됨). 아르헨티나와 라틴아메리카 국가들이 과라니 획득 또는 조립에 관심을 보인다. 과라니의 첫 구매국은 레바논이며, 2017년 10대를 도입했다.

2003년부터 CIO 컨소시엄은 이탈리아 육군의 주문에 따라 4×4(중량 7t, 180대)와 6×6(중량 8.3t, 380대) 푸마 경수송장갑차를 생산했다. 6×6 모델은 이탈리아 헌병용으로 생산된다.

경장갑차 부문에서 이탈리아가 거둔 가장 큰 성과는 이베코가 개발한 4×4

차륜형 7t급 LMV 린스(Lince) 장갑차(M65E로도 알려짐)다. 2004년부터 생산되었으며, 이탈리아 국방부(2018년까지 2,500대 이상 공급, 추가로 2천 대 미만 도입 계획) 외에도 13개국이 주문했다(1,500대 이상 공급 또는 주문). 영국 육군은 '팬터'라는 이름으로 408대를 도입했다. 이 중에서 401대는 BAE 시스템즈가 면허를 받아 조립한다. 2011년부터 LMV는 Ris(역자주: 러시아어로 '살쾡이'라는 의미)라는 이름으로 러시아군에 도입되었다. 보로네쥐의 수리공장과 KAMAZ사에서 조립했다. 러시아 측은 총 400대 미만을 구매했다. 2016년 LMV는 브라질군의 구매기종으로 선정되었다(2018년부터 공급되도록 186대 주문, 총 1,464를 도입할 계획임).

2016년 이베코는 신형 8t급 장갑차인 LMV 2를 선보였으나 판매되었다는 소식은 없다.

스위스

스위스 MOWAG사[1999년부터 미국 제너럴다이내믹스사에 편입되어 제너럴다이내믹스 유러피언 랜드(European Land) – MOWAG사로 변경]는 다양한 차륜형 장갑차를 개발하고, 미국 및 기타 선진국에 대한 공급사로서 세계 시장에서 주도적인 위치에 있다. 이는 무엇보다 1970년대에 개발된 피라냐 장갑차의 성공과 관련이 있다. 피라냐 I (차륜형 4×4, 6×6, 8×8)과 피라냐 II (8×8, 10×10)의 뒤를 이어 1996년부터 피라냐 III (8×8, 또한 6×6, 10×10도 있음) 수송장갑차가 생산되었다. 이 장갑차는 세계 최초로 방호력이 강화된 신형 중간급 차륜형 수송장갑차다(전투 중량 17~30t). 2000년 이후 25t급 개량형 피라냐 IV (8×8), 이후 피라냐 V 가 개발되었다. 피라냐 V 는 영국의 FRES UV 사업(비록 생산까지 가지는 못했지만) 및 덴마크, 스페인, 루마니아 입찰에서 선정된 바 있다. 피라냐 수송장갑차를 기반으로 90mm 및 105mm 포를 탑재한 장갑차를 포함해 다양한 모델이 개발되었다.

1979년부터 제너럴다이내믹스 랜드 시스템즈 캐나다 지사[General Dynamics Land Systems-Canada(GDLS)]가 피라냐 장갑차를 주로 생산한다. 이 업체 생산라인에서 캐나다, 호주, 미 해병대에 공급하는 피라냐 I (LAV) 및 피라냐 II 와 피라냐Ⅲ(LAV-Ⅲ)가 생산된다. LAVⅢ 장갑차는 미국('스트라이커'라는 장비명으로), 캐나다(651대), 뉴질랜드(105대), 콜롬비아(24대) 육군에 공급되었다. 2016년부터 생산되는 LAV700 수송장갑차가 최신 모델이다.

18t급 피라냐Ⅲ(LAV-Ⅲ)는 중간급 여단용으로 미 육군에 의해 선정되었다. '스트라이커'라는 이름으로 2002년부터 캐나다 생산라인에서 생산되었다. 미 육군은 2015년 공급이 끝난 105mm 포를 탑재한 M1127 MGS(Mobile Gun System) 모델 294대를 포함해 스트라이커 4,466대를 도입했다. 이와 함께 미 육군에 남아 있는 M113 수송장갑차를 교체하기 위해 3,500대 미만을 구매할 가능성도 배제할 수 없다. 스트라이커는 지속적으로 성능이 개량되어 2011년부터 폭발물에 대한 하부차체 방호력이 강화된 스트라이커 DVH 모델이 미 육군에 공급되기 시작했다(스트라이커 이전 모델도 동 모델로 개량이 시작됨). 30mm 포모듈 또한 장착되기 시작한다. 제너럴다이내믹스는 '스트라이커+Tr.'이라는 장비명으로 스트라이커 DVH의 궤도형 모델을 개발했다. 2016년부터 미 육군이 보유하던 스트라이커 장갑차 176대가 페루에 공급되었다.

미국 다음으로 피라냐 장갑차를 가장 많이 운용하는 국가는 사우디아라비아로서 2016년까지 피라냐Ⅰ과 피라냐Ⅱ 계열 2,600대 이상을 도입했다(주로 캐나다에서 조립됨). 2014년 제너럴다이내믹스 랜드 시스템즈 캐나다 지사는 사우디아라비아 정부와 30억 달러의 추가 물량 옵션을 포함해 총 100억 달러 규모의 장갑차를 공급하는 기록적인 계약을 체결했다. 계약기간은 14년이며, 공급은 2016년부터 시작되었다. 최신형인 LAV700(8×8) 900대 공급이 계약의 핵심이다. 이 물량 중 일부는 105mm 포를 탑재한 모델로 공급된다. 4×4 차륜형 지뢰방호 경장갑차량 공급이 계약에 포함된다. 이 차량은 포스 프로텍션사의 오슬로 플랫폼을 기본으로 한다.

GDLS의 캐나다 생산라인 외에도 칠레와 영국(아랍국가에 대한 수출용)에서 피라냐Ⅱ가, 덴마크와 벨기에에서는 피라냐Ⅲ이 생산된다. 2018년까지 30여 국에 피라냐 약 1만 5천 대가 주문 또는 공급되었다. 피라냐Ⅲ 플랫폼(지금은 피라냐V 플랫폼)은 여러 국가에서 진행되는 구매 입찰에 참여하는 유력한 기종 중 하나다.

방호력이 강화된 신형 30t급 MOWAG 피라냐V(8×8)가 중단된 영국의 FRES UV 사업 외에도 덴마크(2018~2023년 309대 공급), 스페인(스페인에서 조립되어 VCR이라는 이름으로 2019년부터 998대를 획득할 계획임), 루마니아(2018년부터 227대 구매 및 공동생산 예정임)에서 선정되었다.

MOWAG사는 미국의 HMMWV 차량 차체를 이용해 이글(Eagle)Ⅰ,Ⅱ와 Ⅲ(4×4) 계열 5t급 장갑차량을 생산했다. 이 차량들은 스위스 육군(449대)과 덴마크(36대)에 공급되었다. 13t급 DURO ⅢP(6×6) 장갑차량은 신규 개발 모델로서 스위스, 독일(30대), 덴마크(29대) 육군에 공급되었으며, 현재 독일의 라인메탈사에서 면허생산한다. 4×4 차륜형 DURO 모델을 기본으로 8.5t급 이글 Ⅳ 정찰장갑차(독일이 505대, 덴마크가 90대 주문, 몇 대가 스위스 육군에 공급됨)와 방호력이 강화된 10t급 이글V가 개발되었다(2013년부터 독일군이 176대, 덴마크가 36대 계약). 또한 6×6 차륜형 이글Ⅳ모델이 개발되었다.

스웨덴

스웨덴 헤글룬스(Hägglunds)사(현재 BAE 시스템즈 헤글룬스사로서 BAE 시스템즈사에 속해 있음)는 최첨단 CV90 전투보병장갑차를 생산한다. CV90과 이를 기반으로 한 모델의 스웨덴 육군에 대한 공급이 2002년 종료되었다. 다양한 전투보병장갑차 파생형 모델이 스위스(186대), 네덜란드(193대), 노르웨이(144대), 핀란드(102대), 덴마크(45대)에 공급되었다. 에스토니아는 네덜란드군이 보유하던 전투보병장갑차 44대를 획득했다. 공급은 2017년 시작되었다.

CV90은 지속적으로 성능이 개량되고 있다. 최신형 MkⅢ(네덜란드, 덴마크에 공급되었으며 노르웨이가 주문함)는 전투중량 35t 미만, 고방호력이며 35~50mm 포를 탑재할 수 있다. 현재 신형 CV90 MkⅣ가 개발 중이다. CV90의 수출형으로서 방호력이 강력한, 포탑이 없는 아르마딜로(Armadillo) 수송장갑차 차체에 120mm 포를 탑재한 CV90120-T 경전차가 개발되고 있다.

1990년대 초부터 헤글룬스사는 혁신적인 차륜형 및 궤도형 SEP 장갑차를 개발했다. 이미 이 모델들은 영국의 FRES 사업의 유력한 기종으로 검토된 바 있었다. 그러나 영국 국방부, 이후 스웨덴 국방부는 SEP 개발을 중단하기로 했다. 따라서 업체는 2008년부터 SEP 계열로 개발된 토르(Thor; 6×6)와 앨리게이터(Alligator; 8×8) 차륜형 장갑차를 대상으로 수출을 추진하고 있다. 스웨덴의 특징을 보여주는 전형적인 장갑차로는 BAE 시스템즈 헤글룬스가 개발한 BvS10 바이킹(Viking) 궤도형 수송장갑차가 있다. 이 차량은 험지 기동이 가능한 유명한 Bv206 궤도형 수송차량의 장갑차형 모델이다. 2007년부터 영국(157대), 프랑스(129대), 네덜란드(74대), 오스트리아(32대), 스웨덴 육군(42대, 추가로 127대는 옵션임)이 구매했다. 방호력이 강화된 개량형 BvS 10 Mk2도 있다. Bv 206 자체의 장갑화 모델은 Bv 206S이며, 이미 스웨덴 육군을 비롯하여 독일, 프랑스, 스페인, 이탈리아에 공급되었다.

핀란드

핀란드에서는 1980년대부터 SISU사[현재 방산 부문은 파트리아(Patria)그룹에 속해 있음]의 차륜형 장갑차인 XA(Pasi, 6×6) 계열이 생산되었다. 이 장갑차는 2005년까지 800대 미만이 핀란드 육군에 공급되었고, 스위스(199대), 네덜란드(92대), 노르웨이(84대), 아일랜드(2대)에 수출되었다. 핀란드와 네덜란드가 보유한 물량 중 일부는 에스토니아로 이전되었다(총 174대). 현재는 개량형 모델이 제안된다.

2000년 이후 파트리아가 개발한 중량 22~26t의 AMV(8×8)는 핀란드 수송장갑차의 새로운 유형이다. 차세대 장갑차 중 가장 성공적인 모델로 평가된다. 2018년까지 핀란드 국방부가 80대(이 중 18대는 AMOS 자주박격포 모델임)를 주문했다. AMV는 폴란드[90대가 공급되었고 2005년부터 로소마크(Rosomak)사에서 KTO라는 이름으로, 2020년 공급 완료를 목표로 907대가 생산됨]와 슬로베니아[최초 계획상

SKOV '스바룬(Svarun)'이라는 이름으로 일부는 면허생산하는 조건으로 135대를 구매했으나 30대만 납품된 후에 계약은 취소됨], 크로아티아(126대 공급), 스웨덴(113대 공급, 113대 추가 옵션), 슬로바키아(81대), 남아공[54대를 공급받기로 하고 210대를 '배저(Badger)'라는 이름으로 면허생산하기로 했으나 생산계약은 2014년 다시 체결되어 2017년 공급이 시작됨], 아랍에미리트(폴란드 생산라인에서 40대) 입찰에서 선정되었다. 전장이 길어지고 러시아 BMP-3 포탑을 결합한 AMV-L 모델이 개발되었다. 아랍에미리트가 15대를 구매했다. 또한 차륜형 6×6 AMV 모델도 있다.

전투중량 30t 미만의 신형 8×8 차륜형 신개념(New Vehicle Concept) 장갑차는 AMV의 최근 모델이다. 이 장갑차는 파트리아그룹이 2013년 선보였고, 개량형으로는 AMV XP와 AMV 28이 있다. 이 신형 모델들은 AMV 기본형과 함께 시장에 제안된다.

핀란드 프로토랩(Protolab)사는 수상기동이 가능한 MRAP급 14t 중량의 PMPV 6×6(Misu) 장갑차량을 독자적으로 개발했다. 핀란드 국방부는 2017년 PMPV 4대를 주문했다. SISU사는 2018년 SISU GTP라는 이름으로 14t급 MRAP 장갑차량의 자사 모델을 공급했다.

중국

중국 경장갑차는 상당한 발전을 이루어 15년 동안 다양한 모델의 차세대 장갑차가 개발 및 생산되었다. 중국 대다수 무기 체계처럼 경장갑차 또한 외국(러시아 또는 서방)의 영향을 강하게 받은 가운데 개발되었고, 어떤 경우에는 외국 무기 체계를 직접적으로 모방하기도 했다. 중국은 아직 세계 경장갑차 시장에서 비중이 크지 않지만, 민수 자동차산업처럼 비중을 점차 늘려가고 있다. 단기간 내에 중국 자동차산업이 눈부시게 발전한 점을 고려하면, MRAP으로 분류되는 대지뢰 방호 차량을 포함한 경장갑차 모델도 인기가 높아질 것이라고 예상할 수 있다.

현재까지 중국에서 86식 전투보병장갑차(WZ501, 소련 BMP-1 복제품임), 63식 궤도형 수송장갑차(WZ531), 77식(BTR-50PK 유사형), 85식(WZ309) 및 WZ534 모델 생산이 중단되었다. 신형 궤도형 장갑차로는 러시아 KBP사[툴라(Tula)시소재]가 개발한 바흐차(Bakhcha)-U 포탑을 면허생산하여 장착한 20t급 04식 전투보병장갑차(ZBD04, 이전에는 '97식' 또는 'ZBD97'라고도 불렸음) 및 8t급 03식 상륙장갑차(ZBD03, WZ506, 이전에는 'ZLC2000'으로도 불렸음)가 있다. 이 두 기종은 러시아 연구진의 참여하에 개발된 것으로 보인다. 이 밖에도 해병대용 05식 상륙돌격장갑차(ZBD05)와 이를 기반으로 105mm 포를 탑재한 05식 상륙용 경전차가 생산된다. 이 두 기종을 베네수엘라가 주문했다. 개념적으로 완전히 새로운 105mm 또는 125mm 포를 탑재한 경전차가 개발되어 시험 중이다. 수송장갑차로는 거의 생산이 중단되었다고 보이지만, 89식(YW535)과 개량형인 90식이 있다. 90식 모델을 기반으로 02식 정찰장갑차(ZZC02)를 비롯한 다양한 특수목적 장갑차가 생산된다. 'VTP1'으로 명명된 90식 모델 개량형이 수출형으로 제안된다.

1980년대부터 중국에서는 WZ523 차륜형 장갑차와 91식 6×6 차륜형 장갑차가 생산되고 있다. 최근 WZ523 모델은 재작업을 거쳐 (05식처럼) 부활했고 유엔군의 중국 병력을 위해 제한된 수량이 생산된다. 6×6 차륜형 16t급 90식(WZ551, ZSL90)은 중국의 신형 차륜형 수송장갑차다. 90식은 1990년대 중반에 현재 생산되는 92식 개량형 계열(WMZ551B, ZSL92)로 교체되었다. 92식 개량형을 기반으로 다수의 특수목적 장갑차가 생산되고 있다. 여기에는 공안을 위한 3축형(WJ03B), 2축형(92B식, WJ94) 수송장갑차가 포함된다(92식 차량은 이동식 대전차미사일 체계를 위해 이용됨). 92식을 기반으로 중국군이 도입한 105mm 포를 탑재한 19t급 02식 전투장갑차가 개발되었다[수출형은 '어솔터(Assaulter)'라는 이름으로 홍보되며, 120mm 포를 탑재한 모델도 제안됨].

입찰을 거쳐 개발되었고, 바오터우에 소재한 No617 전차공장에서 생산된 09식 신형 8×8 수송장갑차 '눈표범'(VN1, ZBL09, WZ0001로도 부름)이 2009년 전력화되었다. 이 장갑차를 기반으로 다양한 종류의 장갑차가 개발되고 있다.

이 계열에는 120mm 포를 장착한 전투장갑차가 포함될 것이다. 이 수송장갑차 중에는 6×6 차륜형 VN2 모델도 있다. VN1 수송장갑차는 베네수엘라 해병대 (40대)가 획득했고, 태국도 주문했다(34대).

중국은 다양한 경장갑차량을 개발했다. 2축형으로는 산시 바오지(Shaanxi Baoji)사가 6t급 경찰-순찰용 장갑차량인 ZFB05[뉴스타(New Star)]를 생산하여 활발하게 (주로 아프리카 국가들에) 수출한다. 또한 6×6 차륜형 ZFB08 모델도 개발되었다. NORINCO사는 프랑스의 파나르 VBL과 유사한, 중국군에 공급된 5t급 VN3 전투정찰차량에 대한 마케팅을 하고 있다. 이 밖에도 중국에서는 유사한 7t급 경장갑차량 QL550이 개발되었다. 폴리테크놀로지사는 2009년 4×4(06P식으로 명명됨) 및 8×8 차륜형('07P식' 또는 'PF2006'으로 불림) 장갑차와 M-98 경장갑차량이라는 독자 모델을 개발해 선보였다. 그러나 양산단계까지 가지는 않은 것 같다.

최근 여러 중국 자동차회사가 다수의 MRAP급 장갑차량 시제와 설계를 내놓고 있다. 이 중 일부가 생산되기도 했지만, 정작 중국군은 이들 모델에 관심을 보이지 않는다(다양한 생산업체들의 각 시제품은 여러 지방경찰에 공급됨). 중국남방방산집단공사[China South Industries Group Corporation(CSGC)] 그룹은 남아공 MLS사가 참여하여 개발한 것으로 보이는 4×4 차륜형 장갑차인 CS/VP3 장갑차량을 여러 아프리카 국가에 판매하는 큰 성과를 거두었다.

터키

터키 방위산업이 역동적으로 발전하면서 터키는 지난 20년간 세계 경장갑차 시장에서 주목할 만한 경쟁자가 되었다. 1990년대부터 FNSS 사분마 시스템레리(Savunma Sistemleri)사[터키 누롤(Nurol) 지주회사와 BAE 시스템즈의 합작기업]는 1970년대 초에 유나이티드 디펜스사가 M113 수송장갑차를 기반으로 개발하여 ACV-300으로도 불리는 미국 14t급 AIFV 전투보병장갑차를 면허생산한다. 조립을 위한 구성품은 유나이티드 디펜스사(현재는 BAE 시스템즈)가 미국에서 공급한다. 터키는 AIFV를 기반으로 다양한 용도의 장갑차량을 개발했다. 터키군에 대한 장갑차[현지명 아단(Adan)] 2,800대 공급이 2005년 종료되었다. 말레이시아(281대), 아랍에미리트(136대), 필리핀(7대)에도 수출되었다. 신형 전투보병장갑차 모델에는 ACV-15 및 장갑이 강화된 개량형 ACV-S(이를 기반으로 한 특수목적차량 일부를 말레이시아와 아랍에미리트가 구매함)가 포함된다. 러시아 BMP-3 포탑 부분을 탑재한 모델도 제안된다. ACV-19[아킨시(Akinci)]로 명명된 이 전투보병장갑차의 개량 연장형(6축)은 또 다른 모델이다. 이 기종은 요르단, 사우디아라비아, 아랍에미리트 및 말레이시아를 위한 특수차량으로 공급되었다.

전투중량 30t 미만까지(AIFV보다 2배 이상임) 가능하고 신형 기동부를 사용하는 ACV-30은 FNSS가 최근 개발한 AIFV 차체의 발전형이다. ACV-30을 기반으로 신형 자주식 35mm 쌍포신 대공포인 코르쿠트(Korkut)와 차세대 터키 대공미사일 체계인 히사르(Hisar)-A가 개발되었다. FNSS사는 105mm 전차포까지 장착이 가능하다고 주장한다.

2015년 FNSS사는 카플란(Kaplan)-20이라는 차세대 궤도형 보병전투장갑차 시제품을 선보였다. 이 모델은 중량 20t 미만에 수륙양용이며, 30mm 무인 포탑이 장착된다. 같은 플랫폼으로 궤도형 수송장갑차인 카플란 LAWC-T가 개발되었다. 2017년 선보인 더 가벼운 카플란-10 전투보병장갑차는 동급의 신형 모델이다. 아마도 AIFV 전투보병장갑차의 기동부를 개량하여 활용한 것 같다. 2016년 터키군은 카플란-10 전투보병장갑차를 기본으로 자주식 대전차 미사일 체계 184대를 주문했다. 러시아의 '코넷-E' 대전차미사일 또는 터키의 OMTAS가 장착된다.

2017년 선보인 중량 30t 중간급 전투장갑차로서 차세대 전투장갑차[Next Generation Armoured Fighting Vehicle(NGAFV)]로 명명된 카플란-30은 FNSS가 개발한 차세대 전투보병장갑차다. 이 모델은 ACV-30 전투보병장갑차와 동일하게 6축 기동부로 되어 있고, 30mm 포가 장착된다.

2017년 전투중량 35t인 카플란 MT[미디엄 탱크(Medium Tank)] 중간급 전차의 첫 시제기가 시험평가 단계에 진입했다. 이 기종은 FNSS가 2014년 계약에 따라 인도네시아 국영 방산업체인 PT 핀다드(Pindad)와 함께 첨단 중간급 전차[Modern Medium Weight Tank(MMWT)] 사업에 따라 개발했다. 이 전차는 대부분 카플란-30 차체를 이용하여 개발했으며, CMI 디펜스(Defense) CT-CV의 105mm 포가 장착된다. 주로 인도네시아군이 이 전차를 구매한 것으로 보인다.

지난 15년간 FNSS는 크지 않은 외국 업체로부터 획득한 장갑차 설계를 사용했지만, 지금은 독자적으로 거의 모든 종류의 장갑차를 개발하려고 한다.

FNSS는 중량 16~26t, 6×6~10×10 차륜형 첨단 수송장갑차 파스(Pars)를 제안한다. 이 기종은 미국 회사로부터 GPV 모델 면허를 받아 생산하는 유사 모델이다. 2009년 면허생산한 파스(8×8) 257대를 AV8이라는 이름으로 말레이시아에 공급하는 계약이 체결되었다(터키에서 조립한 물량은 2012년, 말레이시아에서 조립한 물량은 2014년 공급이 시작됨). 파스 Ⅲ로 명명된 6×6과 8×8 차륜형 파스 수송장갑차 계열은 방호력이 강화되었다. 그 결과 전투중량은 25~30t에 달했다. 172대(8×8)를 주문한 오만이 파스 Ⅲ의 첫 주문국이며 공급은 2017년 시작되었다.

최근 FNSS는 파스 차륜형 경장갑차 4×4 일부 모델도 선보였다. 가장 최근 개발된 13t형은 2016년 터키 육군이 파스 ATV 자주식 대전차미사일 체계로 76대를 주문했는데, 러시아의 '코르넷-E' 대전차미사일이 장착된다.

누롤 지주회사에 속한 터키의 누롤 마키나 베 사나이(Nurol Makina ve Sanayi)는 6×6 차륜형 에즈데르(Ejder) 18t급 수송장갑차를 개발했다. 2007년 계약에 따라 에즈데르 76대가 조지아에 공급되었다. 14t급 4×4 차륜형 에즈데르 얄신(Ejder Yalcin) 장갑차량과 일가즈(Ilgaz) 경장갑차량[일가즈 I 은 도요타 차체, 일가즈 Ⅱ는 포드(Ford) F550 차체를 사용함]이 성공적이었다. 2013년부터 터키 사법기관이 활발하게 구매했다. 2017년 말까지 터키군과 사법기관이 에즈데르 얄신 500대 미만을 주문했다고 알려졌으며, 이미 250대 미만이 납품되었다. 에즈데르 얄신 모델들은 최근 카타르(에즈데르 얄신Ⅲ 400대), 튀니지(70대), 우즈베키스탄(2017년 터키에서 조립하는 계약이 체결됨)이 주문하는 등 수출에서도 성과를 거두었다.

10t급 4×4 요뢰(Yörük; NMS)은 누롤이 개발한 신형 장갑차량이다. 2017년 카타르가 상당수를 주문했다.

터키 오토카르(Otokar)사는 독자 개발한 몇몇 장갑차량을 생산한다. 이 중 6t급 4×4 코브라(Cobra) 장갑차량이 가장 유명하다. HMMWV 차체를 사용하고, 대지뢰방호력이 강화되었다. 코브라는 터키 국방부(1,200대 이상)가 구매했고 나이지리아, 조지아, 사우디아라비아를 포함해 20개국 이상에 공급되었다. 2012년 12t 미만 중량에 방호력이 강화된 신형 코브라Ⅱ가 개발되었다. 터키군이 주문했으며 이미 일부 수량이 방글라데시, 코소보, 튀니지에 공급되었다. 카자흐스탄과는 코브라Ⅱ를 조립하는 계약이 체결되었다. 또한 오토카르는 랜드로버 디펜더(Land Rover Defender) SUV를 기본으로 3.5t급 아크레프(Akrep: '전갈'이라는 뜻으로, 터키군과 사법기관이 약 1천 대 주문, 600대 미만이 창설된 이라크 보안군에 공급되는 등 주변국이 구매함) 및 경찰용 APV 장갑차량을 생산한다.

18~20t 중량의 6×6 및 8×8 차륜형 수송장갑차인 ARMA는 오토카르가 최근 개발한 모델이다. ARMA(6×6) 76대가 바레인에 공급되었고, 최소 2개국이 주문했다. 2017년 아랍에미리트군은 ARMA(8×8)의 개량형인 라드난(Radnan) 수송장갑차 400대를 주문했다. 오토카르와 아랍에미리트 타와준(Tawajun)사가 공동 설립한 회사에서 조립될 것이다. 또한 오토카르는 싱가포르 AV81 테렉스(Terrex) 수송장갑차 면허를 받아 오랫동안 지연되고 있는 터키 육군의 차세대 차륜형 수송장갑차 입찰에 참여한다. 또 다른 터키의 HEMA 엔더스트리(Endustri)사는 이 입찰에 '아나파르타(Anafarta)'라고 명명된 핀란드 파트리아 AMV 수송장갑차를 제안한다는 것을 언급할 필요가 있다. 위의 입찰에 FNSS 파스도 경쟁 기종이다. 현대전에서 요구도가 높아짐에 따라 오토카르는 대지뢰방호력이 강화된 중량 5.5t, 4×4 MRAP급 우랄(Ural) 장갑차량, 중량

12.5t 카야(Kaya), 14.5t 카야Ⅱ 장갑차량, 16t 케일(Kale) 장갑차량을 개발했다. 우랄과 카야는 터키 사법기관이 활발하게 구매하며, 우랄은 투르크메니스탄에 수출되었다.

2013년 오토카르는 신형 궤도식 툴파르(Tulpar) 전투보병장갑차를 선보였다. 개념적으로 독일의 푸마 전투보병장갑차와 유사하다. 이 모델은 모듈식 장갑을 장착하며 전투중량은 25~42t이다. 이 밖에도 더 가벼운 궤도식 플랫폼인 툴파-S(전투중량 15~18t)가 개발되었고, 수송장갑차와 자주식 대전차미사일 체계로 제안된다.

터키 BMC사는 터키 육군의 주문에 따라 2010년부터 MRAP급 20t 장갑차인 키르피(Kirpi, 4×4)를 생산한다. 이 기종은 이스라엘 헤이트호프[Hatehof, 현재는 카머(Carmor)]사 내비게이터(Navigator)의 면허생산한 모델이다. 터키 육군과 헌병군이 현재까지 키르피 1,300대 이상을 주문했다. 또한 튀니지(141대), 파키스탄(100대 이상), 카타르(50대), 투르크메니스탄(10대)이 획득했다. BMC사는 키르피 6×6 차륜형 모델도 개발했다.

BMC사는 또한 아마존[Amazon; 처음에는 부란(Vuran)]이라는 이름으로 헤이트호프(카머)가 개발한 12t급 허리케인(Hurricane, 4×4) 장갑차량도 생산하기 시작했다. 터키 내무부가 35대를 주문했으며, 2017년 카타르군과 사법기관에 아마존 1,500대를 공급하는 초대형계약을 체결했다. 부란이라는 이름은 2017년 BMC가 개발한 중량 18.5t MRAP(4×4)급 신형 장갑차량에 붙여졌다. 아마존과 새로운 부란은 투르크메니스탄에 공급되었다.

이스라엘

이스라엘 회사들은 대지뢰방호력이 강화된 4×4 신형 차륜형 장갑차를 제안하는 등 최근 활발하게 경장갑차를 개발하고 있다. 이스라엘의 라파엘사는 미국의 프로텍티드 비클즈(Protected Vehicles)사와 공동으로 능동방호가 가능한 14t급 골란 수송장갑차를 개발했다. 또한 라파엘사는 이스라엘 헤이트호프(지금의 카머)사와 함께 포드 F550 차체를 기본으로 개발된 8t급 제브[Ze'ev; 울프(Wolf)] 순찰용 장갑차량을 생산한다. 헤이트호프(카머)사는 터키 BMC사에 면허를 판매한 후 자체적으로 10t급 허리케인, 14t급 타이푼, 16t급 내비게이터와 익스트림(Xtream) 같은 MRAP급 여러 모델을 시장에 내놓았다.

이스라엘 밀리터리 인더스트리(Israel Military Industries, IMI)사는 능동방호가 가능한 15t급 와일드캣(Wildcat, 4×4) 수송장갑차를 개발했다. 미국 시장에 꾸준하게 진출했음에도 구매국은 없었다.

이스라엘 플라산(Plasan)사는 2005년부터 전장을 줄인 포드 F550 픽업트럭 차체를 다양하게 활용한 샌드캣(SandCat) 장갑차량을 생산하고 있다. 샌드캣은 많은 국가의 사법기관에서 인기가 많다. 20개국 이상에서 운용되며, 미국(오쉬코쉬사)과 멕시코에서 생산된다.

이스라엘 국방부의 지원하에 2015년부터 중량 30~35t의 에이탄(Eitan, 8×8) 차륜형 수송장갑차가 시험 중이다. 이스라엘군을 위한 양산은 2020년 이후로 예상된다. 보병전투장갑차와 수송장갑차를 포함한 중간급(30~40t) 차세대 궤도형 장갑차 개발사업이 진행되고 있다.

이 밖에도 (라파엘사를 필두로 한) 이스라엘 회사들은 장갑차용 무인포탑(전투모듈), 보강장갑과 개량품 생산 분야에서도 독보적이다. 세계 최초로 양산된 능동방어 체계인 라파엘 트로피와 IMI 아이언 피스트(Iron Fist)가 이스라엘에서 개발되었다.

남아프리카공화국

남아공은 대지뢰 및 대폭발물 방호력이 강화된 새로운 차륜형 장갑차(지금은 MRAP급으로 부름)를 개발하면서 경장갑차 발전에 중요한 역할을 했다. 1세대 모델은 1970년대부터 일반차량 차체를 기본으로 남아공(이미 남로디지아에서 개념이 정립됨)에서 생산되었다[불독(Bulldog), 버펠(Buffel), 카스피르(Casspir), 리노(Rhino) 등]. 남아공군이 운용하는 이 모델들은 예전처럼 해외 진출이 활발하다.

유사한 4×4 차륜형 신형 모델은 1990년대 초부터 TFM사(Reumech OMC, 이후 OMC로 업체명 변경)가 남아공에서 생산했다. 이 회사는 BAE 시스템즈 랜드 시스템즈(Systems Land Systems)의 남아공 법인으로서 세계 경장갑차량 시장의 주요 공급회사다. 이 업체가 개발한 6t급 맘바(Mamba, 4×2와 4×4) 몇몇 모델이 남아공 국방부에 납품(473대)되었고, 20개국에 수출되었다. 지금은 맘바 Mk5가 생산된다. 남아공의 오스프레아 로지스틱스(Osprea Logistics)로 생산이 넘겨졌다. 남아공의 여러 업체가 다양한 맘바 모델을 생산했다[코만츠(Komanche), 사브르(Sabre), 로마드(Romad)]. 1996년부터 OMC(지금의 BAE 시스템즈)는 맘바 설계를 발전시켜 개발한 8t급 RG-31 니알라[Nyala, 4×4 차륜형 차저(Charger)로 불림]를 생산한다. 남아공 경찰(370대)에 공급되었으며, 동급에서 가장 많이 팔린 모델이다. 이미 언급한 것처럼 미국이 다양한 모델의 RG-31 2천 대 미만을 도입했다(대부분 제너럴다이내믹스의 캐나다 생산라인에서, 일부는 미국에 소재한 BAE 시스템즈 시설에서 생산됨). 대량 구매처는 스페인(180대), 아랍에미리트(150대 미만), 캐나다(78대), 유엔이며, 추가로 10개국이 소량을 구매했다. 3.5t급 RG-32 스카우트(800대 이상이 생산되어 180대를 도입한 이집트를 포함해 일부가 수출됨)와 스웨덴에 공급된 4.5급 RG-32M은 구조적으로 RG-31의 경량형 모델이다. 9.5t급 RG 아웃라이더(Outrider; 아일랜드가 구매함)라는 모델도 있다. 이 밖에도 9t급 RG-12 경찰용 수송장갑차가 생산된다(14개국에 수출된 수백 대를 포함하여 720대 이상이 생산됨).

RG-33 계열은 BAE 시스템즈 랜드 시스템즈 남아공 법인의 차세대 지뢰방호 장갑차 모델이다. 미군을 위해 MRAP 사업으로 특별히 개발된 모델로, BAE 시스템즈 미국 법인에서 3천 대 미만이 생산되었다. 이 계열에는 RG-33(4×4, 중량 14t), RG-33L(6×6, 중량 22t)이 포함된다. RG-33L을 바탕으로 MMPV 지뢰제거차량이 개발되었고, 미군이 별도 사업으로 2008년 188대를 주문했다. 총 2,500대를 구매하기로 되어 있다. 2009년 신형 RG-35 계열이 BAE 시스템즈 랜드 시스템즈의 남아공 법인에 의해 공급되었다. 이 기종은 전투중량

18~35t, 4×4와 6×6 차륜형 모델로 제안된다. 20~25t RG-41(8×8) 장갑차는 MRAP급 장갑차량과 다축 차륜형 장갑차의 복합 체계로서 가장 최근에 개발 되었다. RG-35와 RG-41을 주문했다는 기록은 없다. 아랍에미리트 니므르 오 토모티브(Nimr Automotive)사는 RG-35 면허를 획득해 아랍에미리트 군용으로 N35[자이스(Jais)]라는 이름으로 생산한다.

BAE 시스템즈 랜드 시스템즈는 2004년 남아공군에 76mm 포를 장착 한 28t급 차륜형 장갑차인 루이카트(8×8) 공급을 완료했다(총 244대). 이후 105mm와 120mm 포를 장착한 모델이 수출형으로 제안된다. 이 밖에도 BAE 시스템즈 랜드 시스템즈의 남아공 법인은 'Iklwe'라는 이름으로 남아공의 구형 라텔(Ratel) 수송장갑차(6×6)에 방호력을 강화하여 개량한 모델을 시장에 내놓 았다.

지난 20년간 다른 남아공 회사들은 대지뢰방호력이 강화된 장갑차 개발에 뛰어들었다. 인티그레이티드 컨보이 프로텍션[Integrated Convoy Protection(ICP)] 사는 RG-31과 유사한 8t급 REVA 장갑차량을 독자적으로 개발하여 생산한다. 이라크(200대 이상), 예멘(112대), 태국(100대) 및 기타 국가에 공급되었고, 이라 크 민병대에서도 폭넓게 운용된다. 개량형까지 포함하여 총 800대 미만이 생 산되었다.

아머 테크놀로지 시스템즈(Armour Technology Systems)사는 이라크 민병대와 국제기구를 위해 오릭스(Orix 4×4, 6×6)와 스프링벅(Springbuck) 차량을 생산한 다. 이베마(Ivema)사는 길라(Gila, 4×4) 장갑차량을 생산하는데, 이 모델은 남아 공에서 생산되는 구형 카스퍼(Casspir)의 발전형이다. 남아공군, 유엔군과 아프 리카 8개국 군에 길라 일부가 공급되었다.

OTT 테크놀로지(Technology)사는 인도 트럭 차체를 이용해 MRAP급 M26- 15 푸마(8t급 67대가 케냐에 공급되었고, 최소한 2개국에 판매됨)와 푸마 M36 Mk5(중 량 14t)라는 저가형 모델을 생산한다.

모바일 랜드 시스템즈(Mobile Land Systems, MLS)사는 4×4 차륜형 카프리비

(Caprivi) Mk1 장갑차량을 개발했다. 적지 않은 물량 및 관련 기술을 중국에 판매했다.

남아공의 파라마운트그룹(Paramount Group)은 요르단의 KADDB 연구소와 함께 14.5t급 마로더(Marauder)와 마타도르(Matador, 4×4) 장갑차량을 개발했다. 2009년 체결된 계약에 따라 2015년까지 아제르바이잔에서 마로더와 마타도르가 조립되었다. 남아공, 요르단, 알제리에서 적지 않은 대수가 운용되며 여러 국가가 관심을 보이고 있다. 2015년부터 카자흐스탄에서 마로더[아를란(Arlan)]가 조립되고 있다. 또한 파라마운트그룹은 구조적으로 유사한 15t급 매버릭(Maverick) 장갑차량을 생산하는데, 여러 국가의 사법기관에서 구매했다. 27t급 6×6과 8×8 차륜형 음봄베(Mbombe) 수송장갑차가 파라마운트그룹의 최신 모델이다. 이 기종은 MRAP급 장갑차량과 다축 수송장갑차의 복합형이다. 이 회사는 카자흐스탄에서 음봄베 수송장갑차를 조립하는 계약(아일랜드를 위한 공급 물량이 포함됨)을 체결했다.

아랍에미리트

최근 아랍에미리트는 경장갑차량 생산국으로 떠오른다. 다수의 외국 및 다국적 기업이 아랍에미리트로 조립설비를 이전하거나 합작기업을 설립한다. 니므르 오토모티브사는 장갑차량을 생산하는 순수 아랍에미리트 기업이다. 이 회사는 정부투자회사인 타와준(Tawajun)에 의해 통제된다. 니므르 오토모티브사는 2005년부터 니므르(Nimr, 4×4) 경장갑차량을 자체 생산하기 시작했다. 이 모델[러시아에서는 '티그르(Tigr)'라는 이름으로 생산 및 개량됨]은 아랍에미리트의 주문에 따라 러시아의 GAZ사가 개발했으며, 아랍에미리트군을 위해 500대가 생산되었다. 니므르 오토모티브사는 지금까지 니므르 개량형을 다수 개발했고, 서방 전문가의 참여하에 전면 개량한 바 있다. 현재 니므르(4×4)는 아즈반(Ajban), 6×6 차륜형은 히페트(Hafeet)라는 이름으로 생산된다. 니므르 계열은 최소한 10여 개국에 판매되었고 알제리에서 조립되기도 한다.

2015년 아랍에미리트 공사(公社)인 에미리트 디펜스 테크놀로지스[Emirates Defense Technologies(EDT)]는 러시아에서 개발된 니므르를 주문함과 동시에 이 회사의 주문에 따라 티머니(Timoney)사가 개발한 28t급 8×8 차륜형 수송장갑차인 에니그마(Enigma) 장갑모듈전투차량[Armoured Modular Fighting Vehicle(AMFV)]을 공급했다. 이 모델은 처음에는 '니므르 8×8'이라는 이름으로 개발되었고 니므르 오토모티브사에서 양산하여 아랍에미리트군에 공급하는 것으로 제안되었으나, 사업이 진행되고 있다는 자료는 없다.

7. 포 및 미사일 체계

포병무기 체계의 발전 방향은 사거리 증가, 정밀유도포탄 및 첨단 자동화 화력통제 체계의 정착으로 요약된다. 이러한 방향은 상호 연관성이 있다. 정밀유도포탄과 신형 화력통제 체계의 사용으로 명중률이 향상되어 포병무기 체계의 작전반경이 획기적으로 확대되었다. 그런데 이러한 점은 포와 다연장의 재래식 탄도 이미 상당한 거리에서 발사하므로 의미가 퇴색되었다.

서방 주요 국가들은 1970~1980년대에 야포를 39구경 155mm 곡사포(일반탄은 최대 사거리 24km, 사거리 연장탄은 30km 미만)로 표준화한 후 1980년대 말에 45구경 155mm 포로, 이후에 52구경으로 교체했다. 이로써 일반탄은 사거리 30km 이상, 사거리 연장탄은 80km 이상 가능해졌다. 현재 52구경 155mm 포는 세계 포병의 새로운 표준장비로 자리 잡고 있다. 이로 인해 근래 추진되는 구매, 개량, 수출사업 다수가 이러한 표준과 연관되어 있다.

자주포에서는 152/155mm라는 새로운 세대가 등장했다. 이 자주포는 자동으로 장전되며, 그에 따라 발사속도가 빨라졌다. 첨단 화력통제 체계, 포병정찰 체계와 연계된 정보전송 및 중계 체계가 정착된 것이 자주포의 발전 경향이다. 앞으로는 전장 정보 네트워크로 연결될 것이다. 한편, 부대의 기동성에 대한 요구가 증가하면서 '자주포'라는 무기 체계는 운용에 따라 실제로는 중자주포(중량 25t 이상) 및 차륜형 차체를 자주 사용하는 더 가벼운 경자주포(중량 25t 미만)의 2종으로 구분하게 되었다. 경자주포가 더 활발하게 운용되는 것으로 보인다.

1991년 소련-미국 협정과 관련된 핵포탄 폐기와 정밀무기 개발로 인해 결국 155mm 이상 구경 포는 그 의미를 상실했다. 따라서 미국제(175mm M107과 203mm M110)와 소련제(203mm 2S7, 240mm 2S4) 대구경 포는 도태되고 더 이상 발전하지 않았다. 그에 따라 현대전에서 화력이 부족해졌으므로 152/155mm 구경보다 작은 105mm 자주포와 견인포는 쇠퇴하게 되었다. 105mm 자주포와 견인포를 다시 살리려는 시도가 있었지만, 개발과 판매는 줄어들고 있다. 현대 기술이 발전하면서 항공수송이 가능한 152/155mm 견인포(영국-미국의 M777)가 개발되어 이전의 105~122mm 경포를 성공적으로 교체했다.

해안용으로 특화된 포는 거의 개발되지 않는다. 화력통제 체계의 발전으로 해안포의 임무는 일반 장사거리 야전포에 부여되었다.

정밀유도포탄 성능 향상은 포병무기 체계 발전의 가장 중요한 요소다. 레이저로 유도하는 반능동 유도포탄의 뒤를 이어 위성항법으로 유도하는 더 간단하고 저렴한 '발사 후 망각(Fire & Forget)' 방식의 포탄이 자리 잡았다. 이러한 유도포탄의 사용이 늘어나면서 포와 다연장로켓에 혁신적인 영향을 주었다. 사거리 연장에 대한 제약은 거의 없어졌지만, 정찰 및 목표조준 거리에 의해 제한을 받는다. 유도포탄은 복합항법을 포함한 타 항법 체계를 사용하는 방향으로 발전한다.

한편, 항법 체계를 탑재한 다연장로켓이 등장했다. 이 다연장은 사거리에 따라 전술, 심지어 작전-전술 미사일 체계를 지원할 수 있다. 본질적으로 새로운 다연장 체계가 등장했다고 할 수 있다. 이 최신형 다연장은 세계 시장에서 그 성능으로 인해 수요가 많다. 더 강력하고 장사거리인 더 큰 구경 체계로 발전하는 것이 주요 경향이다. 하지만 122~160mm 구경 다연장은 운용국 숫자와 가격을 고려하면 앞으로도 오랫동안 운용될 것이다.

소련의 노아(Nona)급과 같이 일반포와 박격포로 병행 운용이 가능한 체계와 강선포 확대, 사거리 증가, 자동 장전되고 사격속도가 증가한 자주박격포 체계가 120mm 이상 구경 박격포의 발전 방향이다. 81/82mm 박격포는 보병무기 체계로서 아직도 유용하다. 마찬가지로 이 박격포도 사거리 증가 사업이 진행되고 있다. 50~60mm 구경 박격포는 유탄발사기 운용이 늘어나면서 더 이상 가치가 없어졌다.

거의 모든 국가에서 신형 장갑차량 구매사업이 진행되는 점과 관련하여 차세대 120mm 자주박격포 개발과 생산이 활발해지고 있다고 할 수 있다. 기계화부대가 신형 보병장갑차과 수송장갑차와 함께 운용되도록 대대급에 신형 120mm 자주박격포가 함께 배치된다.

미국

2000년 이후 미국은 FCS(Future Combat System)라는 네트워크 중심 사업의 일환으로 신형 포병무기 체계 개발이 진행되었다. 이 사업에 따라 개발된 경궤도형 단일 차체를 기본으로 여러 장갑차량을 개발하게 되었다. 이 중 BAE 시스템즈는 고도로 자동화된 155mm/38 궤도형 자주포 XM1203 NLOS-C와 120mm 후(後)장전식 자주박격포인 XM1204 NLOS-M을 개발했다. 21t급 NLOS-C(일반탄 최대 사거리 30km 미만)는 2003년부터 시험을 진행했다. 그러나 2009년 초 FCS 사업이 취소되면서 이 사업들도 중단되었다.

XM1203 자주포 개발이 중단된 이후 미 육군은 유나이티드 디펜스사(현재는 BAE 시스템즈에 편입됨)가 생산하다가 1998년 생산이 중단된 155mm M109 계열 자주포를 M109A7로 개량하는데 집중하여 수 차례 개량했다. 새로운 포탑(155mm/39 구경 포는 유지함)을 설치하는 방법으로 미 육군의 M109를 M109A6 팔라딘(Paladin)으로 개량하는 사업은 2002년 종료되었다. 고도로 자동화된 155mm/56 중(重)자주포인 XM2001 크루세이더(Crusader) 개발 사업이 중단된 후에 대신 M109A6 포탑을 새로운 차체에 설치하는 방법으로 기존의 M109A6을 M109A7로 개량하는 PIM(Paladin Integrated Management) 사업에 새롭게 착수했다. 이 차체는 BAE 시스템즈가 M2 보병전투장갑차 차체를 이용하여 개발했다. M109A7 양산형은 2015년 공급되기 시작했다. M109A7 총 580문을 개량하고 같은 차체를 기반으로 M992A3 탄약운반장갑차를 동일 수량으로 생산할 계획이다. 155mm/52 구경 포를 사용하는 M109 자주포가 '인터내셔널 호이저(International Howitzer)'라는 이름으로 수출이 제안된다. 동시에 미 육군이 보유하던 이전 모델인 M109A5는 낮은 가격 또는 무상으로 계속해서 양도된다(지난 몇 년 동안 이 자주포는 브라질, 이집트, 이라크, 파키스탄 및 칠레에 이전됨). 2017년 사우디아라비아는 M109A6 180문을 주문했는데, 포탑은 신규 제작될 예정이다.

경량 견인포 분야에서는 BAE 시스템즈가 영국과 미국에 소재한 자사 공장에서 155mm/39 M777 견인포를 생산한다(중량 4.2t, 사거리 24.7km 미만). 현재는 첨단 화력통제 장비를 장착한 M777A2 모델이 생산되고 있다. 이 견인포는 미군에 공급되며(1,001문 주문) 호주(54문), 캐나다(37문), 사우디아라비아(70문)가 구매했다. 최근에는 인도가 145문을 주문했다. M777은 세계적으로 유망한 경량 견인포로 평가된다.

록히드마틴사는 이미 수출용으로 227mm M270 MLRS 다연장을 생산하고 있었다. 이 장비는 16개국에서 전력화되어 있고, 서유럽과 일본에서 면허생산한 바 있다. 궤도형 차체를 사용하는 표준형 MLRS는 2005년 이집트에서 마지막으로 생산되었다. 2006년부터는 사거리 70km 미만, 위성항법으로 유도되는 정밀로켓을 사용하는 록히드마틴의 GMLRS가 전력화되었다. 2011년부터 사거리 120km 미만, 반능동 레이저 유도식 로켓을 사용하는 GMLRS+가 생산되기 시작했다. GMLRS 로켓을 사용하고 차량에 6기 장착용 발사대를 탑재한 신형 경량 다연장인 M142 HIMARS가 개발되어 2005년부터 미 육군이 운용하고 있다. 현재까지 HIMARS 400문을 미군용으로 주문했다. 아랍에미리트

(20문), 싱가포르(18문), 요르단(12문), 카타르(7문)가 구매했고 2017년 폴란드와 루마니아가 주문했다. HIMARS 체계는 앞으로 전 세계적으로 상당한 수요가 예상된다. 사거리 300km 미만, 미국 주력 ATACMS 작전-전술 미사일을 발사할 수 있다는 점이 MLRS와 HIMARS의 강력한 장점이다.

레이시온사가 BAE 시스템즈 보포스(Bofors)사와 공동으로 개발한 GPS 로 유도되는 155mm M982 엑스칼리버(Excalibur) 사거리 연장 스마트탄은 미국의 주력 신형 유도포탄이다. 2007년부터 전력화되어 있고, 지속하여 성능이 개량되고 있다. 호주, 독일, 캐나다. 네덜란드, 노르웨이, 스웨덴이 이미 이 포탄을 구매했다. 레이저 유도방식이 추가된 M982 모델이 개발되었다. 일반 155mm 포탄에 신관을 장착하는 대신 GPS 유도 모듈을 탑재한 저가형 155mm 포탄인 XM1156 PGK(Precision Guidance Kit)가 알리안트 테크시스템즈 [Alliant Techsystems(ATK)]에 의해 개발되었다. 2015년부터 PGK가 공급되기 시작했고, 호주가 주문했다. 미국에서는 GPS로 유도되는 다양한 유도포탄이 개발 중이다. 여기에는 GPS 유도식 ATK 세이버(Saber) 155mm 포탄, GPS 유도식 120mm MRM 포탄, 60mm ODAM 포탄, 레이저 반능동 유도식 120mm XM935 PGMM 포탄(2010년부터 제한적으로 구매됨)이 포함된다.

독일

크라우스마파이 베그만(KMW)과 라인메탈사가 공동 생산한 궤도식 56t급 155mm/52 PzH 2000 자주포 186문을 독일군에 공급하는 사업이 2002년 종료되었다. 자동장전시스템, 모듈식 장전, 첨단자동화 사격통제장비, 기타 최신 장비를 갖춘 PzH 2000 자주포는 동급에서 가장 우수하다고 평가된다. 일반포탄의 사거리는 30km, 램제트(ramjet)탄은 40km, 사거리연장탄은 56km다. PzH 2000은 그리스(24문), 카타르(24문), 네덜란드(57문), 이탈리아(2문, 추가로 68문이 면허생산됨)에 공급되었으며, 몇몇 국가에서도 대상 기종으로 고려된다. 2015년 크로아티아와 리투아니아는 독일군이 보유한 자주포 중에서 각각 12문과 16문을 획득했다.

KMW사는 M270 MLRS 다연장 궤도식 차체에 PzH 2000 포탑을 설치한 경량형 27t급 AGM[도나(Donar)] 자주포를 개발했다. 독일군이 31문을 구매할 계획이고, 이스라엘도 획득에 관심을 보인다. 다양한 차륜형 차체(복서 수송장갑차 포함)에 포신이 긴 39구경 포를 설치한 모델도 개발된다.

라인메탈사는 자사의 비젤 2 상륙장갑차 차체에 경량인 4.5t급 120mm 후(後)장전식 자주박격포를 탑재한 모델을 개발했다. 독일군은 38문을 구매할 계획이었으나 2011년 단 8문만 공급되었다. 국방예산 부족으로 나머지 물량의 공급은 미지수다.

독일의 포탄 중 라인메탈과 딜(Diehl)사가 2003년부터 생산하는 155mm DM702 스마트(Smart)탄을 짚고 넘어가야 한다. 이 포탄은 유도포탄으로 2개의 자탄이 있다. 독일군 및 영국, 스위스, 그리스, 호주, 아랍에미리트가 구매했다.

프랑스

프랑스의 주력 포병무기 체계로는 넥스터 시스템즈사가 개발해 2007년부터 생산되는 155mm/52 세자르(CAESAR) 자주포가 있다. 다양한 형태(6×6)의 차량 차체를 이용하며, 서방에서 개발된 경자주포 중 처음으로 양산되었다. 이 자주포는 프랑스 육군(77문, 추가로 64문 공급 계획)에 공급되었고, 사우디아라비아(132문), 인도네시아(55문), 태국(6문)이 도입했으며 덴마크(15문)도 주문했다. 여러 국가의 입찰에도 참가한다. 세자르 표준형은 르노 트럭 디펜스(Renault Trucks Defense) 셰르파(Sherpa) 5 차량에 탑재된다. 그러나 사우디아라비아용은 유니목(Unimog) U5000 차체로 공급된다. 덴마크는 타트라(Tatra) T815 차체로 주문했다.

넥스터사는 세자르의 견인형 모델로서 155mm/52 트라잔(Trajan) 포를 개발해 2012년 공개했다. 또한 수출형 모델로서 LG1 Mk Ⅱ 105mm 경견인포를 제안했으며, 지난 20년간 7개국이 구매했다.

유럽 국가

유명한 스웨덴 155mm/39 보포스 FH-77 견인포의 상업적 성공에 이어 BAE 시스템즈 보포스사는 포신이 긴 45구경 FH-77BD 모델과 포신이 긴 52구경 FH-77B05 L52 모델을 세계 시장에 제안한다. 가장 유망한 시장인 인도는 FH-77B 410문을 구매했다. BAE 시스템즈사는 스웨덴 육군을 위해 FH-77B05 L52 포를 기본으로 차륜형 차체 볼보(6×6)를 활용하여 자동장전 장치가 장착된 독자 모델 33.5t급 155mm/52 아처(Archer) 자주포를 개발했다. 스웨덴 육군용으로 24문, 노르웨이 육군용으로 24문을 공급할 계획이다. 그러나 노르웨이는 개발 지연과 기술적 문제로 인해 아처 획득을 포기했다. 스웨덴 육군도 2013년에야 양산 전 생산분 4문을 인수했다. 양산 물량 공급은 2016년부터 진행된다.

핀란드의 탐펠라(Tampella)사[1991년부터 바마스(Vammas)사, 1997년부터 포 생산은 파트리아(Patria)그룹으로 넘어감]는 1950년대부터 포병무기 체계 발전에 지대한 공헌을 했다. 이 업체는 다양한 포병무기 체계를 개발했다. 이 장비들이 여러 나라에서 전력화되었고, 이스라엘 대다수 포 개발의 모체가 되었다. 이 업체는 소련과 독일의 포병무기 체계를 개량하기도 했다. 1990년대부터 견인이 가능한 155mm/52 155GH 52APU 견인포(핀란드 제식명 155K98)가 개발되었다. 2003년까지 핀란드 육군에 56문이 공급되었다. 생산면허가 이집트에 판매되었지만, 정작 이집트에서는 생산되지 않았다.

세계적으로 큰 관심을 불러일으킨 120mm 쌍열 자동박격포인 AMOS는 파트리아가 개발한 최신형 모델이다. 이 박격포는 장갑차량과 소형함정에 장착하기 위해 개발되었다. 핀란드 육군은 2014년부터 파트리아 AMV 수송장갑차 차체에 탑재한 AMOS 체계 18문을 인수했다. 그러나 스웨덴 육군은 AMOS 구매를 거부했다. AMOS 체계를 완성하는 데 심각한 어려움이 있다고 추측할 수 있다. 따라서 현재 파트리아사는 자사가 개발한 AMOS의 단포신이 모델인 120mm NEMO 자동박격포 마케팅에 역량을 집중하고 있다. 파트리아 AMV 수송장갑차 차체에 장착한 NEMO를 구매한 첫 번째 국가는 슬로베니아다. 하지만 슬로베니아가 파트리아 AMV 수송장갑차를 추가 구매하지 않기로 하여 후속 계약은 없다. LAV-II 장갑차에 장착하기 위한 NEMO 36문은 사우디아라비아가 주문했으며, 함정 장착용은 아랍에미리트가 구매했다.

스위스 RUAG사는 요즘에는 독특하게 생각되는, 자동 장전되는 스위스 요새용 포인 155mm/52 바이슨(Bison: 1993년부터 스위스군에 24문이 공급됨)과 120mm 자동 후(後)장전식 쌍열 박격포(양산됨)를 개발한 업체다. 120mm 쌍열 박격포를 기반으로 120mm 단열 박격포 빅혼(Bighorn)이 장갑차 탑재용으로 개발되었고, 여러 국가가 구매했다.

체코슬로바키아 ZTS사(현재의 슬로바키아 ZTS-ŠPECIÁL사)는 1977년부터 1990년까지 차륜형 차체(8×8)를 이용한 것으로 유명한 다나(Dana) 155mm/36 자주포를 생산했다. 총 672문이 제작되어 일부를 소련(120문), 폴란드(111문), 리투아니아(5문)가 구매했다. 1990년대에 다나를 기반으로 152mm/47 온다바(Ondava)와 155mm/45 주자나(Zuzana) 모델이 개발되었다. 2000년대 이후 개발된 M2000 주자나 자주포는 슬로바키아 육군(16문), 키프로스(그리스를 통해 12문)에 공급되었다.

이 자주포의 개량형인 52구경 모델이 수출형으로 개발되었다. 최근 슬로바키아 회사인 KONSTRUKTA-디펜스사는 '주자나 2'라는 이름으로 155mm/52 자동화 모델을 개발했다. 2018년 슬로바키아군이 25문을 주문했다. 주자나와 주자나 2 포탑은 T-72 전차[히말라야(Himalaya) 모델] 및 폴란드 궤도식 차체인 UPG-NG[다이아나(Diana) 모델] 등 다양한 차체에 탑재가 가능하다고 홍보한다. 2015년 KONSTRUKTA-디펜스사는 6×6 및 8×8 차량 차체에 주자나 2 포탑을 장착한 155mm/52 경량 자주포인 EVA를 선보였다.

체코군이 보유한 다나 자주포는 2009년까지 조지아에 공급되었다. 2017년부터 아제르바이잔은 체코의 체코슬로바크그룹[Czechoslovak Group; 구 엑스칼리버 그룹(Excalibur Group)]에 의해 다나 M1 CZ 수준까지 개량된 다나 36문를 획득했다.

독일 딜사의 참여하에 2005년부터 슬로바키아군을 위해 체코슬로비키아에서 생산된 122mm RM-70 다연장로켓 차량이 MORAK으로 개량되었다. 122mm 로켓 또는 미국 227mm MLRS 다연장로켓 6기를 발사하기 위한 모듈로 교체되었다. 체코슬로바크그룹은 체코와 슬로바키아군이 보유하던 표준형 및 개량형 RM-70 뱀파이어(Vampire) RM-70 다연장로켓 시스템 수출을 활발하게 추진한다(개량형은 아제르바이잔과 인도네시아가 구매함).

세르비아에서는 152mm/40 M-84 NORA 견인포를 기반으로 차량 차체(8×8)를 활용한 155mm/45와 155mm/52 NORA B-52 자주식 모델이 2003년부터 수출용으로 개발되어 지속적으로 개량된다. KamAZ-63501 차체를 이용한 155mm/52 NORA B-52 자주포는 미얀마(36문 이상), 방글라데시(18문), 케냐(30문)가 획득했고, 세르비아와 알제리 육군이 주문했다. 2017년에는 타트라(8×8) 차체를 이용해 신형 155mm/52 자동화 자주포인 알렉산더(Aleksandar)를 선보였다. 122mm D-30 포와 6×6 차량 차체를 이용해 SORA 자주포를 개발했다. 차량에 탑재한 유고슬라비아의 105mm M-56이 제안된다.

폴란드에 있는 후토바 스탈로바 볼라[Hutowa Stalowa Wola(HSW)] 공장은 폴란드 육군의 요구에 따라 50t급 궤도식 크랍(Krab) 자주포를 개발했다. 처음에 이 자주포는 부마르 와벤디 공장이 특별히 개발한 UPG-NG 차체를 사용했고, 거기에 BAE 시스템즈사가 개발한 영국 AS90의 포탑을 장착했다. 포는 프랑스(넥스터) 또는 독일(라인메탈) 155mm/52 곡사포가 사용된다. 폴란드 육군은 크랍 24문을 주문했고, 1차분 8문은 2012년 공급되었다. 그러나 크랍 추가 도입분(총 120문을 도입하기로 되어 있음)은 한국에서 구입(이후에는 면허생산된)한 K9 자주포 차체를 사용하기로 결정했다. 이 새로운 크랍 자주포의 초도양산 16문은 2018년까지 공급되었다.

2014년 HSW는 차륜형 크릴(Kryl) 자주포를 선보였다. 이 자주포는 6×6 차륜형의 폴란드 엘츠(Jelcz) 663.32 장갑차체와 이스라엘의 엘빗(Elbit) ATMOS 2000 자주포의 155mm/52 포를 이용한다. 폴란드 육군은 크릴 24문을 주문하려고 한다.

HSW사는 120mm 후(後)장착식 자주 박격포인 락(Rak)을 개발했고(2016년부터 파트리아 AMV 수송장갑차 차체를 이용하며, 폴란드군을 위해 생산을 시작함, 96대 주문), 폴란드군이 보유한 BM-21 '그라드(Grad)' 다연장을 WR-40 랑구스타(Langusta, 75문)로 개량했다. 사거리가 더 긴 WR-300 호마(Homar) 다연장이 개발되었으며, 미국 록히드마틴의 GMLRS+ 227mm 유도로켓이 사용된다.

루마니아는 2000년 이후 이스라엘 연구진과 함께 다수의 포병무기 체계를 개발했다. 에어로스타(Aerostar)사는 차량 차체(6×6)를 이용하여 155mm/52 ATROM 자주포를 공급했는데, 이 기종이 바로 이스라엘 솔탐(Soltam) ATMOS-2000 자주포 모델이다. 그러나 ATROM 자주포는 주문으로까지 이어지지는 못했다. 에어로스타사는 또한 2004년 루마니아 육군을 위해 APRA-40 다연장(그라드의 루마니아형 모델)을 LAROM-160(GradLAR)으로 개량한다. 이 모델은 AccuLAR 유도로켓을 포함해 120mm 또는 이스라엘 IMI LAR-160의 160mm 로켓 컨테이너형 모듈을 운용할 수 있다. GradLAR 여러 문이 2007년 조지아에 공급되었다.

이스라엘

이스라엘은 최첨단 포병무기 체계를 개발하는 선두그룹 국가에 속해 있다. 솔탐 시스템즈사는 1960년대 핀란드 탐펠라사로부터 155mm/33 곡사포 및 60, 81, 120, 160mm 박격포 면허를 받은 후 상당수를 자사 모델로 개발한 다음 지속적으로 발전시켰다. 1990년대부터 솔탐사(2010년부터 이스라엘의 엘빗 시스템즈사에 편입됨)는 이동이 가능한 TIG-2000 155mm 견인포를 마케팅하고 있다. 이 견인포에 39, 45. 52구경 장 포신이 사용되었을 것이다. 슬로베니아, 카메룬, 우간다에 18문씩, 보츠와나에 12문이 공급되었다. 이 포를 기반으로 자동장전이 가능한 개량형 ATHOS-2052와 차량 차체를 이용한 자주포인 ATMOS-2000이 개발되었다(6×6 또는 8×8). ATMOS-2000 자주포는 아제르바이잔(5문), 카메룬(18문), 태국(19문) 및 소량(12문 미만)이 보츠와나, 르완다, 우간다에 공급되었다. 지금은 엘빗 시스템즈사의 주문에 따라 고도로 자동화된 155mm/52 신형 자주포가 개발되어 시험단계에 있다.

솔탐사는 구형 M114 곡사포와 소련의 M-46 130mm 포를 155mm/39 또는 155mm/45 포로 교체하는 제안을 한다. 또한 M-46을 개량하는 사업(M-46S)이 인도에서 진행된다.

솔탐사는 1970년대부터 52~160mm 구경 박격포를 시장에 가장 많이 공급하는 회사다. 이 박격포들은 많은 국가에 수출되었다. K6 120mm 박격포는 1990년대부터 M120/M121라는 제식명으로 미군에 전력화되었다. 현재 솔탐사는 대전차로켓 운용과 선회가 가능한 신형 CARDOM 120mm 박격포를 생산한다. 이 박격포는 자동화된 사격통제장치가 있으며, 다양한 차체에 설치하는 것이 가능하다. 이 체계는 이스라엘(M113 수송장갑차에 탑재), 미 육군(스트라이커 전투장갑차) 및 포르투갈, 아제르바이잔 등에서 구매했다. CARDOM을 기반으로 견인형인 CARDOM-T와 경차량형인 ADAMS도 제안된다.

이스라엘의 이스라엘 밀리터리 인더스트리사(IMI, 2018년 엘빗 시스템즈사가 소유하게 됨)는 자사의 모듈식 160mm 다연장 체계인 LAR-160을 수출용으로 계속 생산한다. 2000년 이후에 루마니아와 조지아가 구매했다. IMI는 저가의 TCS 무선유도 체계를 개발했다. 이 체계는 거의 모든 다연장 체계에 설치할 수 있다. 2003년부터 TCS는 이스라엘 육군의 MLRS 다연장에 장착되었다. 현재는 LAR-160 다연장을 위한 초정밀 AccuLAR 로켓(루마니아가 획득함)과 '그라드(Grad)'를 위한 개량형 122mm 로켓이 해외 고객에게 제안된다. 모듈형 링스(Lynx) 다연장은 IMI가 개발한 신형 수출형 모델이다. '그라드'의 122mm 로켓 발사대, LAR-160 160mm 로켓 발사대와 이스라엘 장거리 유도로켓인

EXTRA를 사용할 수 있다. 링스 다연장은 카자흐스탄(18문)과 아제르바이잔에 공급되었다.

IAI와 IMI사는 지난 10년간 공동으로 고체연료를 사용하는 몇몇 정밀 작전-전술 로켓을 개발했다. 이 로켓은 주로 위성 유도방식의 항법 체계를 사용한다. 이러한 로켓으로는 LORA(사거리 400km 미만, 주문국은 미상), EXTRA와 슈퍼 EXTRA(사거리 150km와 200km, MLRS 다연장 또는 다른 복합 발사대에 적용 가능함)가 있다. 아제르바이잔이 첫 LORA 구매국으로, 2017년부터 인도되었다. 범용 링스 다연장의 일부로서 많지 않은 EXTRA 세트가 카자흐스탄, 아제르바이잔, 베트남 연안 방어군(견인형 발사대에 운용하기 위해)에 공급되었다. 기타 다수 국가에도 공급되었을 가능성이 있다. 이스라엘군은 LORA와 EXTRA 체계 구매를 계획하고 있다.

IMI는 120mm 유도박격포인 LMGB(레이저 반능동유도)와 퓨어 하트(Pure Heart: 레이저 반능동유도와 위성유도 방식 결합)를 개발했다. 퓨어 하트는 미국 시장에 진출했다.

기타 국가

터키의 MKEK사는 2002년부터 터키군용으로 이동이 가능한 155mm/52 견인형 곡사포인 팬터(Panter)를 생산한다. 이 포는 싱가포르 FH-2000 곡사포를 기반으로 개발되었다. 총 400문 미만을 공급하기로 되어 있다. 구매 및 생산면허를 통해 파키스탄에는 52문이 공급되었다.

터키군 전차공장인 MMSS는 MKEK와 함께 2004년부터 한국의 155mm/52 K-9 자주포 면허를 받아 T-155 피르티나(Firtina)라는 이름으로 자주포를 생산한다. 2018년까지 계획된 620문 중 350문이 제작되었다. T-155 피르티나 자주포는 활발하게 수출을 추진한다. 아제르바이잔이 36문을 도입하는 계약을 체결했다. 2014년부터 터키 육군을 위해 동일한 차체를 사용하는 FAARV 탄약운반차(한국 K10 탄약운반차의 면허생산 형임)의 양산을 시작했다.

터키 로켓산(Roketsan)사는 중국의 도움을 받아 터키 육군을 위해 107mm TR-107, 122mm TR-122, 302mm TR-300 카시가(Kasirga)의 다연장 3종을 개발 및 생산하여(TR-300은 중국의 장거리 WS-1B 로켓의 면허생산품임) 활발하게 수출을 추진한다(예: 아랍에미리트와 아제르바이잔). 여러 국가(아랍에미리트 포함)에 수출된 독자적으로 개발한 122mm 장거리(40km 미만) 로켓이 생산되었다. 아제르바이잔에는 로켓산 T-122/300 모듈형 다연장이 공급되기 시작했다. 이 다연장은 KamAZ-63502 차체를 사용하며 122mm 로켓산 TR-122 로켓을 사용하는 발사관 20개형 모듈, 302mm 로켓산 TR-300 및 이스라엘 IAI EXTRA 유도로켓을 운용한다.

남아공 데넬사는 155mm/45 견인 곡사포 G5로 유명하다. 이 곡사포는 제법 알려진 캐나다의 스페이스 리서치 코퍼레이션(Space Research Corporation)사의 고탄도 곡사포(수출되어 벨기에에서는 'GC-45'라는 이름으로, 오스트리아에서는 NORICUM사가 'GHN-45'라는 이름으로 생산함)를 기반으로 개발되었다. 이 곡사포를 생산하기 위해 가스터빈을 이용하여 사거리가 향상된 연장탄이 사용되었다. G5는 남아공, 이라크, 이란, 카타르, 칠레, 우간다에 공급되었다. 2002년 말레이시아에 공급된 22문이 마지막 실적이다. 그리고 52구경 G5-52 모델의 수출을 추진했다. 이 모델을 기초로 차량 차체(8×8)를 사용한 T5 콘도르(Condor) 자주형이 개발되었다. 이 두 모델은 인도에서 시험을 거쳤다.

차륜형 장갑차체(6×6)를 기반으로 한 47t급 G6 자주 곡사포는 남아공군이 운용하는 G5의 자주형 모델이다. 이 모델은 1990년대에 아랍에미리트(78문)와 오만(24대)에 공급되었다. 최근 52구경 장포신 G6-52 모델에 대해 마케팅을 하고 있다. 데넬사는 독일 라인메탈사와 함께 'RWG-52'라는 이름으로 G6-52 개량형을 개발했다. 또한, 다양한 차체에 탑재하기 위해 G6 자주포 포탑만 'T6'라는 이름으로 별도 제안한다. 이 포탑은 인도 브힘(Bhim) 자주포를 위해 선정되었지만, 인도 측의 사업계획은 불확실하다.

최근 데넬사는 105mm/57 고탄도 견인포인 G7 LEO를 개발했다. 일반탄으로 사거리는 24km 미만이다. 이 견인포는 미국 시장에 진출한다. 제너럴다이내믹스사와 함께 곡사포의 포와 LAV-Ⅲ(8×8) 차륜형 수송장갑차 차체를 사용하여 16t급 경자주포인 SPAG가 개발되었다. 이 체계는 다수 국가의 군이 관심을 갖고 있지만, 지금까지 수주 실적은 없다.

인도에서는 군이 155mm/52 곡사포 3종(견인형, 경자주포형, 중자주포형)을 선정하는 사업이 20년도 넘게 진행되었다. 이미 인도 회사들이 56t 155mm/52 자주포인 브힘을 개발했다. 이 자주포는 인도의 아준 Mk1 전차 차체에 남아공 데넬사의 T6 포탑을 탑재했다. 그러나 아준 Mk1 전차가 오랫동안 완전하게 양산단계에 이르지 못하여 브힘 사업은 중단되었다. 여러 인도 회사가 외국 개발자들과 함께 차륜형 차체를 사용하는 155mm/52 자주포를 개발하는 사업을 진행 중이다.

인도군은 임시로 캐터펄트(Catapult) 2 자주포 40문을 주문했다. 이 모델은 2014년 처음 선보였고, 아준 Mk1 전차 차체에 소련 130mm M-46 포를 탑재했다.

2016년 인도 육군을 위해 한국의 155mm/52 K9 자주포가 최종 선정되었다. 2017년 인도 민간기업인 라센앤터보(Larsen & Tourbo)그룹은 K9 100문을 '바즈라(Vajra)'라는 이름으로 조립하여 납품하는 계약(50문 추가 옵션)을 체결했다. 앞으로 인도 육군은 155mm/52 자주포 1,500문 미만을 도입할 계획이다.

2018년 무렵에 인도 육군의 견인포로서 155mm/45 다누쉬(Dhanush) 곡사포가 선정되었다. 인도 국영기업인 OFB사가 개발한 이 기종은 실제로는 이전에 인도가 도입한 스웨덴 155mm/39 보포스 FH-77 곡사포의 복제 및 개량 모델이다. 앞으로 다누쉬 포신을 52구경까지 확장할 계획이다. 인도 육군은 다누쉬 114문을 선주문했는데, 앞으로 400문까지 획득할 것으로 보인다. 그러나 이 곡사포 개발은 지연되고 있다.

인도외 DRDO는 1980년대부터 214mm 피나카(Pinaka) 다연장을 개발 중이었지만, 계속 지연되고 있었다. 이 사업을 마무리하기 위해 이스라엘 IMI사가 참여하여 현재 400문이 생산되었다. 최초 모델은 사거리 40km 미만이고, 피나카Ⅱ는 사거리 60~65km다. 다연장에 'IMI TCS'라는 이스라엘 무선유도 체계를 장착할 계획이다.

중국은 세계에서 가장 많은 포병무기 체계를 생산하는 국가일 것이다. 중국은 다양한 포병무기 체계를 개발하여 생산 또는 수출용으로 제안한다. 그런데 이 중 적지 않은 모델이 소련(러시아)과 서방 무기 체계의 면허생산품 또는 불법복제품이다.

1950~1960년대에 소련의 면허를 받아 중국에서는 85mm D-44포(중국 제식명 56식), 122mm M-30(54식) 곡사포, 122mm D-74포(60식), 130mm M-46포(59식), 152mm D-1(54식), D-20(66식) 곡사포가 생산되었다. 후에 122mm D-30 곡사포(86식, 86식의 개량형 96식)가 복제되어 생산되었다. 지금은 아마도 D-30만 생산되어 여러 국가에 공급되는 것 같다. M-46을 기본으로 152mm/45 83식 포가 생산되었다. 사거리는 일반탄으로 30km에 달한다. 순수하게 중국이 개발한 152mm 포와 성능이 유사한 86식 포가 소량 생산되었다. 'GM-45'라는 이름으로 155mm/45 포를 이용한 M-46 개량형이 제안된다.

1989년부터 중국군을 위해 생산되는 차세대 포는 155mm/45 견인포인 89식(W88/89, PLL01, WA021)이다. 이 포는 오스트리아 NORICUM사로부터 획득한 GHN-45(캐나다 Space Research Corporation사의 설계를 기본으로 함) 포 자료를 기초로 개발되었다. 이 포는 알제리와 에티오피아에 수출되었다. 89식 모델은 52구경 'XP52'라는 이름으로 수출을 위해 제안된다. 지금 89식은 NORINCO사가 AH1(155mm/45)과 AH2(155mm/52)라는 이름으로 자주식 모델을 수출용으로 제안한다. 또 하나의 수출형으로는 203mm/45 견인포가 있지만, 주문한 국가는 없다.

중국이 독자 개발한 야포로는 122mm/45 83식 견인포가 있다. 이탈리아 105mm M56 산악용 포를 면허 없이 복제한 M-90 포가 수출용으로 제안된다. 2010년 NORINCO사가 선보인 새로운 체계로는 155mm/39 AH4 경견인포가 있다. 이 포는 영국-미국의 M777과 구조가 유사하다.

중국 자주포는 70식(WZ302) 122mm 자주포에서 시작되었다. 이 자주포는 63식 궤도형 수송장갑차 차체를 이용하고, 개방형 54식 곡사포를 설치한 모델이다. 85식 궤도형 장갑차 차체에 83식 122mm 곡사포를 이용한 포탑이 있는 자주포 소량이 양산되었다. 그런데 기본 양산 모델은 최근까지 생산된 20t급 122mm/32 89식 자주포(PZL89)다. 외형적으로는 소련의 2S1 '그보즈디카(Gvozdika)'와 유사하고, 수상운행이 가능한 궤도형 차체에 86식 곡사포를 포탑으로 이용한다.

89식 자주포는 500대 미만이 제작되었다. 2007년 NORINCO사가 선보인 6×6 차량 차체를 사용한 SH2 자주포가 122mm 차세대 자주포다(96식의 장포신을 사용함). 이 자주포를 기반으로 105mm 곡사포를 사용한 SH5가 수출형으로 제안된다. 122mm 96식 곡사포의 장포신이 신형 자주포 2종에 사용된다. 하나는 궤도형 차체를 사용하는 SH3 모델(르완다가 획득함)이고, 또 다른 하나는 8×8 차륜형 09식 신형 장갑차량을 기본으로 한 PLL09 모델이다. 폴리테크놀로지그룹이 6×6 차륜형 차체에 96식 122mm 곡사포를 탑재한 고유 모델을 제안했다. 중국 04식 신형 전투보병장갑차 차체를 이용한 122mm 07식 자주포(PLZ07)가 중국군에 배치되기 시작했다.

30t급 83식이 중국의 첫 152mm 자주포다. 이 포는 소련 2S3 '아카치야(Akatsya)' 자주포의 노골적인 복제품(복제품과 다름없음)으로, 66식 곡사포를 활용했다. 1990년까지 총 78문이 생산되었다. 이 자주포를 기반으로 89식 120mm 자주 대전차포(PZL89, 31문 생산)와 89식 122mm 다연장(PHZ89)이 일부 제작되었다. 그런 다음 89식 155mm/45 포와 개량형 차체(WZ321)를 이용하여 반자동 장전식 PLZ45 자주포가 수출용으로 처음 개발되었다. 이 체계는 쿠웨이트, 사우디아라비아, 알제리에 공급되었다. 중국군에도 PLZ45가 제한적으로 공급되었다.

05식 152mm/52 자주포(PLZ05, PLZ52)는 중국의 신형 자주포로, 새로 개발된 WZ123 차체에 러시아에서 면허를 받아 생산한 수출형 2S19M1 'Msta-S'의 포 부분을 탑재했다. 이 밖에도 NORINCO사는 89식 포를 기본으로 155mm/52포 및 6×6 차량 차체를 이용한 22t급 SH1 자주포를 제안한다. 몇 몇 소식통에 따르면 이 포는 특별히 파키스탄을 위해 개발되었다고 한다.

구형 107mm(63식 및 81식)와 130mm(63, 70, 82, 83 및 85식)는 중국군의 제식 다연장이다. 81, 83, 84, 89 및 90식은 소련의 BM-21 '그라드'의 복제품이며, 현재는 모듈식 122mm 다연장이 개발되고 있다. 107mm와 122mm 다연장과 로켓의 수출은 계속되고 있다. 대구경 다연장으로는 273mm 83식, 284mm 74식, 253mm 81식 및 87식 지뢰제거용 다연장이 있다. NORINCO사가 위 모델 전체를 홍보한다. 현재는 122mm 90식 외에도 273mm 8발사관형 WM-80(1999년 아르메니아가 4문 구매, 북한에도 공급되었음)과 사거리가 증가한 WM-120 및 425mm 지뢰제거용 모델에 대해서도 홍보가 진행 중이다. 국영 쓰촨항 공산업[Sichuan Aerospace Industry Corporation(SCAIC)]사에서도 다연장을 생산한다. 이 업체는 WS-1(320mm), WS-1B(302mm, 터키가 구매함), WS-2(400mm), WS-6 과 WS-15(122mm, 'Grad' 복제품), 지뢰제거용 WS-1D(252mm)를 제안한다.

러시아 300mm 9A52 '스메르치(Smerch)'의 면허생산 모델인 10발사관형 A100(CPMIEC사가 생산함)과 12발사관형 03식(PHL03, NORINCO사가 마케팅함)이 중국의 가장 최신형 다연장이다. 수출형으로 AR1(8발사관형), AR1A(10발사관형), AR2(12발사관형) 개량 모델이 제안된다. 베이징 바오롱 과학/기술개발회사 (Beijing Bao-Long Science & Technology Developing Incorporation)는 'ANGEL-120'이라는 이름으로 '스메르치'의 복제품인 8발사관형을 수출형으로 제안한다.

NORINCO사는 러시아의 '크라스노폴(Krasnopol)-M' 포탄의 중국 모델로, 레이저 반능동유도 방식의 155mm 유도포탄인 GP1과 120mm 유도 지뢰인 GP4를 생산 및 수출한다. 최근 몇 년 동안 여러 중국 회사가 다양한 형상과 구경의 유도포탄을 선보였지만, 양산은 불투명하다.

브라질에서는 아비브라스(Avibras)사가 자사의 유명한 범용 다연장인

ASTRO II를 지속하여 개량한다. 이 체계는 한때 다양한 구경(127mm, 180mm, 300mm/300mm는 3종 모두 사용함)의 로켓을 사용할 수 있는 세계 최초의 모듈식 체계였다. ASTRO II는 앞서 브라질 육군, 다음으로 앙골라, 바레인, 이라크, 사우디아라비아, 카타르에 공급되었다. 최근에는 말레이시아(54문)와 인도네시아(36문)에도 수출되었다. 기능이 더욱 다양해진 ASTRO 2020(Mk6) 모델도 개발되고 있다. 향후 이 체계로 사거리 300km 미만의 TM AV-300 차세대 순항미사일과 SS-AV-40 유도로켓을 운용할 수 있을 것이다. 2012년부터 브라질군이 ASTRO 2020 42문을 주문했다.

8. 대전차무기 체계

전 세계의 모든 군사 강국은 대전차무기 체계 성능을 지속적으로 개량하고 있다. 3세대 전차로 넘어가면서 전차의 방호력이 계속 강화되었고, 1세대, 2세대 전차 성능이 개량되고 능동방어가 정착되었으며, 1980년대부터 주력전차의 구조적 방호력이 고도로 강화되었다. 이러한 상황은 장갑과 포탄이 경쟁하게 만들었고, 대전차무기 체계의 장갑 관통력을 대폭 향상시켰으며, 결국 차세대 대전차무기 체계의 개발 필요성이 대두되었다.

야전에서 중장갑차량의 의미가 퇴색되었다고 하는 20세기 말, 21세기 초 최신 이론에도 불구하고 21세기 분쟁 사례는 대규모 전차 전력을 투입하는 시대가 지났어도 공격과 방어 시 보병에 대한 직접 화력지원의 주요 수단으로 전차의 역할이 여전히 중요하다는 점을 설득력 있게 보여준다. 그런데 상당히 증가한 전차의 방호력을 무력화해야 할 필요성이 대전차무기 체계가 1세대에서 2세대, 3세대로 발전하는 주요인이 되었다.

경장갑차 발전과 장갑화된 다수의 지뢰방호 차량의 등장은 대전차무기 체계 발전의 또 다른 이유가 되었다. 소총과 중기관총, 특정 상황에서 자동화된 포마저 현대 경장갑차를 무력화하기에는 부족했다. 따라서 대전차무기 체계에 경장갑차량을 제압하는 임무가 주어졌다. 그런데 현대 분쟁에서 자주식 대전차무기 체계는 부피가 크고 장갑 전력의 집중적인 공격을 받게 되는 전술적 문제점 때문에 사라지게 되었다.

따라서 1990년대 중반부터 말까지 주요 선진국 군은 휴대용 및 이동식 대전차미사일을 우선적으로 발전시켰으며, '발사 후 망각' 방식의 적외선 영상 유도 체계가 실질적인 표준이 되었다. 결과적으로 대전차무기 체계를 구매하는 다수의 국제입찰은 최근까지도 미국의 재블린(Javelin)과 이스라엘의 스파이크(Spike)의 경쟁으로 귀결된다. 현재는 프랑스의 MMP와 한국 및 기타 국가 모델 같은 유사 체계가 시장에 진입하고 있다. 레이저 유도 방식의 대전차무기 체계가 계속 발전하고 있으나 대부분 견인, 자주 또는 헬기 대전차무기 체계 같은 특수한 분야로 한정된다.

레이시온과 록히드마틴이 공동으로 개발하고 사거리가 2.5km에 이르는, 1996년 전력화된 FGM-148 재블린은 미 육군의 제식 휴대용 대전차무기 체계다. 이 체계는 '발사 후 망각' 방식의 적외선 영상 유도가 되는 세계 최초로 양산된 대전차무기였다. 대전차미사일은 직선 또는 위로부터 장갑화된 표적을 공격할 수 있다. 후폭풍이 적어서 엄폐된 장소에서도 발사가 가능하다. 구매국이 늘어날 수 없는 주요한 이유는 바로 높은 가격 때문이다. 또한 운용 중에 목표를 잘못 인식하는 오류가 나타나기도 했다. 그럼에도 서방 육군에서는 적외선 영상 유도방식이 대전차무기의 기본 축이 되었다. 그런데 레이시온사는 유선 또는 무선 유도방식에 더하여 사거리가 4.5km 미만으로 증가한 2세대 구형 TOW 대전차무기를 지속하여 대량 생산한다.

로켓에는 이중 및 고폭탄 그리고 폭발성형관통자 탄두가 사용된다. 2003년부터 미 해병대에서 운용하는 사거리 600m 미만 FGM-172 프레데터(Predator) SRAW 단거리 대전차 체계에서 사용되는 관성항법 유도 미사일에는 성형작약 탄두가 사용된다.

휴대용 및 이동식 대전차미사일 시장에서는 이스라엘이 주요 경쟁자다. 중거리(2.5km), 장거리(4km) 체계와 원거리 중형 모델인 댄디(Dandy, 8km) 같은 스파이크 계열이 가장 성공적이었다. 이들 미사일은 무인기에도 장착된다. 스파이크 개량형 모두 IIR급 적외선 유도방식이 적용된다. 4km와 8km 모델에는 광섬유케이블 유도방식이 추가된다. 이러한 점 때문에 재블린과 비교하면 스파이크가 전술 및 기술적으로 더 우수하다. 적외선 유도와 광섬유케이블 유도방식이 완벽하게 함께 적용된 미사일은 일본의 96식 MPMS(Multi-Purpose Missile System)이 유일하다. 다른 국가에서는 단가 상승을 우려해 이와 유사한 체계의 개발을 중단했다. 1998년부터 이스라엘 육군에 스파이크가 공급되고 있다. 라파엘사는 유럽 고객에게 공급하기 위해 2000년 독일에서 라인메탈을 비롯한 독일 업체들과 함께 유로스파이크(EuroSpike)라는 컨소시엄을 설립했다. 폴란드, 스페인, 싱가포르에서 면허생산된다.

그런데 3세대 무기 체계로 이동하는 전반적인 움직임에도 아직도 2세대 대전차무기 체계가 많이 운용된다. 가격 또한 저렴해 아직도 2세대 대전차무기 체계에 대한 수요가 지속적이다. 한편, 개량된 대다수 2세대 대전차미사일은 장갑 관통력에서 3세대와 대등할 뿐만 아니라 심지어 앞서기도 한다. 열 영상 조준경으로 인해 2세대 대전차무기는 주·야간 구분 없이 운용이 가능해졌다. 벙커나 요새화된 다른 목표를 파괴하기 위해 그리고 시가전에서 운용하기 위해 더 저렴한 고폭탄이나 열 압력탄이 중요한 기능을 한다.

대전차고폭탄을 추가하는 방법으로 대전차무기 체계의 다기능성이 향상되었고, 대전차무기 체계가 적의 공격 전력을 월등히 앞선다는 점이 성능 및 상업적 측면에서 대전차무기 체계가 발전하는 중요한 이유가 된다. 앞으로도 고폭탄과 대벙커용 탄두를 장착한 로켓과 유탄은 활발하게 개발될 것이다.

대전차용 유탄발사기 또한 발전할 것이다. 이것은 구형 유탄발사기(무엇보다 소련의 RPG-7) 탄에 대한 개량 가능성이 거의 사라지고 적외선 영상 유도방식을 사용하는 현대 대전차미사일 체계의 가격이 급등한 것과 관련이 있다. 따라서 유탄발사기는 근접전투에서 대전차용으로 충분히 매력적인 대안이 되었다. 공격용 등으로 운용하기 위해 (SRAW와 NLAW와 같이) 관성항법 미사일을 사용하는 체계는 단거리 대전차무기의 특징이 되었다.

한편, 대전차포는 전반적으로 발전하지 않는다. 가장 첨단 대전차포라고 할 수 있는 125mm '스프루트(Sprut-B)' 포는 무게가 6t이나 되었고, 전투상태로 전환하기 위해서는 몇 분이 소요된다. 전투 상황에서 위장하기도 어렵다. 경량 휴대용 대전차미사일이 이동성이 좋고, 위장성 면에서도 더 우수하다.

미국

미국은 첨단 대전차미사일 체계의 생산량과 수출에서 가장 앞선다. 이는 미군이 상당한 물량을 주문(이라크 및 아프가니스탄 작전 중에 고폭탄두를 포함한 대전차 유도탄을 다수 소모했기 때문임)했고, 여타 국가들이 TOW, 헬파이어(Helfire)와 재블린을 대규모로 구매했기 때문이다.

레이시온사는 미군에 대한 납품 및 수출을 위해 2세대 BGM-71 TOW 계열 대전차미사일을 지속하여 대량 생산한다. 45개국에서 전력화되어 있고, 65만 기가 제작되었다. 현재는 BGM-71E TOW-2A와 BGM-71F TOW-2B 모델이 생산되고 있다. 여기에는 이중탄두와 유·무선 반능동유도 방식이 사용된다. 또한 사거리가 4.5km 미만까지 확장된 TOW-2B도 생산된다. 2005년부터 폭발성형관통자와 고폭탄으로 이루어진 탄두가 장착된 유도탄이 생산되고 있다(BGM-71H). TOW NG가 새롭게 개발되었으나 어떤 상태인지 확인되지 않는다.

보잉과 록히드마틴이 공동으로 생산하며, 지속적으로 성능이 개량되는 AGM-114 헬파이어는 헬기의 기본무장이다. 미사일은 28개국이 구매했고, 약 12만 발이 제작되었다. 지금은 사거리 9km 미만의 헬파이어Ⅱ 계열이 생산되고 있다. 여기에는 레이저 유도방식의 AGM-115K와 P(대전차미사일), AGM114M과 R, T(고폭탄 및 성형파편고폭탄 탄두), AGM-114N(열압력탄두)가 있다. 아파치 롱보(Apache Longbow) 체계의 일부로 밀리미터 대역의 능동레이더 유도방식을 사용하는 AGM-114L도 운용된다. 헬파이어 II 는 미국의 공격용 무인기에서 운용되며, 최근에는 경정찰-공격 항공기에도 사용된다. 스웨덴과 노르웨이에서 헬파이어는 'RBS-17'이라는 이름으로 지상발사형 모델이 연안 방어 부대에서 운용된다.

레이시온과 록히드마틴이 공동 생산한 FGM-148 재블린 휴대용대전차미사일이 미 육군의 기본 대전차무기 체계다. 사정거리 2.5km 미만(사거리를 4km 미만으로 늘리는 작업이 진행됨) 재블린 체계는 1996년부터 전력화되어 있고, 세계 최초로 '발사 후 망각' 방식의 적외선 영상유도 체계를 탑재하여 양산한 모델이었다. 재블린은 18개국에서 운용하고 있고, 실질적으로 이스라엘의 스파이크와 함께 세계 대전차미사일 시장을 양분하고 있다. 2015년까지 5만 발을 생산하거나 주문을 받았다.

록히드마틴이 헬파이어 대전차미사일과 매버릭(Maverick) 항공용 미사일을 교체하기 위해 2007년 JAGM(Joint Air-to-Ground Missile)으로 명칭이 변경된 범용 AGM-169 JCM(Joint Common Missile)을 개발했다. 헬기용으로 운용하는 사거리 17km 미만의 미사일은 처음에는 IIR 적외선 유도, 레이저 유도, 밀리미터 대역의 능동레이더 유도라는 세 가지 방식이 적용될 계획이었다. 그러나 개발 과정에서 JAGM은 두 가지 유도방식(레이저 반능동 유도 및 밀리미터 대역의 능동레이더 유도)으로 변경되었다. 현재 최대 사거리는 8~10km까지 줄어들었다. JAGM은 개발이 지연되면서 2018년에야 양산이 시작되었다.

PAM(IIR 방식과 레이저 반능동 유도방식의 탄두, 사거리 40km 미만)과 LAM(레이저 반능동 유도 탄두, 30분간 선회대기 시 사거리 70km 미만)은 또 다른 미국의 신형 다목적 장거리 미사일 체계다. 이 미사일은 수직발사 범용 자주식 미사일 체계인 XM501 NLOS-LS를 위해 레이시온과 록히드마틴이 FCS 사업에 따라 공동으로 개발했다. 하지만 2009년 모든 사업이 중단되었다. 그 대신 록히드마틴은 현재 사거리가 같은 P44 차세대 미사일을 제안한다. 이 미사일은 위성유도 방식과 함께 JAGM의 세 가지 유도방식이 결합되어 있다.

FCS 사업에 따라 개발한 120mm 포를 탑재한 MCS 전투차량을 위해 제너럴다이내믹스와 레이시온사가 협력하여 두 가지 유도방식(IIR 적외선 영상유도 및 레이저 반능동 유도)이 사용되는 XM1111 MRM 전차용 유도미사일을 개발했다. 하지만 현재 사업 현황은 불분명하다. M1 계열 전차에 MRM이 탑재될 수 있다고 한다.

록히드마틴은 2007년 레이저 반능동 유도 탄두가 사용되는 CKEM 초음속 운동에너지 대전차미사일의 시제품 시험을 마쳤고, 이 분야의 연구개발을 지속한다. 2003년부터 미 해병대에서 일부 운용 중인 관성항법 유도방식의 폭발 성형관통자가 있는 FGM-172 SRAW(프레데터) 단거리(600km 미만) 대전차 체계는 또 다른 흥미로운 대전차 체계다. 미국의 DRS 테크놀로지사는 미 해병대를 위해 휴대가 가능하도록 특별히 경량화된(2.26kg) 휴대용 스파이크 대전차 미사일 체계를 개발했다. 사거리 4km 미만이며 전자광학 및 반능동 레이저 유도방식이 복합적으로 사용된다. 해상 및 항공용(무인기)으로 스파이크 미사일은 제한적으로 구매되기 시작했다.

유럽 국가

서유럽 유도탄 제작회사인 MBDA는 유선 반자동 유도방식의 2세대 대전차미사일 2종을 계속 생산한다. 이것은 이동식 및 헬기용 HOT(25개국 군을 위해 8만 5천 기가 생산됨)와 휴대용 MILAN(45개국에 36만 기)으로서 프랑스 에어로스파시알 미사일스(Aerospatiale Missiles)와 독일의 다임러벤츠 에어로스페이스 미사일 컴퍼니(Daimler-Benz Aerospace Missile Company: 이 회사들은 현재 MBDA로 편입됨)로 이루어진 유로미사일(Euromissile) 컨소시엄에 의해 개발되었다. MILAN은 인도에서 면허생산된다. 1990년대부터 HOT-3(사거리 4.3km 미만), MILAN-2T/3과 MILAN-3 계열이 생산되고 있다. 2007년 사거리 3km 미만, 특별히 강력한 이중탄두를 가진 MILAN ADT-ER 개발이 종료되었다. 이 미사일은 프랑스, 남아공, 리비아가 주문했다. MBDA는 1991년부터 생산되는 유선 반능동 유도방식의 단거리(600m) 에릭스(Eryx) 경량 휴대용대공미사일을 프랑스 육군에 지속적으로 공급한다. 에릭스는 6개국에 수출되었고, 총 5만 2천 기가 생산되었다.

1976년부터 영국, 프랑스, 독일은 IIR 적외선 탄두를 가진 TRIGAT 3세대 대전차미사일을 공동으로 개발했다. 이 체계는 3종(단거리, 중거리, 장거리)으로 개발되었고, 이들 국가가 운용하던 거의 모든 대전차미사일을 교체했다. 연구개발은 유로미사일 다이내믹 그룹(Euromissile Dynamic Group)이 수행했다(이 컨소시엄에 참여한 업체 중 딜 BGT 디펜스사를 제외하고 모두 MBDA에 편입됨). 완전한 시험평가 단계까지 갔지만, 참여국들이 양산을 위한 재원 투입을 거부하여 사업은 거의 중단된 것이나 다름없다. 독일만 헬기용 장거리(6km 미만) LR-TRIGAT 개발을 계속하기로 했다. 독일군은 타이거 공격헬기 장착용으로 독일명 'PARS 3 LR'로 불리는 이 미사일 680발을 MBDA에 주문했다(공급은 2012년 시작됨). 타이거 헬기를 도입한 다른 국가들(프랑스, 스페인, 호주)은 이 미사일을 구매하지 않기로 했다. 독일 외에 이 미사일의 전망은 불확실하지만, 인도가 관심을 보인다.

'EMM' 또는 'FSCM'으로 불리는 유럽 모듈형 차세대 소형 미사일이 영국, 프랑스, 스웨덴 국방부의 지원하에 MBDA, 스웨덴 사브 보포스 다이내믹스와 기타 영국 업체 연합에 의해 개발되었다. 이 미사일은 2020년 이후 전력화되며, 지상 및 항공용 대전차미사일 대다수를 교체할 것으로 예상된다. EMM(FSCM)은 다채널 탄두, 양방향 데이터 링크가 장착되며 사거리는 30km 미만이다.

프랑스군의 주문에 따라 MBDA사는 IIR 열영상/영상 유도식 탄두 및 광섬유-광학 복합 유도방식의 휴대용대전차미사일인 MMP(Missile Moyenne Portee)를 개발했다. 중량이 15kg인 이 미사일의 사정거리는 4km 미만이다. 2017년부터 공급이 시작되었고, 카타르가 이미 주문했다. 이와 함께 주로 장갑차 장착을 목적으로 'MHT'라고 불리는, 중량이 더 나가는 미사일이 개발되었다. MHT는 MMP와 유사한 탄두와 유도장치가 사용된다. 한편, 중량이 30kg인 이 미사일의 사거리는 8~10km 미만이다.

미국 헬파이어 미사일을 기반으로 영국 육군을 위해 항공용 브림스톤 (Brimstone) 대전차미사일이 2004년부터 MBDA 영국 법인에 의해 생산되었다. 사거리는 20km 미만(항공기에서 발사 시)이며, 밀리미터파 범위 레이더 유도부가 있다. 2010년부터 레이저 반능동 유도방식이 추가된 듀얼 모드 브림스톤 (Dual-Mode Brimstone) 모델이 생산되고 있다. 2015년부터 영국 육군에 브림스톤 2 미사일이 공급되기 시작했다. 이 미사일에는 성능이 한층 향상된 이중 유도방식이 사용되고, 항공기 발사 시 최대 사거리가 60km 이상이라고 알려져 있다. 브림스톤 수출이 활발하게 추진되는 가운데 사우디아라비아와 카타르가 주문했다. 이 미사일에 미국도 관심을 보인다.

탈레스그룹 영국 법인은 스웨덴의 사브 보포스 다이내믹스(사브그룹에 편입됨)와 함께 미국의 SRAW와 유사한 급의 관성유도 방식 근거리(600m) 휴대용 대전차미사일 체계인 RB-57을 개발했다. 2007년부터 탈레스사는 영국, 스웨덴, 핀란드 육군을 위해 NLAW를 생산한다. 그 외에도 여러 국가가 구매했다.

사브 보포스 다이내믹스는 유탄발사기를 계속 개발하고 생산한다. 이 분야에서 스웨덴은 전통적으로 선두그룹에 있다. 유명한 유탄발사기인 카를 구스타프(Carl Gustaf) M3 모델이 다량의 다양한 유탄발사기(지금은 11종에 달함)와 함께 예전처럼 양산된다. 2014년부터 티타늄으로 된 경량화 발사대를 사용하는 신형 카를 구스타프 M4가 생산된다. 개념적으로 완전히 새로운 울트라라이트 미사일(Ultra-Light Missile) M4가 개발된다고 알려져 있다. 이 미사일은 발사 전에 목표물을 인식하고 넓은 범위를 탐지하는 탄두가 있으며, 사거리 1.5~2km 미만이다. 전 세계적으로 인기가 높은 일회용 AT4 유탄발사기 생산이 계속되고 있다(미국에서는 'M136'이라는 이름으로 생산됨). 'AT8'이라고 부르는 대벙커용 AT4 모델도 개발된다.

독일의 다이내믹 노벨(Dynamit Nobel)사는 유탄발사기 개발에 선두를 달리는 세계적인 업체다. 1990년대부터 이 업체는 독일연방군을 위해 대구경 유탄을 사용하는 다회용 유탄발사기인 판저파우스트(Panzerfaust) 3을 생산한다. 여러 국가에서 구매했고, 스위스에서도 생산된다. 1999년 싱가포르의 주문에 따라 90mm 다회용 유탄발사기인 RGW90(Pzf 90) MATADOR가 개발 및 생산되었다. 수출도 추진되며 이스라엘에서도 생산된다. 2009년부터 대벙커용인 MATADOR-AS가 생산되어 독일 및 영국군이 구매했다. 또한 60mm 경량 유탄발사기인 RGW60도 개발된다.

스페인 인스탈라자(Instalaza)사는 인기를 얻은 일회용 90mm 유탄발사기인 C90(M3 계열)을 생산한다. 다양한 탄두를 사용할 수 있으며, 최소 20개국에서 전력화되어 있다. 100mm 알코탄(Alcotan)-100은 이 회사가 생산하는 다회용 유탄발사기다.

이스라엘

이스라엘은 대전차무기 생산에서 선도적인 국가다. 시장에서 점진적으로 성공을 거두며 입지를 굳혀가고 있다. 1980년대에 이스라엘 밀리터리 인더스트리(IMI)는 미국의 TOW 미사일 설계를 바탕으로 이동식 대전차미사일 체계인 MAPATS를 개발했고, 라틴아메리카 국가들과 에스토니아에 공급했다. 이 체계는 사거리 5km 미만이고, 레이저 유도방식이다. 이스라엘 항공우주산업(IAI)은 전에 없던 장거리(26km 미만) 자주 체계인 님로드[Nimrod; 발리스타(Ballista)]를 개발했다. 반능동 레이저 유도방식이며, 일부가 콜롬비아에 판매되었다. 님로드는 헬기 모델로도 시험되었다.

1980년대 초반에 라파엘사가 개발하고 끊임없이 개량되는 타무즈(Tamuz: 후에 스파이크-NLOS라는 이름으로 마케팅했음)는 이스라엘의 기본 장거리 대전차미사일 체계다. 처음으로 개량된 타무즈 미사일은 TV 유도탄두 및 반능동 유도체계가 장착된다. 후기형(MK4)은 적외선 영상 유도가 되며, 지령 유도되는 자동 체계가 적용된다. 사거리는 8~26km다. 이스라엘에서는 1980년대부터 오랫동안 비밀스럽게 개발된 체계가 자주식 발사대인 패어(Pare, M48 전차를 기반으로 하며 전차로 위장됨)와 바르델라(Bardelas: M113 수송장갑차를 기반으로)에서 운용된다. 지난 10년간 스파이크-NLOS는 영국['이그잭터(Exactor)'라는 이름으로 자주식 및 견인식 발사대를 운용함], 콜롬비아, 한국(이 두 나라는 헬기용으로 운용하려 함)이 도입했다.

라파엘사는 2010년부터 스파이크-NLOS Mk5를 생산하고 있다. 이 미사일은 영국의 참여하에 개발되었고, TV 유도 및 적외선 영상의 이중 유도장치가 장착되어 있으며, 무선으로 통제된다. 또한 성형작약탄 및 성형파편고폭탄 탄두가 장착된다. 스파이크-NLOS Mk5는 영국 및 이스라엘 육군에 공급되고, 수출이 활발하게 추진된다.

이미 라파엘은 이스라엘에서만 전력화되어 있는 미홀(Michol) 휴대용대전차미사일(사거리 10km 미만, 레이저 반능동 유도방식)을 생산한 바 있다. 이스라엘 특수전력을 위한 '미드라스(Midras)'라는 대전차미사일이 있다는 정보도 있다.

라파엘사가 개발한 스파이크 계열이 가장 성공을 거둔 이스라엘 대전차미사일이다. 1990년대부터 생산되는 이 미사일에는 스파이크-MR[이스라엘 및 미국명 길(Gill), 사거리 2.5km 미만], 스파이크-ER['댄디' 또는 '페라크 바(Perakh Bar)'라고 부름, 사거리 8km 미만], 스파이크-LR(Gomed, 4km 미만)이 포함된다. 언급된 모든 미사일에는 적외선 영상 유도방식이 사용되며, 광섬유케이블 조종 방식이 추가되었다. 유사 체계인 미국의 재블린과 비교하면 운용방식이 확실히 다양해졌다. 그런데 MR과 LR 모델은 서로 호환이 가능하고, 야전에서 광섬유케이블 유도 체계를 추가하는 방법으로 MR을 LR 모델로 바꿀 수도 있다. 스파이크-MR과 LR 휴대용 모델이 1998년부터 이스라엘군에서 전력화되었고, 이후 세계적으로 가장 많이 팔린 대전차미사일이 되었다. 이 미사일은 약 30개국이 도입했으며, 지금은 인도가 구매를 계획한다. 특별히 유럽국가를 위해 생산하고 공급하기 위해 라파엘사는 2000년 독일 STN 아틀라스 일렉트로닉(Atlas

Elektronik), 딜(Diehl), 라인메탈사와 함께 '유로스파이크'라는 컨소시엄을 설립했다. 스페인, 폴란드, 싱가포르에서 스파이크-LR이 면허생산된다.

스파이크-ER은 같은 유도방식을 사용하지만 본질적으로 다른, 더 무거운 (MR과 LR은 13kg인 데 비해 55kg) 미사일로서 이동식 및 헬기와 무인기에서 운용한다. 스파이크-ER은 이스라엘 공군에서 구매하며 스페인, 이탈리아, 콜롬비아, 루마니아, 핀란드, 칠레에 공급되었다. 2006년부터 경량 휴대용 모델인 스파이크-SR(미사일을 포함한 일회용 발사대 무게 9kg, 사거리 800m 미만)이 일부 양산 중이다.

이스라엘의 IAI사는 1998년부터 이스라엘군을 위해 레이저 유도방식의 120mm 전차용 유도미사일인 LAHAT를 생산한다. 105mm 모델은 수출형으로 제안된다. 120mm 미사일은 아준(Ajun) 전차용으로 인도가 구매했고, LAHAT는 여러 국가에서 많은 관심을 받고 있다. IAI는 이 미사일을 사정거리 8km 미만의 일반 대전차미사일과 장갑차(인도와 같이 잠재적 고객 중 한 곳을 위해 BMP-2용으로) 또는 헬기에서 유도 및 발사하도록 개량된 미사일로도 제안한다. '스카이보(SkyBow)'로 명명된 LAHAT 헬기 모델은 여러 보도대로 이스라엘 헬기와 무인기에서 운용되며 인도도 획득했다.

한국

한국은 2017년부터 LIG 넥스원(LG그룹 소속 회사)에서 국산 대전차미사일인 현궁(Raybolt, K-ATGM)을 양산하기 시작했다. 이 체계는 장갑차량 및 헬기 운용모델로 제안된다. 사우디아라비아가 도입했다.

기타 국가

터키 로켓산은 사거리 8km 미만의 UMTAS(Mizrak-U) 대전차미사일을 개발한다. 이 체계는 적외선 영상 및 TV 추적과 무선 유도방식이 결합되어 있다. 이 체계는 우선적으로 T129 공격헬기 장착용으로 개발되었지만, 장갑차에 장착될 계획이며 소량이 2015년부터 양산된다. 지상 이동식 대전차미사일인 OMTAS는 로켓산의 또 다른 개발품이다. 사거리 4km 미만이며, 적외선 영상 유도장치가 장착된다. 이 체계는 아직 개발 단계에 있다.

세르비아에서는 1990년대에 붐바르[Bumbar; 범블비(Bumble Bee)] 휴대용대공미사일이 세르비아 방산연구소에 의해 개발되었고, 얼마 전부터 일부가 생산되고 있다. 사정거리가 단거리(600m 미만, 개량형은 1천 m 미만)인 이 체계는 레이저 유도방식이며 수출도 추진된다. 이 체계를 이용하여 '파곳(Fagot)', '콩쿠르스(Konkurs)'와 MILAN 대전차미사일을 대상으로 레이저 유도방식을 적용하는 개량이 제안된다. 또한 세르비아에서는 ALAS 대전차미사일 개발이 진행되고 있다. 사거리는 15~20km 미만(개량형은 60km 미만)이며 광섬유케이블 유도방식이 사용된다. 2012년 아랍에미리트를 위해 ALAS를 공동으로 개발하는 계약이 체결되었다.

중국 대전차미사일 생산은 NORINCO사에 집중되어 있고, 설계는 HII-203이 맡는다. 1979년부터 생산되는 HJ-73[소련 9K14 '말류트카(Malyutka)' 복제품]은 오랫동안 중국의 기본 대전차미사일이었다. (HJ-8 체계로부터 반자동으로 유도되는) HJ-73B와 (신형 반자동 유도 체계가 사용되고 이중탄두가 장착된) HJ-73C가 최근에 개량된 모델이다. 1987년부터 미국 TOW와 설계가 유사한, 이동식 2세대 대전차미사일인 HJ-8이 생산된다. 사거리는 3km이며, 유선 반자동 유도방식이 사용된다. 또한 개량형이 차례로 개발되었다. 1990년대 말부터 사거리 4km에 신형 탄두가 장착된 대전차미사일이 사용되는 HJ-8E 모델이 양산되며, Z-9 헬기에서 운용된다. 경량형 휴대용 HJ-8L과 이 모델의 개량형인 HJ-8H도 개발된다.

중국에서 1990년대 말부터 생산되는 HJ-9 체계는 HJ-8의 발전형이다. HJ-9는 사거리가 5km 미만이며, 레이저 반능동 유도방식이 사용된다. 밀리미터 대역의 무선 유도방식의 HJ-9A와 레이저 유도방식의 HJ-9B도 개발된다고 한다. 광섬유케이블 유도방식의 자주식 장거리 대전차미사일(10km 이상)인

HJ-10(AFT-10)이 개발되었다. 이 미사일 계열로서 레이저 유도방식의 AKD-10은 중국의 신형 WZ-10 공격헬기에서 운용된다. 무인기에서 운용하기 위해 동일한 미사일 계열인 AR-1이 개발되었다. 최근 'LJ-7'이라 불리는 개량형 HJ-10 모델과 BA-7 및 BA-9(다른 유도방식 사용으로 추측됨)이 선보였다.

중국의 최신형 대전차미사일인 HJ-12가 2014년 처음으로 공개되었다. 파생형 모델이 다양하며, 주·야간 사용이 가능한 비냉각식 적외선 영상 또는 TV 영상 유도장치가 사용된다. 주간 최대 사거리는 4km이며, 적외선 영상 방식은 최대 2km다. 중국군이 이 체계를 도입하기 시작했다.

중국은 레이저 유도방식의 105mm와 125mm 구경의 중국산 대전차유도미사일을 독자 개발했다고 발표했다. 아마도 면허생산하는 러시아의 '바스티온(Bastion)', '레플렉스(Refleks)', '바스냐(Basnya)' 미사일을 기반으로 한 것 같다.

유탄발사기 중에서는 69식(소련 RPG-7 복제품)과 성능개량형인 04식이 계속 생산된다. 이들 모델에 다양한 탄이 사용될 수 있도록 개발되었다. 중국이 개발한 70-1식 62mm 구형 유탄발사기 마케팅도 계속된다. 120mm 98식 유탄발사기(PF98, Queen Bee)는 새로 개발된 모델이다. 85mm 89식(PF89)은 제식 일회용 유탄발사기다. 열압력탄두가 사용되는 PF89-1이 개발되었다.

이란에서는 미국의 TOW와 드래곤[Dragon; 새게(Saeghe)-1과 새게-2] 대전차미사일 복제품[이란명은 투판(Toophan)-1과 투판-2이며, 투판-2는 이중탄두 사용]과 소련의 9K14 '말류트카'의 복제품[라드(Raad), 라드-T는 이중탄두 장착]이 생산되고 있다. 1990년대부터 9K113 '콩쿠르스'[토우산(Towsan)-1]가 면허생산되었다. 투판-2를 기반으로 한 레이저 유도방식의 톤다르(Tondar: 투판-3과 투판-4라는 명칭도 사용됨)를 개발한다는 자료도 있다. 2012년부터 '델라비에(Dehlaviyeh)'라는 이름으로 러시아산 '코르넷-E' 대전차미사일의 이란형 모델이 생산된다. 이란은 소련의 RPG-7(유탄 대부분은 이란 개발품을 사용함), RPG-29 복제품[이란명 가디르(Ghadir)] 및 SPG-9 복제품 및 자국산 44mm 다회용 유탄발사기인 나데르(Nader)를 생산한다.

인도에서는 DRDO가 오랫동안 나그(Nag) 대전차미사일을 개발하고 있다. 이 체계는 적외선 영상 유도방식을 사용하고, 사거리는 5km 미만이다. 자주식 (BMP-2 기반으로 한 NAMICA 자주 체계) 및 헬기형 모델로 운용할 계획이다. 그러나 지금까지 전망은 불투명하다. 인도의 휴대용 Flame 대전차미사일은 9K113 '콩쿠르스' 9P135의 발사장비에 MILAN-M2 미사일을 사용하는 흥미로운 체계다(모두 인도에서 면허생산됨).

일본은 독자적으로 다수의 첨단 대전차미사일을 개발했다. 가와사키중공업이 개발과 생산의 주 계약자다. 최근 생산되는 장비는 다음과 같다.

- 89식 보병전투장갑차에서 운용되는 유선유도 반자동 유도방식 및 사거리 4km 미만의 79식 대전차미사일(Jyu-MAT)
- 레이저 반능동 유도방식(사거리 2km 미만)의 87식 휴대용 및 이동식 대전차미사일(Chu-MAT)
- TV-적외선 유도장치를 장착하고 광섬유케이블을 이용하는 96식 자주(차량에 탑재) 대전차미사일(MPMS, 37대 공급)
- 미국 재블린과 유사한(사거리 2km 미만) 적외선 영상 유도방식의 01식 휴대용 대전차미사일(LAMT)

현재까지 위에 언급된 모든 체계는 생산이 중단된 상태다.

2009년부터 일본 자위대는 가와사키중공업이 개발한 MMPM 신형 자주 대전차미사일을 구매하기 시작했다. 이 체계는 이중(적외선 영상 및 레이저 반능동) 유도방식이 사용되고, 무게는 26kg이며, 사거리는 10km 미만이다. 현재 113세트가 구매 또는 주문되었다.

북한은 1968년부터 불새-1(소련산 '말류트카'의 복제품으로 판단됨), 1973년부터 불새-2 대전차미사일을 생산하고 있다. 최근 북한이 자체 개발한 불새-3이 생산되었다. 이 체계는 레이저 유도방식을 사용하고, 사거리 5.5km 미만이며,

전차에도 탑재된다.

남아공 켄톤(Kenton)사는 1980년대에 레이저 유도방식의 ZT3 스위프트(Swift) 대전차미사일을 개발했고, 남아공군에 전력화되어 있다. 2000년부터 데넬사가 생산하는 ZT35 잉웨(Ingwe)는 ZT3 스위프트의 발전형이다. 이동식, 자주식 및 헬기용으로 제안된다. 남아공군 외에도 이 체계를 운용하는 국가는 개량형 Mi-24[슈퍼 하인드(Super Hind) MkⅢ]에서 운용하는 알제리와 이란(EC635에서 운용)이다. 여러 국가(말레이시아 등)가 지상형(주로 전투장갑차) 모델을 구매했다.

데넬사가 개발한 장거리(10km) 대전차미사일인 ZT6 모코파(Mokopa)는 레이저 유도방식의 남아공 장비다. 개발이 마무리되면 남아공 공격헬기 루이발크(Rooivalk)에 장착될 것이 분명하다(그러나 재정문제로 지금까지도 진행되지 않고 있음). 모코파의 첫 구매국은 2012년 알제리였다[해상작전용 슈퍼 링스(Super Lynx) 300에 장착]. 모코파를 위해 밀리미터 대역의 레이더 및 적외선 유도방식을 사용하는 모델의 개발이 제안된다.

마치면서

현대사회의 모든 국제 및 경제 체제와 마찬가지로 세계 무기시장도 구조적으로 심대한 변화의 문턱에 와 있다. 세계 경제 중심과 정치-군사적 힘이 아시아-태평양 지역으로 이동하면서 이 지역 국가들의 방위사업 역량이 느리기는 하지만 견고하게 성장했다. 이와 함께 방산수출 역량 또한 크게 신장되고 있다. 하지만 오랫동안 방위산업의 중심이던 미국, 서유럽, 러시아, 이스라엘은 방산수출 잠재력을 계속 유지할 것이다. 결과적으로 경쟁이 치열해지고, 방산 수출국이 증가하는 것이 무기시장의 새로운 경향이 되었다. 냉전 이후 5대 방산 수출국인 미국, 러시아, 프랑스, 영국, 이스라엘은 전 세계 무기 판매량의 80~85%를 차지했다. 그러나 지난 5~7년간 1994년의 방산 수출국이라는 지위를 되찾은 중국, 그리고 방산수출액이 2008년 10억 달러에서 2017년 32억 달러까지 증가한 한국이 새롭게 시장에 진입했다. 최근 카타르, 파키스탄, 말레이시아에 대한 대량 판매에 힘입어 터키의 방산수출도 대폭적인 증가가 예상된다. 전통적인 5대 방산 수출국에 더하여 성장하는 아시아의 3대 방위산업 분야의 호랑이가 추가되었다고 결론을 내릴 수 있다. 브라질이 방산 수출국의 지위를 잃고 중국이 순수한 방산 수입국이던 1980년대에 목격되던 대형 방산 수출국 감소 현상과는 정반대가 되었다.

이러한 일련의 경향은 다른 유사한 상황을 반영하고 있다. 최고 수준의 첨단 플랫폼 생산국 수가 증가하고 있어 방산 수출국의 수도 일부 증가했다. 반면, 최근까지 전투기, 전차, 헬기, 재래식 잠수함, 첨단 미사일 및 포병무기를 연구개발 및 생산하는 회사 수는 감소했다. 이것은 미국 업체의 흡수 및 합병과 유럽 다국적기업의 설립과 관련이 있다. 한편, 최근 5~7년 전부터 한국-인니, 터키 전투기 개발 사업이 진행 중이다. 한국과 터키는 차세대 전차, 다양한 미사일 체계, 함정(재래식 잠수함 포함) 및 헬기 개발을 활발하게 추진한다. 터키는 소형함정 건조 및 경장갑차 분야에 강력한 경쟁자가 되었다. 브라질은 군용 수송기 부문에 새롭게 진입했고, 중국의 입지도 강화될 것이다. 일본은 아직 방산 수출국이 아니지만, 거의 모든 재래식 무기 체계를 개발 및 생산한다. 정치적인 결단만 있다면 일본이 세계 무기시장에 진출하는 데는 단 몇 개월도 걸리지 않을 것이다.

수출이 추진되는 플랫폼 종류가 다양해지면서 플랫폼 개발 및 생산자도 늘어나고 있다. 이러한 현상으로 인해 미국을 제외한 전통적인 방산수출 강국의 방산시장 주도권에 의문이 제기될 것이다. 그렇지만 기존 방산 강국은 신흥국이 자신의 플랫폼에 통합을 위해 구매해야 할 핵심 구성품 개발과 생산을 계속 독점할 것이다. 무엇보다 항공기, 함정, 전차 엔진이 여기에 해당하고 레이더도 일부가 포함된다. 세계 2위의 방산 수출국에 가까운 중국조차 아직도 D-30KP 같은 오래된 제품을 포함한 러시아 항공기 엔진을 수입한다. 또한 중국은 우크라이나에서 생산되는 소련 시대 구식 함정용 가스터빈을 구매한다. 결과적으로 신흥 수출국 제품이 시장이 진입하기 위해서는 전통적인 방산 강국의 협력 의지에 절대적으로 의존하게 되었다.

또 다른 세계 무기시장의 현상은 제법 규모가 큰 신규시장이 형성되었다는 점이다. 무인기를 중심으로 한 무인화 체계가 가장 중요한 시장이 되었다. 무인기 시장은 가장 붐이 일고 있으며, 생산업체가 수백까지는 아니지만 수십 개에 달한다고 할 수 있다. 빠르게 발전하는 또 다른 분야는 보안시스템과 테러와의 전쟁을 위한 장비다. 이 분야는 역동적으로 성장하며, 자신만의 영역으로 차별화된다. 아마도 무기시장과는 다른 새로운 시장으로 구분되어야 할 것이다. 확실한 것은 향후 여러 플랫폼을 하나의 네트워크로 통합하는, 기존의 무기를 효과성을 극대화할 수 있는 시스템화 시장이 유망하다는 점이다.

세계 경제에서 아시아의 성장과 브라질의 입지 강화(비록 경제성장이 불안하기는 하지만)는 세계 무기시장의 지각변동을 유발하는 요인이 되었다. 순수하게 상업적 이유로 방산업체 간 연합이 이루어지기도 한다. 방위산업 기반이 조금이라도 있는, 거의 모든 국가는 무기 구매와 함께 자국 내에서 생산을 현지화하려고 노력한다. 이러한 현상은 심지어 상대적으로 발전한 방위산업 역량을 갖춘 인도, 브라질, 파키스탄, 인도네시아 또는 남아프리카공화국 같은 국가에서도 확인된다. 사우디아라비아, 페르시아만 국가들 또는 심지어 수단과 미얀마 같은 국가들도 생산의 현지화를 요구한다. 방위산업 강국뿐만 아니라 개발도상국조차 공동 사업을 추진한다. 한국과 인도네시아의 협력은 이러한 신흥국 간 협력 중 가장 흥미롭게 보인다. 양국은 차세대 전투기를 공동으로 개발하며, 한국의 도움으로 재래식 잠수함을 포함한 함정이 인도네시아에서 건조된다. 또한 인도네시아는 중형 전차를 공동으로 개발하는 터키와 방산협력 관계를 발전시키고 있다.

무기시장은 정치적인 영향을 강하게 받는다. 이런 의미에서 무기는 항상 정치적인 물자라고 할 수 있다. 그런데 1990~2000년대에는 대세는 아니지만 순수하게 시장적인 요소가 모든 경우에 강하게 나타난다. 방산제품 경쟁력의 많은 부분이 가격과 성능으로 결정된다. 최근 정치적인 요소도 다시 비중이 높아졌는데, 이는 특히 중동지역을 중심으로 분쟁 위험이 급격하게 상승했기 때문이다. '수니파 국가 대 이란'이라는 대결 구도, 사우디와 카타르의 분쟁, 시리아와 예멘 내전에서 사우디아라비아, 카타르, 아랍에미리트의 대규모 무기 구매는 긴장을 높이는 요인이 된다. 따라서 적어도 구매의 일부는 비공식 정치-군사적 연합 간 계약으로 이루어질 것이다. 터키의 방산수출 성과, 특히 카타르와의 계약은 이러한 논리로 설명된다. 터키가 수니파 세계에서 지도국을 자처하면서 파키스탄과 말레이시아와의 계약에 긍정적인 분위기를 이끌었다. 아제르바이잔, 투르크메니스탄, 카자흐스탄과의 민족 및 언어적 유사성으로 인해 터키는 아제르바이잔 시장에서 독보적인 지위를 유지하고 투르크메니스탄과 카자흐스탄 시장에서는 입지가 공고해졌다.

　위와 같은 경향이 심화되면서 러시아 방산수출 주체들, 그중에서도 가장 큰 로소보론엑스포르트(Rosoboroneksport)사는 완전히 다른 환경에 놓이게 되고 새로운 위험과 어려움에 노출됨과 동시에 기회를 엿볼 수 있게 되었다. 최근 러시아 방산수출의 현안은 제재라는 현실에 적응하는 것이다. 이를 위해 무기거래에 대한 조직 및 사고방식에 대한 혁신이 요구된다. 새로운 현실 중에 수행한 우리의 첫 작업(역자주: 세계 무기시장 분석)의 결과로 보면 어느 정도 낙관적인 전망을 할 수 있게 한다. 2018년은 수주액을 기준으로 러시아의 국제방산협력 역사상 최고의 실적을 기록하는 한 해가 될 것이다. 러시아 수출업체 앞에는 이러한 긍정적인 추세를 이어가야 할 과제가 놓여 있다.

K. V. 마키엔코(Makienko)
전략기술분석연구소 부소장